《现代物理基础丛书》编委会

现代物理基础丛书　84

量子光场的性质与应用

孟祥国　王继锁　著

科学出版社

北京

内 容 简 介

本书是作者对近十年取得的系列学研成果进行总结和提炼而写成的. 全书的内容大致分为两部分：一是介绍有序算符内积分法的基本理论, 以及由此建立的连续变量纠缠态表象理论、维格纳算符理论和层析图函数理论等；二是介绍利用有序算符内积分法取得的系列学研成果, 包括新光场量子态的构造、性质与应用, 非高斯量子态的维格纳函数和层析图函数, 两体哈密顿量系统的动力学问题, 量子主方程的热纠缠态法求解以及量子态在噪声通道中的解析退相干演化等.

本书可作为本科生、研究生学习量子力学、量子光学以及量子信息学的补充教材, 又可供高等学校从事量子理论及其相关专业的科研工作者参考.

图书在版编目(CIP)数据

量子光场的性质与应用/孟祥国，王继锁著. —北京：科学出版社, 2017.12
(现代物理基础丛书；84)
ISBN 978-7-03-055780-3

Ⅰ. ①量… Ⅱ. ①孟… ②王… Ⅲ. ①量子光学 Ⅳ. ①O431.2

中国版本图书馆 CIP 数据核字(2017) 第 300851 号

责任编辑：周 涵 / 责任校对：杨 然
责任印制：吴兆东 / 封面设计：陈 敬

科学出版社出版
北京东黄城根北街 16 号
邮政编码：100717
http://www.sciencep.com
北京厚诚则铭印刷科技有限公司印刷
科学出版社发行 各地新华书店经销
*
2017 年 12 月第 一 版 开本: 720 × 1000 1/16
2025 年 2 月第四次印刷 印张: 13 1/2
字数: 273 000
定价: 89.00 元
(如有印装质量问题, 我社负责调换)

序

孟祥国同志积累近十年学研成果写了这部专著《量子光场的性质与应用》, 让我来为他写一个序, 我不胜荣幸. 祥国出生孟子世家, 有传统优良的家族遗风, 加上他本人文质彬彬、谦逊祥和、勤学好思、为人忠厚、有情有义, 因此, 我十分乐意应他之请, 写下以下文字.

我认识孟祥国是在 2004 年, 应王继锁教授邀请去聊城大学讲学时, 他作为聊城大学物理系第一批硕士研究生, 坐在下面认真地听讲. 他聪慧好学, 对简洁美很敏感, 很快地理解了我所讲的有关有序算符内积分法的基本要点, 并认识到该方法是一个取之不尽、用之不竭的宝库; 而且, 很快地写出硕士毕业论文, 并被评为山东省优秀硕士学位论文. 孟祥国不满足于此, 还专攻我的博士研究生. 在博士求学阶段, 他的物理感觉和数学功底有明显的提高, 终于成为了一名优秀的青年理论物理学者. 如今, 他把近十年的学研成果精练为一本专著, 具有系列性, 值得同行借鉴与学习. 学量子力学和量子光学的年轻人, 不但要领会这本书的创新知识, 而且要学习他求学做科研的踏实和坚持, 因为这是更难能可贵的.

探索新光场是为了了解光的本性, 我经历了五十多年的科研生涯, 最惊叹的是, 光速不变这个基本事实. 谁最早对光速不变这个事实情有独钟呢? 是爱因斯坦, 他天才地意识到光速不变与时间的相对性有关. 任何有质量的东西, 其速度都是可以改变的. 光速不变说明光子没有静止质量, 也就没有惯性, 随着光速走是不可能的, 否则年龄就不会增加. 只有在比光速小得多的宏观世界里, 生活才会有 “莫等闲, 白了少年头” 的感觉.

经典光学的发展史可以说是对光的本性探索的争辩历史, 牛顿的光的粒子说和惠更斯的光的波动说相生相克, 此消彼长, 这期间菲涅耳和麦克斯韦力挺光的波动说. 然而, 柳暗花明又一村, 到了普朗克发现了量子的时期, 爱因斯坦对于光电效应的解释使得光的粒子说重振雄风而为大众接受. 待到汤斯等发明了激光后, 不但爱因斯坦的辐射理论得以证实, 而且发现了光的新的统计性质, 经典光学升华为量子光学, 出现了相干态、压缩态等新光场. 但是, 光的神秘只是被掀开了一角. 迄今为止, 人们还没有完全了解光的本性. 所以这本书研究的新光场有助于我们对光的本性的进一步了解, 正如相干态使我们了解激光的本性, 单模压缩态使我们了解光的反聚束和亚泊松统计分布, 双模压缩态使我们了解连续变量的量子纠缠, 等等. 孟祥国介绍的新光场, 一旦与实验相结合, 有望展现光的新性质, 让我们拭目以待.

著书立作是一件既艰难又辛苦的事情, 首先要立意创新, 其次内容须正确无误.

而有关物理理论的书更要求有前瞻性, 物理结论明晰, 数学推导简洁. 欣慰的是, 这些都在孟祥国的书中得到了很好的体现. 写到此, 我不禁感慨而写了以下几句:

著　书

著书强如填新词, 此中甘苦有谁知.
只求百世千秋后, 书论内容不过时.

是为序.

范洪义

2017 年 8 月写于聊城大学东湖宾馆

前　　言

量子光学是近代物理学中十分重要的分支, 又是激光全量子理论深入发展的结果. 它主要研究光场的量子统计特性、光场与物质相互作用的微观过程以及探索具有新特征的量子光场和发展新的量子器件.

20 世纪中后期, Hanbury、Brown 和 Twiss (HBT) 关于光场强度相干性的实验及其量子解释, 以及对激光量子统计性的研究是量子光学创立的重要标志. 在 HBT 干涉实验中, 通过研究两个时空点光强起伏的关联性, 对近代光学中的相干性有了更为本质的认识, 并提出了有关相干性的全新定义. 在量子光学中, 相干性的量子理论引导出了 "相干态" 的概念, 它所描述的是物理上真实的光场量子态. 例如, 当激光器工作在远离阈值以上时, 所产生的激光场就近似为相位缓慢扩散的量子相干态; 而且, 相干态表象作为一种数学工具在粒子物理、统计物理等理论中得到了广泛的应用.

爱因斯坦的光量子论是人类认识光的重要理论, 它不仅揭示了光的粒子性和波动性, 同时也证实了光场本质上就是量子场, 故应用量子理论全面而系统地探讨光场与物质的相互作用是当代量子光学的重要研究内容. 利用激光场及其相关技术, 许多光学效应从量子层次上被揭示出来, 如压缩、亚泊松分布和反聚束效应等. 随着实验技术的提高, 新的光学效应将被进一步发现, 从而不断丰富和发展量子光学.

为了从数学上积分推导出坐标本征态的完备性, 理论物理学家、中国科学技术大学范洪义教授创造性地发展了狄拉克用以阐述量子力学的符号法, 提出了有序算符内积分法 (the technique of integration within an ordered product of operators, IWOP 技术). 实质上, 该方法是把牛顿–莱布尼茨积分规则直接施用于由狄拉克符号组成的投影型算符积分. 此方法的提出不仅能方便寻找新的光场量子态并揭示其存在的新量子光学效应, 而且还使量子力学的表象与变换论得到了别开生面的发展, 尤其是由此提出的连续变量纠缠态表象, 在量子光学与量子信息学中有着广泛而重要的应用. 本书充分利用有序算符内积分法去构造新型的光场量子态及其表象, 深入研究它们的量子统计特性、退相干演化规律以及在量子光学中的应用. 为了让读者充分了解有序算符内积分法的基本要点和深切感受量子力学数理基础的内在美, 作者在介绍学研成果时, 其表述始终秉承由浅入深、由简到繁的原则, 而且还补充了大量有关有序算符内积分法及其初步应用的基础知识, 努力做到让初具量子力学知识的人都有能力阅读此书.

全书内容共 8 章. 第 1 章介绍有序算符内积分法的基本知识, 并由此考察常见的量子光场、最典型的非经典性质以及相空间维格纳算符理论. 第 2 章介绍连续变量两体纠缠态的基本理论及其在计算双模纠缠态的维格纳函数和求解两体哈密顿量系统的动力学问题中的应用. 第 3 章介绍层析图函数的中介表象和纠缠态表象理论, 并探讨几种非高斯量子态的层析图函数. 第 4 章在双模福克空间构建几类新的双粒子纠缠态, 并讨论它们的性质、制备方案与应用. 第 5 章介绍连续变量热场纠缠态及其在求解量子主方程中的应用, 并探查压缩粒子数态和压缩热态在激光通道中的退相干演化规律. 第 6 章利用热场纠缠态法给出振幅衰减通道主方程的解析解, 并探讨平移热态及其叠加态在此通道中的量子统计特性. 第 7 章构造两类新的多光子调制高斯态, 并集中讨论它们的非经典性、维格纳函数以及在噪声通道中的退相干演化行为. 第 8 章引入一种新的奇偶非线性相干态, 并研究它们的非经典性质、相位概率分布以及一些准概率分布函数.

本书的完成得到了国家自然科学基金委员会和山东省自然科学基金委员会的长期支持, 还得到了台湾大学管希圣教授和浙江大学王晓光教授的帮助, 在此一并表示感谢. 本书初稿完成后, 我的硕士导师、曲阜师范大学博士生导师王继锁教授提出了一些具体修改意见, 我们一起多次研讨、修改. 特别感谢我的博士导师范洪义教授不顾三伏酷暑来到聊城审阅本书并作序. 最后, 还要对聊城大学杨震山教授和梁宝龙副教授、常州工学院王震副教授和江苏理工大学王帅副教授的鼓励、支持与帮助表示感谢.

孟祥国

2017 年 8 月于聊城大学

目　　录

第 1 章　用有序算符内积分法探查常见量子光场

本章主要介绍有序算符内积分法的基本知识, 并利用此方法考察和讨论量子光学中常见的量子光场 (如粒子数光场、相干光场、压缩光场和热混沌光场等), 光场最具有代表性的非经典特性 (如压缩特性、反聚束效应、亚泊松分布等), 以及相空间准概率维格纳分布函数.

1.1　有序算符内积分法

有序算符内积分法起初是由范洪义为了完成如下非对称 ket-bra 型算符积分

$$\int_{-\infty}^{\infty} \frac{\mathrm{d}q}{\sqrt{k}} \left| \frac{q}{k} \right\rangle \langle q| \tag{1-1}$$

而提出来的(这里 $|q\rangle$ 是坐标算符 Q 的本征态)[1, 2]. 后来, 有序算符内积分法及其相关理论不断地加以完善. 历史上, 狄拉克虽然知道 $\int \mathrm{d}q\,|q\rangle\langle q| = 1$ 是态矢量 $|q\rangle$ 的完备性, 但是它是由狄拉克符号和 δ 函数推导得来的. 而范洪义把它化为正态分布形式

$$\int_{-\infty}^{\infty} \frac{\mathrm{d}q}{\sqrt{\pi}} \colon \mathrm{e}^{-(q-Q)^2} \colon = 1, \tag{1-2}$$

并从数学上真正地实现了此积分 (式中记号 $: \; :$ 为正规乘积符号, 符号 $: \; :$ 内部的玻色算符相互对易). 可见, 这种方法是把牛顿–莱布尼茨对普通函数的积分进行了推广, 实现了对狄拉克符号的积分, 这是量子理论的一大进步. 它不仅揭示了量子力学数理结构的内在美, 也发展了量子力学的表象与变换论. 值得强调的是, 利用有序算符内积分法建立的连续变量纠缠态表象, 能更清晰地展现丰富的量子纠缠现象, 其相关理论以及具体应用是本书的主要内容之一. 在量子光学理论中, 有序算符内积分法主要包括以下几种: 正规乘积算符内、反正规乘积算符内以及外尔编序算符内的积分法[3, 4].

1.1.1　正规乘积算符内积分法

为了介绍正规乘积算符内积分法, 这里首先回顾正规乘积的概念与性质. 对于有关玻色算符 a 和 $a^\dagger$ 的任何算符函数 $\mathcal{F}(a, a^\dagger)$,

$$\mathcal{F}(a, a^\dagger) = \sum_i \cdots \sum_n a^{\dagger i} a^l a^{\dagger k} \cdots a^n \mathcal{F}(i, l, k, \cdots, n), \tag{1-3}$$

式中 $i,l,k,\cdots,n$ 为零或正整数, 利用对易关系 $\left[a,a^{\dagger}\right]=1$ 总可以将所有的产生算符 $a^{\dagger}$ 都挪到所有湮灭算符 a 的左边, 这时 $\mathcal{F}(a,a^{\dagger})$ 就排列成正规乘积形式, 用符号 $::$ 进行标记. 关于正规乘积的主要性质有:

(1) 正规乘积 (或符号 $::$) 内部的玻色算符相互对易. 在量子力学中遇到正规乘积的算符时, 可以在各种运算中把符号 $::$ 内的算符作为可对易的参数来处理.

(2) 常数可以自由出入正规乘积符号 $::$.

(3) 在正规乘积内的正规乘积符号 $::$ 是可以取消的, 例如:

$$\begin{aligned} &:\mathcal{H}(a,a^{\dagger})\left[:\mathcal{F}(a,a^{\dagger}):\right]:=:\mathcal{H}(a,a^{\dagger})\mathcal{F}(a,a^{\dagger}):,\\ &a^{\dagger m}:\mathcal{F}(a,a^{\dagger}):a^{k}=:a^{\dagger m}\mathcal{F}(a,a^{\dagger})a^{k}:. \end{aligned} \tag{1-4}$$

(4) 厄米共轭操作可以自由出入符号 $::$, 即

$$:(\mathcal{V}\cdots\mathcal{W}):^{\dagger}=:(\mathcal{V}\cdots\mathcal{W})^{\dagger}:. \tag{1-5}$$

(5) 正规乘积内部算符函数的和差可拆分, 即

$$:\mathcal{H}(a,a^{\dagger})\pm\mathcal{F}(a,a^{\dagger}):=:\mathcal{H}(a,a^{\dagger}):\pm:\mathcal{F}(a,a^{\dagger}):. \tag{1-6}$$

然而, 一般情况下, 正规乘积算符的乘积不再是正规乘积形式.

(6) 在正规乘积内部, 玻色算符函数 $\mathcal{F}(a,a^{\dagger})$ 满足

$$\begin{aligned} \left[a,:\mathcal{F}(a,a^{\dagger}):\right]&=:\frac{\partial}{\partial a^{\dagger}}\mathcal{F}(a,a^{\dagger}):,\\ \left[:\mathcal{F}(a,a^{\dagger}):,a^{\dagger}\right]&=:\frac{\partial}{\partial a}\mathcal{F}(a,a^{\dagger}):. \end{aligned} \tag{1-7}$$

对于多模的情况, 上式关系也成立, 即

$$:\frac{\partial}{\partial a_i}\frac{\partial}{\partial a_j}\mathcal{F}(a_i,a_j,a_i^{\dagger},a_j^{\dagger}):=\left[\left[:\mathcal{F}(a_i,a_j,a_i^{\dagger},a_j^{\dagger}):,a_j^{\dagger}\right],a_i^{\dagger}\right]. \tag{1-8}$$

(7) 真空态投影算符 $|0\rangle\langle 0|$ 的正规乘积为

$$|0\rangle\langle 0|=:\exp\left(-a^{\dagger}a\right):. \tag{1-9}$$

性质 (7) 的严格证明过程如下. 根据粒子数态的完备性关系, 可得

$$\begin{aligned} 1&=\sum_{n=0}^{\infty}|n\rangle\langle n|\\ &=\sum_{n,n'=0}^{\infty}|n\rangle\langle n'|\frac{1}{\sqrt{n!n'!}}\left(\frac{\mathrm{d}}{\mathrm{d}z^{*}}\right)^{n}(z^{*})^{n'}\Big|_{z^{*}=0}\\ &=\exp\left(a^{\dagger}\frac{\partial}{\partial z^{*}}\right)|0\rangle\langle 0|\,\mathrm{e}^{z^{*}a}\Big|_{z^{*}=0}. \end{aligned} \tag{1-10}$$

假设 $|0\rangle\langle 0|$ 的正规乘积形式为 $:W:$, 并把 $:W:$ 代入式 (1-10) 中, 得到

$$1=\exp\left(a^{\dagger}\frac{\partial}{\partial z^*}\right):W:\ \mathrm{e}^{z^*a}\Big|_{z^*=0}. \tag{1-11}$$

注意到式 (1-11) 中 $:W:$ 的左边恰为产生算符 $a^{\dagger}$, 而右边恰为湮灭算符 a, 故可将 $:W:$ 左右边部分全部挪到正规乘积符号 $::$ 内部, 再利用性质 (1) 和 (3) 完成微分运算, 则有

$$\begin{aligned}1&=:\ \exp\left(a^{\dagger}\frac{\partial}{\partial z^*}\right)W\ \mathrm{e}^{z^*a}:\Big|_{z^*=0}\\&=:\mathrm{e}^{a^{\dagger}a}W:\ =:\mathrm{e}^{a^{\dagger}a}:W::,\end{aligned} \tag{1-12}$$

于是有

$$:W:\ =:\ \exp\left(-a^{\dagger}a\right):\ =|0\rangle\langle 0| \tag{1-13}$$

成立, 即式 (1-9) 得证.

(8) 在积分收敛时, 可以对正规乘积内部的常数进行积分或微分运算.

由性质 (7) 与 (8) 可知正规乘积算符内积分法的主要思想: 只要能把非对称 ket-bra 型算符积分 (形如 $\int \mathrm{d}x\,|f(x)\rangle\langle x|$) 化成正规乘积, 考虑到符号 $::$ 内部的玻色算符互相对易, 故可实现对真实的参数进行积分. 值得注意的是, 在积分中以及在积分后都存在符号 $::$, 若想去掉最后算符中的符号 $::$, 则事先把它排列成正规乘积形式.

根据上述对算符函数的积分思想, 我们计算如下关于坐标本征态 $|q\rangle$ 的非对称 ket-bra 型算符积分

$$\int_{-\infty}^{\infty}\frac{\mathrm{d}q}{\sqrt{k}}\left|\frac{q}{k}\right\rangle\langle q|. \tag{1-14}$$

利用坐标本征态 $|q\rangle$ 在福克空间的表示

$$|q\rangle=\pi^{-1/4}\exp\left(-\frac{q^2}{2}+\sqrt{2}qa^{\dagger}-\frac{a^{\dagger 2}}{2}\right)|0\rangle \tag{1-15}$$

以及真空态投影算符的正规乘积 (1-9), 则式 (1-14) 变为

$$\begin{aligned}\int_{-\infty}^{\infty}\frac{\mathrm{d}q}{\sqrt{k}}\left|\frac{q}{k}\right\rangle\langle q|=&\int_{-\infty}^{\infty}\frac{\mathrm{d}q}{\sqrt{\pi k}}\exp\left(-\frac{q^2}{2k^2}+\frac{\sqrt{2}q}{k}a^{\dagger}-\frac{a^{\dagger 2}}{2}\right)\\&\times:\ \exp\left(-a^{\dagger}a\right):\ \exp\left(-\frac{q^2}{2}+\sqrt{2}qa-\frac{a^2}{2}\right),\end{aligned} \tag{1-16}$$

式中 $:\exp\left(-a^{\dagger}a\right):$ 的左边为产生算符 $a^{\dagger}$, 右边为湮灭算符 a, 因此只要把左边的 $:$ 移到第一个指数左边, 并把右边的 $:$ 移到第三个指数的右边, 即可把整个被

积分的算符函数排成正规乘积形式. 考虑到性质 (1), 玻色算符在符号 $: \, :$ 内是对易的, 则三个 exp 指数函数就可改写为一个 exp 指数, 即

$$\begin{aligned}\int_{-\infty}^{\infty}\frac{\mathrm{d}q}{\sqrt{k}}\left|\frac{q}{k}\right\rangle\langle q|=&\int_{-\infty}^{\infty}\frac{\mathrm{d}q}{\sqrt{\pi k}}:\exp\left[-\frac{q^2}{2}\left(1+\frac{1}{k^2}\right)\right.\\&\left.+\sqrt{2}q\left(\frac{a^\dagger}{k}+a\right)-\frac{1}{2}(a+a^\dagger)^2\right]:.\end{aligned}\tag{1-17}$$

再利用性质 (8) 对上式积分, 其中算符 $a^\dagger, a$ 在积分过程中视为参数, 可得到

$$\begin{aligned}&\int_{-\infty}^{\infty}\frac{\mathrm{d}q}{\sqrt{k}}\left|\frac{q}{k}\right\rangle\langle q|\\=&\operatorname{sech} r:\exp\left[-\frac{a^{\dagger 2}}{2}\tanh r+(\operatorname{sech} r-1)a^\dagger a+\frac{a^2}{2}\tanh r\right]:,\end{aligned}\tag{1-18}$$

式中

$$\mathrm{e}^r=k,\quad \operatorname{sech} r=\frac{2k}{k^2+1},\quad \tanh r=\frac{k^2-1}{k^2+1}.\tag{1-19}$$

这样, 我们就对式 (1-14) 中的算符进行了积分. 现在我们把式 (1-18) 中的正规乘积符号 $: \, :$ 去掉, 为此先利用性质 (1)、(5) 和 (8) 导出算符恒等式

$$\begin{aligned}\mathrm{e}^{\lambda a^\dagger a}=&\sum_{n=0}^{\infty}\mathrm{e}^{\lambda n}|n\rangle\langle n|=\sum_{n=0}^{\infty}\mathrm{e}^{\lambda n}\frac{a^{\dagger n}}{\sqrt{n!}}|0\rangle\langle 0|\frac{a^n}{\sqrt{n!}}\\=&\sum_{n=0}^{\infty}:\frac{1}{n!}(\mathrm{e}^\lambda a^\dagger a)^n\mathrm{e}^{-a^\dagger a}:=:\exp[(\mathrm{e}^\lambda-1)a^\dagger a]:,\end{aligned}\tag{1-20}$$

则式 (1-18) 为

$$\begin{aligned}&\int_{-\infty}^{\infty}\frac{\mathrm{d}q}{\sqrt{k}}\left|\frac{q}{k}\right\rangle\langle q|\\=&\exp\left(-\frac{a^{\dagger 2}}{2}\tanh r\right)\exp\left[\left(a^\dagger a+\frac{1}{2}\right)\ln\operatorname{sech} r\right]\exp\left(\frac{a^2}{2}\tanh r\right).\end{aligned}\tag{1-21}$$

若对式 (1-21) 的左右两边同时对参数 r 进行微商, 得

$$\frac{\partial}{\partial r}\left(\int_{-\infty}^{\infty}\frac{\mathrm{d}q}{\sqrt{k}}\left|\frac{q}{k}\right\rangle\langle q|\right)=\frac{r}{2}\left(a^2-a^{\dagger 2}\right)\int_{-\infty}^{\infty}\frac{\mathrm{d}q}{\sqrt{k}}\left|\frac{q}{k}\right\rangle\langle q|,\tag{1-22}$$

再注意到边界条件 $\left.\left(\int_{-\infty}^{\infty}\frac{\mathrm{d}q}{\sqrt{k}}\left|\frac{q}{k}\right\rangle\langle q|\right)\right|_{k=1}=1$, 则有

$$\int_{-\infty}^{\infty}\frac{\mathrm{d}q}{\sqrt{k}}\left|\frac{q}{k}\right\rangle\langle q|=\exp\left[\frac{r}{2}\left(a^2-a^{\dagger 2}\right)\right]\equiv S_1(r).\tag{1-23}$$

可见, 式 (1-21) 中的结果恰好为单模压缩算符 $S_1(r)$ 的展开式. 利用内积 $\langle q|q'\rangle = \delta(q-q')$ 中 δ 函数的筛选性, 容易证明 $S_1(r)$ 为幺正算符

$$\begin{aligned} S_1(r)S_1^\dagger(r) &= \iint_{-\infty}^{\infty} \frac{\mathrm{d}q\mathrm{d}q'}{k} \left|\frac{q}{k}\right\rangle \left\langle\frac{q'}{k}\right| \delta(q-q') \\ &= \int_{-\infty}^{\infty} \mathrm{d}q\,|q\rangle\langle q| = 1 = S_1^\dagger(r)S_1(r). \end{aligned} \tag{1-24}$$

进一步, 利用算符恒等式

$$\mathrm{e}^A B \mathrm{e}^{-A} = B + [A,B] + \frac{1}{2!}[A,[A,B]] + \frac{1}{3!}[A,[A,[A,B]]] + \cdots, \tag{1-25}$$

也可导出

$$\begin{aligned} S_1(r)aS_1^\dagger(r) &= a\cosh r + a^\dagger \sinh r, \\ S_1(r)a^\dagger S_1^\dagger(r) &= a^\dagger \cosh r + a\sinh r. \end{aligned} \tag{1-26}$$

这就是著名的博戈留波夫变换 (也称为压缩变换), 它被广泛地应用于量子光学、超导物理和原子核物理等理论.

1.1.2 反正规乘积算符内积分法

与正规乘积的排序规则相反, 反正规乘积算符要求所有的湮灭算符 a 都挪到所有产生算符 $a^\dagger$ 的左边, 用符号 $\vdots\;\vdots$ 进行标记. 然而, 在符号 $\vdots\;\vdots$ 内部玻色算符遵循的基本性质与在正规乘积符号 $:\;:$ 内很相似. 其主要性质有:

(1) 在反正规乘积符号 $\vdots\;\vdots$ 内的玻色算符对易.

(2) 在反正规乘积符号 $\vdots\;\vdots$ 内的符号 $\vdots\;\vdots$ 可以取消.

(3) 只要积分收敛, 就可对符号 $\vdots\;\vdots$ 内部的 c 数进行积分.

(4) 真空态投影算符 $|0\rangle\langle 0|$ 的反正规乘积形式为

$$|0\rangle\langle 0| = \pi\delta(a)\delta(a^\dagger) = \int \frac{\mathrm{d}^2\xi}{\pi} \mathrm{e}^{\mathrm{i}\xi a}\mathrm{e}^{\mathrm{i}\xi^* a^\dagger}. \tag{1-27}$$

实际上, 利用正规乘积算符内积分法, 我们可以证明上式成立, 即

$$\begin{aligned} &\pi\delta(z-a)\delta(z^*-a^\dagger) \\ &= \int \frac{\mathrm{d}^2\xi}{\pi} \mathrm{e}^{-\mathrm{i}\xi(z-a)}\mathrm{e}^{-\mathrm{i}\xi^*(z^*-a^\dagger)} \\ &= \int \frac{\mathrm{d}^2\xi}{\pi} :\exp\left[-|\xi|^2 - \mathrm{i}\xi(z-a) - \mathrm{i}\xi^*(z^*-a^\dagger)\right]: \\ &= :\exp\left(-|z|^2 + z^*a + za^\dagger - aa^\dagger\right): \\ &= |z\rangle\langle z|, \end{aligned} \tag{1-28}$$

式中 $|z\rangle$ 为相干态, 且计算过程中使用了真空态投影算符 (1-9) 以及数学积分公式

$$\int \frac{d^2 z}{\pi} \exp\left(\zeta |z|^2 + \xi z + \eta z^*\right) = -\frac{1}{\zeta} \exp\left(\frac{-\xi\eta}{\zeta}\right), \tag{1-29}$$

上式成立要求 $\mathrm{Re}\,\zeta > 0$. 特殊地, 当 $z = 0$ 时, 由式 (1-28) 就证明了式 (1-27) 成立.

对于一个给定密度算符 ρ, 其对角相干态表示即为 Glauber-Sudarshan P 表示, 记为[5]

$$\rho = \int \frac{d^2 z}{\pi} P(z) |z\rangle \langle z|. \tag{1-30}$$

由于

$$a|z\rangle = z|z\rangle, \quad \langle z| a^\dagger = \langle z| z^*, \tag{1-31}$$

则式 (1-30) 表明, 一旦知道 ρ 的反正规乘积, 就相当于知道了其 P 表示. 而且, 由式 (1-28) 可知, 密度算符 ρ 的 P 表示还具有如下正规乘积形式

$$\rho = \int \frac{d^2 z}{\pi} P(z) \colon \exp\left[-\left(z^* - a^\dagger\right)(z - a)\right] \colon. \tag{1-32}$$

另外, Mahta 曾经给出一个由密度算符 ρ 导出其 P 表示的公式[6]

$$P(z) = e^{|z|^2} \int \frac{d^2 \alpha}{\pi} \langle -\alpha| \rho |\alpha\rangle \exp\left(|\alpha|^2 + \alpha^* z - \alpha z^*\right), \tag{1-33}$$

式中 $|\alpha\rangle$ 为相干态. 由于 $(\alpha^* z - \alpha z^*)$ 为纯虚数, 故上式可视为傅里叶变换. 这样, 由式 (1-33), 可将式 (1-32) 改写为

$$\begin{aligned} \rho = &\int \frac{d^2 \alpha}{\pi} \langle -\alpha| \rho |\alpha\rangle e^{|\alpha|^2} \vdots \int \frac{d^2 \xi}{\pi} \exp\left(i\xi a + i\xi^* a^\dagger\right) \\ &\times \int \frac{d^2 z}{\pi} \exp\left[-|z|^2 + z\left(a^\dagger - i\xi + \alpha^*\right)\right] \\ &\times \exp\left[z^*\left(a - i\xi^* - \alpha\right)\right] \vdots \end{aligned} \tag{1-34}$$

然后利用反正规乘积算符内积分法分别对 $d^2 z$ 和 $d^2 \xi$ 作积分, 可得到

$$\rho = \int \frac{d^2 \alpha}{\pi} \langle -\alpha| \rho |\alpha\rangle \vdots \exp\left(|\alpha|^2 + \alpha^* a - \alpha a^\dagger + a^\dagger a\right) \vdots, \tag{1-35}$$

这是计算密度算符 ρ 的反正规乘积的新公式. 由上式可知, 只要知道密度算符 ρ 的相干态矩阵元 $\langle -\alpha| \rho |\alpha\rangle$, 就可在符号 $\vdots\ \vdots$ 内进行积分, 从而直接给出 ρ 的反正规乘积形式. 特别地, 当 $\rho = 1$ 时, 式 (1-35) 变为

$$1 = \int \frac{d^2 \alpha}{\pi} \vdots \exp\left(-|\alpha|^2 + \alpha^* a - \alpha a^\dagger + a^\dagger a\right) \vdots. \tag{1-36}$$

另外, 还要特别列出指数算符 $\mathrm{e}^{\lambda a^\dagger a}$ 的反正规乘积展开式, 即

$$\begin{aligned}
\mathrm{e}^{\lambda a^\dagger a} &= \int \frac{\mathrm{d}^2\alpha}{\pi} \langle -\alpha| : \exp[(\mathrm{e}^{\lambda}-1)a^\dagger a] : |\alpha\rangle \\
&\quad \times \vdots \exp\left(|\alpha|^2 + \alpha^* a - \alpha a^\dagger + a^\dagger a\right) \vdots \\
&= \int \frac{\mathrm{d}^2\alpha}{\pi} \vdots \exp\left(-\mathrm{e}^{\lambda}|\alpha|^2 + \alpha^* a - \alpha a^\dagger + a^\dagger a\right) \vdots \\
&= \mathrm{e}^{-\lambda} \vdots \exp\left[(1-\mathrm{e}^{-\lambda})a^\dagger a\right] \vdots . \qquad (1\text{-}37)
\end{aligned}$$

1.1.3 外尔编序算符内积分法

在量子力学中, 由于坐标算符 Q 和动量算符 P 不对易, 故经典函数 $h(p,q)$ 过渡到量子力学算符的对应是不确定的. 为此, 人们必须给出一个对应规则, 而这个规则的正确性需要接受实验的验证. 本小节介绍外尔在路径积分中广泛应用的一种对应规则 (也称外尔对应规则) 及其遵循的主要性质. 由于外尔对应规则也可以说是一种外尔编序, 所以还要推导出计算密度算符 ρ 的外尔编序公式.

注意到

$$\langle q| P |q'\rangle = -\mathrm{i}\frac{\partial}{\partial q}\delta(q-q') = \int_{-\infty}^{\infty} \frac{\mathrm{d}p}{2\pi} p\mathrm{e}^{\mathrm{i}p(q-q')}, \qquad (1\text{-}38)$$

$$\langle q| Q |q'\rangle = \frac{q+q'}{2}\delta(q-q') = \frac{q+q'}{2}\int_{-\infty}^{\infty} \frac{\mathrm{d}p}{2\pi} \mathrm{e}^{\mathrm{i}p(q-q')}. \qquad (1\text{-}39)$$

这样, 外尔给出了一种对应规则, 即

$$\langle q| \mathcal{H}(P,Q) |q'\rangle = \int_{-\infty}^{\infty} \frac{\mathrm{d}p}{2\pi} h\left(p, \frac{q+q'}{2}\right) \mathrm{e}^{\mathrm{i}p(q-q')}. \qquad (1\text{-}40)$$

为了找出算符函数 $\mathcal{H}(P,Q)$ 和经典函数 $h\left(p, \frac{q+q'}{2}\right)$ 之间的明显对应关系, 充分利用坐标表象的完备性, 可得

$$\begin{aligned}
\mathcal{H}(P,Q) &= \int_{\infty}^{\infty} \mathrm{d}q' \int_{-\infty}^{\infty} \mathrm{d}q\, |q\rangle \langle q'| \int_{-\infty}^{\infty} \frac{\mathrm{d}p}{2\pi} h\left(p, \frac{q+q'}{2}\right) \mathrm{e}^{\mathrm{i}p(q-q')} \\
&= \frac{1}{2\pi}\iiint_{-\infty}^{\infty} \mathrm{d}t\mathrm{d}p\mathrm{d}q h(p,q)\, \mathrm{e}^{\mathrm{i}pt} \left|q+\frac{t}{2}\right\rangle \left\langle q-\frac{t}{2}\right|, \qquad (1\text{-}41)
\end{aligned}$$

式中态 $\left|q\pm\frac{t}{2}\right\rangle$ 为坐标本征态, 在福克空间中的表达式见式 (1-15). 已知在坐标表象下单模维格纳算符为

$$\int_{-\infty}^{\infty} \frac{\mathrm{d}t}{2\pi} \left|q+\frac{t}{2}\right\rangle \left\langle q-\frac{t}{2}\right| \mathrm{e}^{\mathrm{i}tp} = \Delta(p,q) = \Delta^\dagger(p,q), \qquad (1\text{-}42)$$

这样, 外尔对应规则可简写为

$$\mathcal{H}(P,Q)=\iint_{-\infty}^{\infty}\mathrm{d}p\mathrm{d}qh\left(p,q\right)\Delta\left(p,q\right). \tag{1-43}$$

上式表明, 算符函数 $\mathcal{H}(P,Q)$ 与其对应的经典函数 $h\left(p,q\right)$ 可以通过一个以维格纳算符 $\Delta\left(p,q\right)$ 为积分核的双重积分相联系. 因此, 对于给定的算符 $\mathcal{H}(P,Q)$, 它的经典对应函数是

$$h\left(p,q\right)=2\pi\mathrm{Tr}[\mathcal{H}(P,Q)\Delta\left(p,q\right)]. \tag{1-44}$$

外尔对应规则可以说是暗示了算符的一种编序, 称为外尔编序. 经典函数 q^mp^n 的外尔对应算符是

$$q^mp^n\mapsto\frac{1}{2^m}\sum_{l=0}^{m}\begin{pmatrix}m\\l\end{pmatrix}Q^{m-l}P^nQ^l, \tag{1-45}$$

右边即为外尔编序, 它与其他编序有所不同, 如坐标 Q- 动量 P 编序 $q^mp^n\mapsto Q^mP^n$, 动量 P- 坐标 Q 编序 $q^mp^n\mapsto P^nQ^m$. 于是, 自然产生这样一个问题: "密度算符 ρ 的外尔编序展开式是什么?" 若用符号 $\vdots\ \vdots$ 对算符的外尔编序乘积进行标记, 则式 (1-43) 可重写为

$$\vdots\, h(P,Q)\, \vdots=\iint_{-\infty}^{\infty}\mathrm{d}p\mathrm{d}qh\left(p,q\right)\Delta\left(p,q\right). \tag{1-46}$$

它表明一个外尔编序算符 $\vdots\, h(P,Q)\, \vdots$ 的经典对应 $h\left(p,q\right)$ 可在算符 $\vdots\, h(P,Q)\, \vdots$ 中通过代换 $Q\mapsto q, P\mapsto p$ 直接得到. 例如, 式 (1-45) 代表如下外尔经典对应:

$$\begin{aligned}&\frac{1}{2^m}\sum_{l=0}^{m}\begin{pmatrix}m\\l\end{pmatrix}Q^{m-l}P^nQ^l\\&=\vdots\,\frac{1}{2^m}\sum_{l=0}^{m}\begin{pmatrix}m\\l\end{pmatrix}Q^{m-l}P^nQ^l\,\vdots\\&=\iint_{-\infty}^{\infty}\mathrm{d}p\mathrm{d}q\frac{1}{2^m}\sum_{l=0}^{m}\begin{pmatrix}m\\l\end{pmatrix}q^mp^n\Delta\left(p,q\right)\\&=\iint_{-\infty}^{\infty}\mathrm{d}p\mathrm{d}qq^mp^n\Delta\left(p,q\right).\end{aligned} \tag{1-47}$$

另外, 利用坐标算符 Q 和动量算符 P 与玻色算符 $a,a^\dagger$ 的关系

$$Q=\frac{a+a^\dagger}{\sqrt{2}},\qquad P=\frac{a-a^\dagger}{\mathrm{i}\sqrt{2}}, \tag{1-48}$$

以及

$$\alpha=\frac{q+\mathrm{i}p}{\sqrt{2}}, \tag{1-49}$$

可将式 (1-43) 和 (1-46) 改写为

$$\vdots f(a,a^\dagger) \vdots = 2\int \mathrm{d}^2\alpha f(\alpha,\alpha^*)\Delta(\alpha,\alpha^*) = \mathcal{F}(a,a^\dagger), \tag{1-50}$$

其中算符 $\mathcal{F}(a,a^\dagger)$ 的经典对应函数为

$$f(\alpha,\alpha^*) = 2\pi\mathrm{Tr}[\mathcal{F}(a,a^\dagger)\Delta(\alpha,\alpha^*)], \tag{1-51}$$

式中 $\Delta(\alpha,\alpha^*)$ 为相干态表象中的维格纳算符, 其正规乘积形式为

$$\Delta(\alpha,\alpha^*) = \frac{1}{\pi} : \exp\left[-2\left(a^\dagger - \alpha^*\right)(a-\alpha)\right] : . \tag{1-52}$$

现在我们列出外尔编序算符的主要性质:

(1) 玻色算符在符号 $\vdots\ \vdots$ 内是对易的.

(2) 在符号 $\vdots\ \vdots$ 内的 $\vdots\ \vdots$ 可以取消.

(3) 可以对符号 $\vdots\ \vdots$ 内部的 c 数进行积分, 但要求该积分收敛.

(4) c 数可以自由地移入或移出符号 $\vdots\ \vdots$.

(5) 真空态投影算符 $|0\rangle\langle 0|$ 的外尔编序形式为

$$|0\rangle\langle 0| = \vdots\, 2\mathrm{e}^{-2a^\dagger a} \vdots . \tag{1-53}$$

根据以上性质, 可以概括出维格纳算符 $\Delta(p,q)$ 的外尔编序形式为

$$\Delta(p,q) = \vdots\, \delta(p-P)\delta(q-Q) \vdots \tag{1-54}$$

或

$$\Delta(\alpha,\alpha^*) = \frac{1}{2} \vdots\, \delta(\alpha-a)\delta(\alpha^*-a^\dagger) \vdots . \tag{1-55}$$

这样, 把式 (1-54) 和 (1-55) 分别代入式 (1-46) 和 (1-50) , 得到

$$\vdots h(P,Q) \vdots = \iint_{-\infty}^{\infty} \mathrm{d}p\mathrm{d}q h(p,q) \vdots\, \delta(p-P)\delta(q-Q) \vdots \tag{1-56}$$

或

$$\vdots f(a,a^\dagger) \vdots = \int \mathrm{d}^2\alpha f(\alpha,\alpha^*) \vdots\, \delta(\alpha-a)\delta(\alpha^*-a^\dagger) \vdots . \tag{1-57}$$

例如, 经典函数 $q^m p^n$ 对应算符的外尔编序形式为

$$\iint_{-\infty}^{\infty} \mathrm{d}p\mathrm{d}q q^m p^n \vdots\, \delta(p-P)\delta(q-Q) \vdots = \vdots\, Q^m P^n \vdots . \tag{1-58}$$

若想把 $\vdots Q^m P^n \vdots$ 中的符号 $\vdots\ \vdots$ 去掉, 必先重排它为如下形式:

$$\vdots \frac{1}{2^m}\sum_{l=0}^{m}\begin{pmatrix} m \\ l \end{pmatrix} Q^{m-l}P^n Q^l \vdots . \tag{1-59}$$

根据式 (1-51) 和 (1-52), 可得到相干态投影算符 $|z\rangle\langle z|$ 的经典对应

$$2\pi\mathrm{Tr}[|z\rangle\langle z|\Delta(\alpha,\alpha^*)]=2\langle z|:\exp\left[-2\left(a^\dagger-\alpha^*\right)(a-\alpha)\right]:|z\rangle$$
$$=2\exp\left[-2\left(z^*-\alpha^*\right)(z-\alpha)\right].\tag{1-60}$$

将式 (1-60) 代入式 (1-57), 可求出 $|z\rangle\langle z|$ 的外尔编序形式

$$|z\rangle\langle z|=2\int \mathrm{d}^2\alpha\exp\left[-2\left(z^*-\alpha^*\right)(z-\alpha)\right]\vdots\,\delta(\alpha-a)\delta(\alpha^*-a^\dagger)\,\vdots$$
$$=2\,\vdots\,\exp\left[-2\left(z^*-a^\dagger\right)(z-a)\right]\vdots\,.\tag{1-61}$$

特别地, 当 $z=0$ 时, 上式就退化为式 (1-53) 中的结果. 这样, 由式 (1-61) 也可把相干态的超完备性纳入外尔编序

$$\int\frac{\mathrm{d}^2z}{\pi}|z\rangle\langle z|=2\int\frac{\mathrm{d}^2z}{\pi}\,\vdots\,\exp\left[-2\left(z^*-a^\dagger\right)(z-a)\right]\vdots=1.\tag{1-62}$$

相应地, 密度算符 ρ 的 P 表示也可纳入外尔编序, 即

$$\rho=\int\frac{\mathrm{d}^2z}{\pi}P(z)|z\rangle\langle z|$$
$$=2\int\frac{\mathrm{d}^2z}{\pi}P(z)\,\vdots\,\exp\left[-2\left(z^*-a^\dagger\right)(z-a)\right]\vdots\,.\tag{1-63}$$

由上式可知, 若知道某个算符的 P 表示, 就可用式 (1-63) 直接积分导出该算符的外尔编序. 例如, 把式 (1-37) 中算符 $\mathrm{e}^{\lambda a^\dagger a}$ 的反正规乘积对应的 P 表示代入式 (1-63), 即可得到它的外尔编序形式

$$\mathrm{e}^{\lambda a^\dagger a}=\mathrm{e}^{-\lambda}\int\frac{\mathrm{d}^2z}{\pi}\exp\left[\left(1-\mathrm{e}^{-\lambda}\right)|z|^2\right]|z\rangle\langle z|$$
$$=2\mathrm{e}^{-\lambda}\int\frac{\mathrm{d}^2z}{\pi}\,\vdots\,\exp\left[-\left(1+\mathrm{e}^{-\lambda}\right)|z|^2+2z^*a+2za^\dagger-2a^\dagger a\right]\vdots$$
$$=\frac{2}{\mathrm{e}^\lambda+1}\,\vdots\,\exp\left[\frac{2(\mathrm{e}^\lambda-1)}{\mathrm{e}^\lambda+1}a^\dagger a\right]\vdots\,.\tag{1-64}$$

另外, 把式 (1-33) 代入式 (1-63), 可导出计算密度算符 ρ 的外尔编序公式

$$\rho=2\int\frac{\mathrm{d}^2z}{\pi}\mathrm{e}^{|z|^2}\,\vdots\int\frac{\mathrm{d}^2\alpha}{\pi}\langle-\alpha|\rho|\alpha\rangle\exp\left[|\alpha|^2\right.$$
$$\left.+\alpha^*z-\alpha z^*-2\left(z^*-a^\dagger\right)(z-a)\right]\vdots$$
$$=\,\vdots\,2\int\frac{\mathrm{d}^2\alpha}{\pi}\langle-\alpha|\rho|\alpha\rangle\exp[2(\alpha^*a-\alpha a^\dagger+a^\dagger a)]\,\vdots\,.\tag{1-65}$$

特别地, 当 $\rho=1$ 时, 上式简化为

$$1=2\,\vdots\int\frac{\mathrm{d}^2\alpha}{\pi}\exp[-2\left(\alpha^*+a^\dagger\right)(\alpha-a)]\,\vdots\,. \tag{1-66}$$

下面介绍相似变换作用下外尔编序算符具有的不变性. 引进一个相似变换算符 S, 其产生的相似变换为

$$SaS^{-1}=\mu a+\nu a^\dagger,\ Sa^\dagger S^{-1}=\sigma a+\tau a^\dagger, \tag{1-67}$$

其中 $\mu\tau-\sigma\nu=1$, 且使得 $\left[\mu a+\nu a^\dagger,\sigma a+\tau a^\dagger\right]=1$ 成立. 对于维格纳算符的相干态表示

$$\begin{aligned}\Delta\left(\alpha,\alpha^*\right)&=\frac{1}{\pi}\colon\exp[-2\left(a^\dagger-\alpha^*\right)(a-\alpha)]\colon\\&=\frac{1}{2\pi^2}\int\mathrm{d}^2z\exp[z(a^\dagger-\alpha^*)-z^*(a-\alpha)],\end{aligned} \tag{1-68}$$

在相似变换 S 的作用下, 其表达式变为

$$\begin{aligned}&S\Delta\left(\alpha,\alpha^*\right)S^{-1}\\&=\frac{1}{2\pi^2}\int\mathrm{d}^2z\colon\exp\left[-\left(\sigma\nu+\frac{1}{2}\right)|z|^2+z\left(\sigma a+\tau a^\dagger-\alpha^*\right)\right.\\&\qquad\left.-z^*\left(\mu a+\nu a^\dagger-\alpha\right)+\frac{1}{2}\left(\sigma\tau z^2+\mu\nu z^{*2}\right)\right]\colon\\&=\frac{1}{\pi}\colon\exp[-2\left(a^\dagger-\mu\alpha^*+\sigma\alpha\right)(a-\tau\alpha+\nu\alpha^*)]\colon\\&=\Delta\left(\tau\alpha-\nu\alpha^*,\mu\alpha^*-\sigma\alpha\right).\end{aligned} \tag{1-69}$$

进一步, 对式 (1-50) 作相似变换 S, 并利用式 (1-55) 和 (1-69), 可得到

$$\begin{aligned}&S\mathcal{F}\left(a,a^\dagger\right)S^{-1}\\&=2\int\mathrm{d}^2\alpha f\left(\alpha,\alpha^*\right)S\Delta\left(\alpha,\alpha^*\right)S^{-1}\\&=\frac{2}{\pi}\int\mathrm{d}^2\alpha f\left(\alpha,\alpha^*\right)\colon\exp[-2\left(a^\dagger-\mu\alpha^*+\sigma\alpha\right)(a-\tau\alpha+\nu\alpha^*)]\colon\\&=\frac{2}{\pi}\int\mathrm{d}^2\alpha' f\left(\mu\alpha'+\nu\alpha'^*,\sigma\alpha'+\tau\alpha'^*\right)\colon\exp[-2\left(a^\dagger-\alpha'^*\right)(a-\alpha')]\colon\\&=\int\mathrm{d}^2\alpha' f\left(\mu\alpha'+\nu\alpha'^*,\sigma\alpha'+\tau\alpha'^*\right)\vdots\,\delta(\alpha'-a)\delta(\alpha'^*-a^\dagger)\,\vdots\\&=\vdots\,f\left(\mu a+\nu a^\dagger,\sigma a+\tau a^\dagger\right)\vdots\,.\end{aligned} \tag{1-70}$$

比较式 (1-50) 和 (1-70), 可有

$$S\,\vdots\,f\left(a,a^\dagger\right)\vdots\,S^{-1}=\vdots\,f\left(SaS^{-1},Sa^\dagger S^{-1}\right)\vdots\,, \tag{1-71}$$

此式表明相似变换算符 S 可以自由地出入外尔编序符号 $\vdots\ \vdots$, 这也就是算符外尔编序在相似变换下具有的不变性.

特别指出的是, 在平移算符 $D(\alpha)$ 诱导的相似变换下, 算符的正规乘积、反正规乘积及外尔编序都具有不变性, 这是由于平移算符 $D(\alpha)$ 本身已经是外尔编序算符. 然而, 在压缩算符 $S(r)$ 诱导的相似变换下, 仅有算符的外尔编序具有不变性.

1.2 常见量子光场再讨论

量子光学是现代物理学中最重要的基础理论, 它主要研究光场的本质和统计特性以及光与物质相互作用的量子特征. 在量子光学中, 常见的量子光场有: 粒子数光场、相干光场、压缩光场及热混沌光场等. 我们知道, 不同的光场可以展现出多种不同的非经典特性. 为了清晰地考察这些特性, 一般采用不同的量子态来描述. 因此, 量子光学中描述常见光场的量子态有: 粒子数态、相干态、压缩态及热态等. 下面利用有序算符内积分法重新考察和讨论这些常见的量子光场及其相应的量子态.

1.2.1 粒子数光场

粒子数光场是量子光学中最简单的量子光场, 用粒子数态进行描述. 因此, 粒子数态是最基本的量子态, 是构造相干态的基础. 对于频率为 ω 的单模粒子数光场, 由于它的哈密顿量与简谐振子的类似, 所以粒子数态 $|n\rangle$ 满足如下能量本征值方程[7]

$$H|n\rangle = \hbar\omega\left(a^{\dagger}a+\frac{1}{2}\right)|n\rangle = E_n|n\rangle, \tag{1-72}$$

则其相应的 E_n 为

$$E_n = \hbar\omega\left(n+\frac{1}{2}\right), \tag{1-73}$$

式中本征值 n 为非负整数. 特殊地, 当 $n=0$ 时, 系统处于基态 (即真空态), 则相应的本征能量为 $\hbar\omega/2$. 当把玻色产生算符 $a^{\dagger}$ 和湮灭算符 a 分别作用到粒子数态 $|n\rangle$ 上时, 可有

$$\begin{aligned} a^{\dagger}|n\rangle &= \sqrt{n+1}\,|n+1\rangle, \\ a|n\rangle &= \sqrt{n}\,|n-1\rangle. \end{aligned} \tag{1-74}$$

上式表明, 算符 $a^{\dagger}$ 的作用是通过增加一个光子把系统由激发态 $|n\rangle$ 转化为能量更高的激发态 $|n+1\rangle$, 所以算符 $a^{\dagger}$ 被定义为光子的产生算符. 相反, 算符 a 表示通过扣除一个光子使系统由 $|n\rangle$ 转化为 $|n-1\rangle$, 所以把算符 a 称为光子的湮灭算符. 这

样, 由上式可知, 粒子数态 $|n\rangle$ 也是粒子数算符 $N=a^\dagger a$ 的本征态, 即

$$N|n\rangle=a^\dagger a|n\rangle=n|n\rangle. \tag{1-75}$$

而且, 我们还可发现, 所有粒子数态 $|n\rangle$ 都可由产生算符 $a^\dagger$ 连续作用到基态 (真空态) 上而得到

$$|n\rangle=\frac{a^{\dagger n}}{\sqrt{n!}}|0\rangle. \tag{1-76}$$

由正规乘积算符的排序规则可以证明, 所有粒子数态 $|n\rangle$ 的集合具有完备性

$$\begin{aligned}\sum_{n=0}^{\infty}|n\rangle\langle n|&=\sum_{n=0}^{\infty}\frac{a^{\dagger n}}{\sqrt{n!}}|0\rangle\langle 0|\frac{a^n}{\sqrt{n!}}\\&=\sum_{n=0}^{\infty}\frac{a^{\dagger n}}{\sqrt{n!}}:\mathrm{e}^{-a^\dagger a}:\frac{a^n}{\sqrt{n!}}\\&=\sum_{n=0}^{\infty}\frac{1}{n!}:a^{\dagger n}\mathrm{e}^{-a^\dagger a}a^n:\\&=\sum_{n=0}^{\infty}:\frac{(a^\dagger a)^n}{n!}\mathrm{e}^{-a^\dagger a}:\\&=:\mathrm{e}^{a^\dagger a-a^\dagger a}:=1\end{aligned} \tag{1-77}$$

和正交归一性

$$\langle n|m\rangle=\delta_{nm}. \tag{1-78}$$

这样, 利用完备性关系 (1-77), 可把描述光场的一般量子态 $|\varphi\rangle$ 在粒子数空间展开为

$$|\varphi\rangle=\sum_n d_n|n\rangle, \tag{1-79}$$

其中 $d_n=\langle n|\varphi\rangle$ 表征在量子态 $|\varphi\rangle$ 描述的光场中找到 n 个粒子的概率振幅.

1.2.2 相干光场

描述相干光场的相干态最初是由薛定谔在 1926 年首先提出的[8]. 他指出, 要在一个给定位势下找某个量子力学态, 这个态遵从与经典粒子类似的运动规律, 对于谐振子位势, 他找到了这样的状态. 1963 年, 格劳伯对谐振子相干态进行了系统研究[9, 10], 并证明了它是谐振子湮灭算符 a 的本征态, 即 $a|\alpha\rangle=\alpha|\alpha\rangle$ (这里 α 是复数), 而且是使测不准关系取最小值的态. 鉴于相干态有它的固有特点, 如它是一个最接近于经典情况而又不正交的量子力学态, 且具有超完备性, 因此人们对于相干态理论给予了广泛关注. 例如, 先后提出了角动量相干态[11]、带电玻色子相干

态[12]、费米子相干态[13]、奇偶相干态[14]、谐振子湮灭算符高次幂本征态 [15−18] 和 q 相干态[19] 等. 相干态[20]，不但是近代物理学的一个重要概念, 而且是理论物理学中的一个有效方法. 现在, 相干态已被广泛应用于物理学的各个领域, 如在量子光学中, 相干态是激光理论的重要支柱; 在群表示论中, 由相干态实现的 Heisenberg-Weyl 代数的 Bargmann 表示使得许多问题的求解得以简化[21]. 此外, 相干态在规范场理论中可以用来处理量子电动力学的红外发散.

下面将利用正规乘积算符内积分法重新考察相干态的理论构造及其性质. 首先, 构造如下指数型正规乘积算符

$$\mathcal{H}\left(a^{\dagger}, a\right)=: \mathrm{e}^{-\frac{1}{2}(p-P)^{2}-\frac{1}{2}(q-Q)^{2}}:, \tag{1-80}$$

式中坐标算符 Q(或动量算符 P) 与玻色算符 $a, a^{\dagger}$ 满足关系式 (1-48). 把算符函数 $\mathcal{H}\left(a^{\dagger}, a\right)$ 作为积分核并利用正规乘积算符内积分法分别对 $\mathrm{d}q$ 和 $\mathrm{d}p$ 执行积分, 可得

$$\frac{1}{2\pi}\iint_{-\infty}^{\infty} \mathrm{d}q \mathrm{d}p \mathcal{H}\left(a^{\dagger}, a\right)=1. \tag{1-81}$$

由上式可推测, 它可能是某些量子态的集合所组成的超完备性关系. 为了证实这一点, 我们利用真空态投影算符的正规乘积 (1-9)[22], 把上式积分核 $\mathcal{H}\left(a^{\dagger}, a\right)$ 进行拆解, 发现它恰好是态矢量 $|q, p\rangle$ 的密度算符, 即

$$\begin{aligned}
&\mathcal{H}\left(a^{\dagger}, a\right)\\
=&\exp\left[-\frac{1}{4}(q^{2}+p^{2})+\frac{1}{\sqrt{2}}(q+\mathrm{i}p)a^{\dagger}\right]|0\rangle\langle 0|\\
&\exp\left[-\frac{1}{4}(q^{2}+p^{2})+\frac{1}{\sqrt{2}}(q-\mathrm{i}p)a\right]\\
\equiv&|q, p\rangle\langle q, p|,
\end{aligned} \tag{1-82}$$

式中态矢量 $|q, p\rangle$ 在福克空间中表示为

$$|q, p\rangle=\exp\left[-\frac{1}{4}(q^{2}+p^{2})+\frac{1}{\sqrt{2}}(q+\mathrm{i}p)a^{\dagger}\right]|0\rangle, \tag{1-83}$$

此态即为正则相干态. 由式 (1-81) 和 (1-83) 可知, 态 $|q, p\rangle$ 的集合构成如下超完备性关系

$$\iint_{-\infty}^{\infty}\frac{\mathrm{d}q \mathrm{d}p}{2\pi}|q, p\rangle\langle q, p|=1. \tag{1-84}$$

若令 $\alpha=(q+\mathrm{i}p)/\sqrt{2}$, 则正则相干态 $|q, p\rangle$ 变为格劳伯谐振子相干态, 其表达式为

$$|\alpha\rangle=\exp\left(-\frac{1}{2}|\alpha|^{2}+\alpha a^{\dagger}\right)|0\rangle. \tag{1-85}$$

由态 $|\alpha\rangle$ 的指数展开式

$$|\alpha\rangle = \mathrm{e}^{-\frac{|\alpha|^2}{2}} \sum_{n=0}^{\infty} \frac{\alpha^n}{\sqrt{n!}} |n\rangle . \tag{1-86}$$

可见, 相干态 $|\alpha\rangle$ 也可表示为无限多个粒子数态 $|n\rangle$ 的权重叠加形式. 由式 (1-86) 可知, $|\alpha\rangle$ 是湮灭算符 a 的本征态, 即

$$a|\alpha\rangle = \alpha|\alpha\rangle . \tag{1-87}$$

事实上, 它也是由坐标算符 Q 与动量算符 P 满足的最小不确定关系所决定的最小不确定态. 利用式 (1-85) 以及正规乘积算符内积分法, 可得到不同相干态的内积

$$\langle\alpha|\ \alpha'\rangle = \mathrm{e}^{-\frac{1}{2}\left(|\alpha|^2+|\alpha'|^2\right)+\alpha^*\alpha'} \tag{1-88}$$

和所有相干态组成的超完备性关系

$$\int \frac{\mathrm{d}^2\alpha}{\pi} |\alpha\rangle\langle\alpha| = \int \frac{\mathrm{d}^2\alpha}{\pi} : \mathrm{e}^{-|\alpha|^2+\alpha a^\dagger+\alpha^* a-a^\dagger a} : = 1. \tag{1-89}$$

可见, 相干态是不正交的. 然而, 由于

$$|\langle\alpha|\ \alpha'\rangle|^2 = \mathrm{e}^{-|\alpha'-\alpha|^2}, \tag{1-90}$$

所以, 相干态随着 $|\alpha'-\alpha|^2$ 的增大会近似地成为正交. 由于

$$\langle N\rangle = \langle\alpha| N |\alpha\rangle = |\alpha|^2 , \tag{1-91}$$

说明在相干态下的平均光子数为 $|\alpha|^2$. 同时, 我们发现

$$\langle\alpha| N^2 |\alpha\rangle = |\alpha|^4 + |\alpha|^2 . \tag{1-92}$$

因此, 我们有

$$(\Delta N)^2 = |\alpha|^2, \quad \frac{\Delta N}{\langle N\rangle} = \frac{1}{|\alpha|}. \tag{1-93}$$

上式表明, 当 $|\alpha|$ 越大时, 平均光子数越多, 光子数 (或能量) 涨落越小, 越类似于经典场. 此外, 由式 (1-86) 易得相干态 $|\alpha\rangle$ 中出现的 n 个粒子的概率, 即

$$\mathcal{P}(n) = |\langle n\ |\alpha\rangle|^2 = \frac{|\alpha|^{2n}}{n!}\mathrm{e}^{-|\alpha|^2}, \tag{1-94}$$

表明相干态 $|\alpha\rangle$ 的光子数分布为泊松分布.

1.2.3 压缩光场

实践证明, 描述压缩光场的压缩态是量子光学中最常用的量子态之一. 由于它拥有比相干态更小的量子噪声, 因此经常被用于光通信、精密测量及高分辨率光谱学等领域. 在历史上, Stoler 首次提出了光场压缩态[23], 而后 Yuen 推广了压缩态的概念并引入了压缩相干态[24], 这些概念的提出开辟了一个新的研究领域. 在实验上, Slusher 等采用四波混频系统首先观察到了压缩效应[25], 随后又有几个研究小组相继给出了光场压缩态的测量结果. 这些成果的出现把有关压缩态的实验研究推到了一个崭新的阶段, 同时也推动了压缩态的相关理论研究.

压缩态光场是一类典型的非经典光场, 能展现许多非经典性质. 理论上, 压缩真空态可通过单模压缩算符 $S_1(r)$ 作用到真空态上来实现, 相应的密度算符 ρ_{sv} 为

$$\rho_{sv} = S_1(r)\left|0\right\rangle\left\langle 0\right| S_1^{\dagger}(r). \tag{1-95}$$

把真空态投影算符 $\left|0\right\rangle\left\langle 0\right|$ 的正规乘积表示式 (1-9) 代入任意玻色算符 $\mathcal{F}\left(a,a^{\dagger}\right)$ 的外尔编序公式 (1-65) 并进行积分, 可得到真空态 $\left|0\right\rangle\left\langle 0\right|$ 的外尔编序

$$\left|0\right\rangle\left\langle 0\right| = 2\,\vdots\, \exp\left[-2a^{\dagger}a\right] \vdots. \tag{1-96}$$

注意到外尔编序算符在压缩算符 $S_1(r)$ 诱导出的相似变换下具有的不变性 (1-71) 以及压缩算符 $S_1(r)$ 满足的博戈留波夫变换 (1-26), 可得密度算符 ρ_{sv} 的外尔编序

$$\rho_{sv} = 2\,\vdots\, \exp\left[-2\left(a^{\dagger}\cosh r + a\sinh r\right)\left(a\cosh r + a^{\dagger}\sinh r\right)\right] \vdots. \tag{1-97}$$

根据外尔对应规则[26, 27], 把任意外尔编序算符 $\mathcal{F}\left(a,a^{\dagger}\right)$ 内的 a 和 $a^{\dagger}$ 分别替换成 α 和 α^*, 可得到此算符 $\mathcal{F}\left(a,a^{\dagger}\right)$ 的经典外尔对应函数 $f\left(\alpha,\alpha^*\right)$. 因此, 式 (1-97) 中算符 ρ_{sv} 的经典外尔对应函数为

$$f\left(\alpha,\alpha^*\right) = 2\exp\left(-2\left|\alpha^*\cosh r + \alpha\sinh r\right|^2\right). \tag{1-98}$$

进一步, 把相干态表象下维格纳算符 $\Delta\left(\alpha,\alpha^*\right)$ 的正规乘积表示 (1-52) 以及算符 ρ_{sv} 的经典外尔对应函数 (1-98) 代入积分关系式 (1-50), 再利用数学积分公式

$$\begin{aligned}&\int \frac{\mathrm{d}^2 z}{\pi}\exp\left[\varsigma\left|z\right|^2 + \xi z + \eta z^* + g z^2 + h z^{*2}\right]\\&= \frac{1}{\sqrt{\varsigma^2 - 4fg}}\exp\left[\frac{-\varsigma\xi\eta + \xi^2 h + \eta^2 g}{\varsigma^2 - 4gh}\right],\end{aligned} \tag{1-99}$$

上面的积分公式成立需满足收敛条件 $\mathrm{Re}(\xi \pm g \pm h) < 0$ 和 $\mathrm{Re}\left(\dfrac{\varsigma^2 - 4gh}{\xi \pm g \pm h}\right) < 0$, 我们就给出了密度算符 ρ_{sv} 的正规乘积

$$\rho_{sv} = \frac{1}{\cosh r} : \exp\left[-\frac{\tanh r}{2}\left(a^2 + a^{\dagger 2}\right) - a^{\dagger}a\right] : . \tag{1-100}$$

另外, 利用平移算符 $D(\alpha)$ 满足变换

$$D(\alpha)\,aD^{\dagger}(\alpha)=a-\alpha \tag{1-101}$$

以及正规乘积算符在平移算符 $D(\alpha)$ 诱导出的相似变换下具有的不变性, 易得到光场压缩相干态密度算符 ρ_{sc} 的正规乘积[28]

$$\begin{aligned}\rho_{sc}=&\frac{1}{\cosh r}:\ \exp\left[-\frac{\tanh r}{2}(a^2+a^{\dagger 2})+(\alpha+\alpha^*\tanh r)a^{\dagger}\right.\\&\left.-a^{\dagger}a+(\alpha^*+\alpha\tanh r)a-|\alpha|^2-(\mathrm{Re}\,\alpha^2)\tanh r\right]:.\end{aligned} \tag{1-102}$$

研究发现, 光场压缩态密度算符的正规乘积能为计算出态的压缩特性、亚泊松分布、反聚束效应、光子数分布和相空间准概率分布函数等提供诸多便利.

1.2.4 热混沌光场

我们知道, 对于混沌光场, 其状态由量子系统在一组给定的态矢量上的概率分布来表示, 因此只能采用相应的密度算符来描述光场, 即

$$\rho_{ch}=\sum_i \mathcal{D}_i\,|\text{pure}\rangle_{ii}\,\langle\text{pure}|\,, \tag{1-103}$$

其中 $\mathcal{D}_i$ 是光场处于归一化的光场纯态矢量 $|\text{pure}\rangle_i$ 的概率. 这一点与纯态描述的光场完全不同, 因为纯态光场的量子性质能够由相应的态矢量来完全确定, 且密度算符和态矢量能进行等价描述. 例如, 对于相干态 $|\alpha\rangle$ 描述的光场, 其相应密度算符 $\rho=|\alpha\rangle\langle\alpha|$ 也能表征光场. 量子光学中, 较为简单的混沌态即为单模热态, 它所描述的是处于热平衡状态的光场, 其密度算符为

$$\rho_{th}=\sum_{n=0}^{\infty}\frac{1-\mathrm{e}^{\lambda}}{\mathrm{e}^{-n\lambda}}\,|n\rangle\langle n|\,, \tag{1-104}$$

式中 $\lambda=-\hbar\omega/k_{\mathrm{B}}T$, 参数 $\hbar$, k_{B}, ω 和 T 分别为普朗克常量、玻尔兹曼常量、谐振子的频率和热场的温度. 进一步, 利用式 (1-20) 可得单模热态密度算符的正规乘积表示

$$\begin{aligned}\rho_{th}=&(1-\mathrm{e}^{\lambda})\mathrm{e}^{\lambda a^{\dagger}a}\\=&(1-\mathrm{e}^{\lambda}):\ \exp[(\mathrm{e}^{\lambda}-1)a^{\dagger}a]:.\end{aligned} \tag{1-105}$$

最后, 利用式 (1-105), 容易得到单模热光场的平均光子数

$$\bar{n}=\langle n\rangle=\mathtt{Tr}[a^{\dagger}a\rho_{th}]=\frac{1}{\mathrm{e}^{\lambda}-1} \tag{1-106}$$

和光子数分布

$$\mathcal{P}(n)=\frac{\langle n\rangle^{n}}{(1+\langle n\rangle)^{1+n}}. \tag{1-107}$$

由式 (1-107) 可见, 单模热光场的光子数分布为玻色–爱因斯坦分布.

另外, 值得指出的是, 研究非经典态的一种重要且行之有效的途径, 就是尽可能多地构造出一些量子力学所允许的新的态矢量, 然后研究它们的量子统计性质, 从而有可能发现新的非经典效应, 并有可能找到各种非经典效应之间的联系. 为此, 物理学家提出了多种产生非经典态的方案. 其中, 利用量子力学中的态叠加原理是最常见的方法[29], 如薛定谔猫态. 另一种有效方法是将算符作用在参考态上[30], 如压缩相干态. 目前, 通过玻色产生算符 $a^{\dagger}$ 和湮灭算符 a 来实现的光子增加或扣除操作是获得光场非经典态的一种有效途径 [31−33], 它能将传统的"类经典"态 (如相干态、热态等) 转变为非经典态. 例如, Zavatta 小组利用量子层析成像方法在实验上制备出了单光子增加相干态, 并验证了其完备性特征[34]. 随后, 他们利用单光子增加或扣除热态成功探测了一些量子对易规则[35]. 此外, 利用光子增加或扣除操作也可实现一些能作为量子信息源的连续变量非高斯纠缠态[36], 它们不仅在改善一些重要的连续变量量子信息过程 (如量子隐形传态[37], 量子克隆[38] 和量子计算[39, 40]) 方面具有极大的用处, 而且具有的非高斯性对实现量子纠错[41], 纠缠蒸馏[42, 43] 和量子计算[44, 45] 等起到关键性的作用. 另一方面, 对于介质中传播的非经典光场, 不可避免地会与外界环境发生相互作用, 导致系统产生耗散或相移, 从而破坏光场的非经典特征而引起退相干行为. 因此, 由态叠加原理或光子操作制备的非经典态及其在开放系统中的退相干演化也是本书详细介绍的内容之一.

1.3 光场的非经典特性

量子态描述的光场拥有某些纯量子特征的性质, 这些性质用已有经典理论是根本无法解释的, 故称之为非经典特性. 目前, 在实验上已证实, 量子光场的典型非经典特性主要有以下三类: 压缩特点、反聚束效应和亚泊松光子统计分布.

1.3.1 压缩特点

压缩是量子光场最具有代表性的非经典特性, 其特征通过具有比相干态还要小的噪声分量来体现. 这种量子特性不仅便于揭示光场的物理本质, 还可减少光通信的量子噪声.

为了刻画某些量子光场的压缩情况, 这里定义如下正交算符

$$X_{\theta}=a\mathrm{e}^{-\mathrm{i}\theta}+a^{\dagger}\mathrm{e}^{\mathrm{i}\theta}. \tag{1-108}$$

对于某一光场来说, 若 $\left\langle(\Delta X_{\theta})^{2}\right\rangle$ 对所有 $\theta(\theta\in[0,2\pi])$ 都能取 $\left\langle(\Delta X_{\theta})^{2}\right\rangle_{\min}<1$, 这

样的光场被称为压缩光场. 利用正规乘积定义如下压缩度公式[46, 47]

$$\begin{aligned}\mathcal{S} &\equiv \left\langle :\ (\triangle X_\theta)^2 :\ \right\rangle \\ &= -2\left|\left\langle a^{\dagger 2}\right\rangle - \left\langle a^\dagger\right\rangle^2\right| + 2\left\langle a^\dagger a\right\rangle - 2\left|\left\langle a^\dagger\right\rangle\right|^2.\end{aligned} \tag{1-109}$$

当 $\mathcal{S}$ 在范围 $[-1,0)$ 内取值时, 表征光场能展现压缩效应, 此光场被称为非经典光场; 而且, 压缩度 $\mathcal{S}$ 值的大小代表光场被压缩的程度. 例如, 对于相干态描述的光场, $\mathcal{S}=0$, 不出现压缩, 与上面 1.2.2 节给出的结论相一致. 而对于压缩真空态来说, $\mathcal{S}=\mathrm{e}^{-2r}-1$, 其大小仅与压缩参量 r 有关. 目前, 压缩真空态在提高量子通信的保真度、降低光通信的噪声和光学精密测量等领域得到广泛应用[48, 49].

1.3.2 反聚束效应

反聚束效应作为一种非经典效应, 在揭示光的量子本质方面起着重要作用. 对于某个光场来说, 是否出现反聚束效应由光场的二阶相干度 $g^{(2)}$ 来判断, 而光场的二阶相干度 $g^{(2)}$ 可在实验上利用光子复合计数方法来测量.

对于频率为 ω 的单模光场, 其二阶相干度为[50]

$$g^{(2)}(t,t+\tau) = \frac{\left\langle a^\dagger(t)a^\dagger(t+\tau)a(t+\tau)a(\tau)\right\rangle}{\left\langle a^\dagger(t)a(t)\right\rangle\left\langle a^\dagger(t+\tau)a(t+\tau)\right\rangle}, \tag{1-110}$$

上式表示在不同时刻 t 和 $t+\tau$, 空间某点 r 处单模光场的强度相干程度. 对于自由光场 $a(t)=a(0)\mathrm{e}^{\mathrm{i}\omega t}$, 其二阶相干度 $g^{(2)}(t,t+\tau)$ 简化为与时间 t 无关的一恒量, 即

$$g^{(2)}(t,t+\tau) = g^{(2)}(\tau) = \frac{\left\langle a^{\dagger 2}a^2\right\rangle}{\left\langle a^\dagger a\right\rangle^2}. \tag{1-111}$$

特殊地, 对于处在相干态 $|\alpha\rangle$ 的单模光场, 其二阶相干度为

$$g^{(2)}_{|\alpha\rangle}(\tau) = \frac{\langle\alpha|\, a^{\dagger 2}a^2\,|\alpha\rangle}{\left(\langle\alpha|\, a^\dagger a\,|\alpha\rangle\right)^2} = 1. \tag{1-112}$$

上式表明, 由相干态描述的单模光场, 因光子数涨落而产生的光场噪声是最小的. 若光场的二阶相干度 $g^{(2)}(\tau)>1$, 则称这种现象为光子的聚束效应. 因 $g^{(2)}(\tau)>1$ 与经典理论一致, 故光场的光子聚束效应是一种经典效应. 例如, 对于单模热光场, 虽然与相干态的一阶相干度相同, 但二阶相干度

$$g^{(2)}_{\rho_{th}}(\tau) = 2 > g^{(2)}_{|\alpha\rangle}(\tau), \tag{1-113}$$

说明它的光子涨落引起的噪声比相干光场要大. 而对于粒子数光场, 其二阶相干度

$$g^{(2)}_{|n\rangle}(\tau) = \frac{\langle n|\, a^{\dagger 2}a^2\,|n\rangle}{\left(\langle n|\, a^\dagger a\,|n\rangle\right)^2} = \begin{cases} 1-\dfrac{1}{n} & (n\geqslant 2) \\ 0 & (n=0,1) \end{cases}. \tag{1-114}$$

可见, 粒子数光场的二阶相干度与相干光场和热光场的不同, 它遵从

$$g^{(2)}_{|n\rangle}(\tau) < 1. \tag{1-115}$$

显然, 这是经典理论所不允许的, 它是光场量子特性的具体体现. 通常把光场二阶相干度 $g^{(2)}(\tau) < 1$ 描述的现象称为光场的光子反聚束效应[51, 52]. 与光子的聚束效应不同, 它是光场的一种非经典效应, 可通过 Hanbury Brown-Twiss 实验的量子理论给出详细的理论解释.

1.3.3　亚泊松分布

亚泊松分布是量子光场特有的非经典特征之一. 与光场的压缩特性及光子反聚束效应不同, 它是通过光子数的统计分布来体现光场的非经典特征的. 由于亚泊松光场的光子数涨落比泊松光场的平均光子数还要小, 因此这种光场在光通信、引力波探测、光学精密计量、弱光及超弱光信号检测, 以及生命系统的超弱光子辐射探测等研究领域有着广泛的应用. 由 1.2.2 节可知, 相干态光场的光子数分布是泊松分布. Mandel 为了表征光场的光子数分布偏离泊松统计分布的程度, 引入了 Q-参量, 其定义为[53, 54]

$$Q = \frac{\left\langle a^{\dagger 2} a^2 \right\rangle}{\left\langle a^{\dagger} a \right\rangle} - \left\langle a^{\dagger} a \right\rangle. \tag{1-116}$$

对相干态来说, 参量 $Q = 0$, 表征其光子数分布为泊松分布；而当 $Q > 0$ 时, 光子数分布比相干态的宽, 即为超泊松分布；显然, $Q < 0$ 代表的分布是比相干态的还要窄的亚泊松分布. 亚泊松光场所揭示出的特殊光子统计性质, 进一步深化了人们关于光的量子本质的认识, 具有重要的理论价值和重大的学术意义, 因而成为当前量子光学领域内一个十分活跃的前沿课题.

对某个光场来说, 若出现压缩特性、反聚束性或者亚泊松分布等性质, 则称它为非经典光场. 相反, 称其为经典光场. 当然, 并不是所有的非经典光场会同时具有这些性质.

1.4　维格纳算符理论

量子力学的准概率分布函数 (如 P-函数[55, 56]、Q-函数[57] 和维格纳函数[58−61] 等) 在许多学科都有着重要的应用. 尤其是, 维格纳函数的部分负性能清楚地反映量子态的非经典性质. 所以, 它成为量子光学中研究量子态非经典特性的有效工具. 另一方面, 量子态的维格纳函数与该量子态存在一一对应关系, 因此, 通过物理上的一些可观测量来重构并测量量子态的维格纳函数, 可间接地实现相应量子态的测量. 目前, 量子光学中已介绍多种借助维格纳函数的重构来测量量子态的方法, 如光学零拍层析法和量子层析方法.

1932 年, Wigner 首先提出了维格纳函数的概念, 并用于经典分布函数的量子修正. 量子态的维格纳函数定义为相空间中的一个实函数, 它具有准概率分布函数的基本性质. 根据式 (1-42) 定义的坐标表象下维格纳算符 $\Delta(p,q)$, 可把单模量子态 $|\varphi\rangle$(或者密度算符 $\rho=|\varphi\rangle\langle\varphi|$) 的维格纳函数表达为算符 $\Delta(p,q)$ 在态 ρ 中的期望值, 即

$$\begin{aligned}W(p,q)&=\mathtt{Tr}\left[\rho\Delta(p,q)\right]\\&=\int_{-\infty}^{\infty}\frac{\mathrm{d}t}{2\pi}\left\langle q-\frac{t}{2}\right|\rho\left|q+\frac{t}{2}\right\rangle \mathrm{e}^{\mathrm{i}tp}.\end{aligned}\tag{1-117}$$

关于维格纳函数的基本性质主要有:

(1) $W(p,q)$ 为相空间的实函数, 即 $W^*(p,q)=W(p,q)$.

(2) $W(p,q)$ 具有概率分布的含义, 即

$$\int_{-\infty}^{\infty}\mathrm{d}pW(p,q)=\psi^*(q)\psi(q),\tag{1-118}$$

$$\int_{-\infty}^{\infty}\mathrm{d}qW(p,q)=\phi^*(p)\phi(p),\tag{1-119}$$

式中 $\psi^*(q)\psi(q),\phi^*(p)\phi(p)$ 分别为粒子在坐标空间和动量空间的概率分布函数.

(3) $W(p,q)$ 既可以取正值, 也可以取负值, 是一种准概率分布函数, 所以不能像经典物理那样, 把 $W(p,q)$ 简单地看成是粒子在同一时刻坐标为 q 且动量为 p 的概率密度, 这种观点违背了海森伯不确定关系. 然而, 对于"类经典"态, $W(p,q)\geqslant 0$. 例如, 相干态的维格纳函数在相空间中始终存在 $W(p,q)\geqslant 0$, 并呈现标准的高斯波包形状. 事实上, 维格纳函数 $W(p,q)$ 的部分负性提供了一种探查光场非经典性的有效工具. 理论上, 与 $W(p,q)$ 有关的计算维格纳函数负部区域体积的公式为[60]

$$\Delta=\frac{1}{2}\iint_{-\infty}^{\infty}\mathrm{d}q\mathrm{d}p[|W(p,q)|-W(p,q)].\tag{1-120}$$

此公式的优势在于, 要获得维格纳函数的负部区域体积 Δ, 只需要知道相应量子态的维格纳函数 $W(p,q)$ 即可.

实践证明, 维格纳算符的不同表示能为研究各种量子态的维格纳函数提供便利. 下面我们利用有序算符内积分法去推导出维格纳算符的几种常用表示. 利用有序算符内积分法对式 (1-42) 进行直接积分, 可得到算符 $\Delta(p,q)$ 的正规乘积表达式

$$\begin{aligned}\Delta(p,q)=&\int_{-\infty}^{\infty}\frac{\mathrm{d}t}{2\pi^{3/2}}\exp\left[-\frac{1}{2}\left(q+\frac{t}{2}\right)^2+\sqrt{2}\left(q+\frac{t}{2}\right)a^\dagger-\frac{a^{\dagger 2}}{2}\right]\\&\times|0\rangle\langle 0|\exp\left[-\frac{1}{2}\left(q-\frac{t}{2}\right)^2+\sqrt{2}\left(q-\frac{t}{2}\right)a-\frac{a^2}{2}\right]\mathrm{e}^{\mathrm{i}pt}\end{aligned}$$

$$
\begin{aligned}
&= \frac{1}{2\pi^{3/2}} \int_{-\infty}^{\infty} \mathrm{d}t\colon \exp\left[-q^2 - \frac{t^2}{4} + \sqrt{2}q(a+a^\dagger)\right.\\
&\quad \left. + \frac{t}{\sqrt{2}}(a^\dagger - a) - \frac{(a+a^\dagger)^2}{2}\right] : \mathrm{e}^{\mathrm{i}pt}\\
&= \frac{1}{\pi} : \mathrm{e}^{-(q-Q)^2-(p-P)^2} : .
\end{aligned} \tag{1-121}
$$

进一步, 利用式 (1-48) 和 (1-49) 以及数学积分公式 (1-29), 可把上式变成

$$
\begin{aligned}
\Delta(p,q) &= \frac{1}{\pi} : \mathrm{e}^{-2(\alpha^* - a^\dagger)(\alpha - a)} :\\
&= \int \frac{\mathrm{d}^2 z}{2\pi^2} : \mathrm{e}^{-\frac{|z|^2}{2} + z^*(\alpha - a) - z(\alpha^* - a^\dagger)} :\\
&= \int \frac{\mathrm{d}^2 z}{2\pi^2} : \mathrm{e}^{z^*(\alpha - a) - z(\alpha^* - a^\dagger)} :\\
&\equiv \Delta(\alpha, \alpha^*).
\end{aligned} \tag{1-122}
$$

另外, 也可将式 (1-122) 改写为

$$
\begin{aligned}
\Delta(\alpha,\alpha^*) &= \frac{1}{\pi} : \mathrm{e}^{-2(a^\dagger - \alpha^*)(a - \alpha)} :\\
&= \int \frac{\mathrm{d}^2 z}{\pi^2} \colon \exp[-|z|^2 + (\alpha + z)a^\dagger\\
&\quad + (\alpha^* - z^*)a - a^\dagger a + \alpha z^* - \alpha^* z - |\alpha|^2] : .
\end{aligned} \tag{1-123}
$$

再利用真空态投影算符的正规乘积式 (1-9) 以及相干态 $|z\rangle = \mathrm{e}^{-|z|^2/2}\mathrm{e}^{za^\dagger}|0\rangle$, 可推导出维格纳算符的相干态表象形式

$$
\Delta(\alpha,\alpha^*) = \int \frac{\mathrm{d}^2 z}{\pi^2} |\alpha + z\rangle \langle \alpha - z| \mathrm{e}^{\alpha z^* - \alpha^* z} \tag{1-124}
$$

或

$$
\Delta(\alpha,\alpha^*) = \mathrm{e}^{2|\alpha|^2} \int \frac{\mathrm{d}^2 z}{\pi^2} |z\rangle \langle -z| \mathrm{e}^{-2(z\alpha^* - z^*\alpha)}. \tag{1-125}
$$

若再把 $\Delta(\alpha,\alpha^*)$ 作为被积函数并对 $\mathrm{d}^2\alpha$ 进行积分, 则有

$$
2\int \mathrm{d}^2\alpha \Delta(\alpha,\alpha^*) = \frac{2}{\pi}\int \mathrm{d}^2\alpha \colon \mathrm{e}^{-2(\alpha^* - a^\dagger)(\alpha - a)} : = 1. \tag{1-126}
$$

所以, 任何算符函数 $\mathcal{F}(a^\dagger, a)$ 可用上述完备性展开, 即

$$
\mathcal{F}(a^\dagger, a) = 2\int \mathrm{d}^2\alpha f(\alpha^*, \alpha)\, \Delta(\alpha,\alpha^*), \tag{1-127}
$$

这恰好是经典函数 $f(\alpha^*,\alpha)$ 与算符函数 $\mathcal{F}(a^\dagger,a)$ 之间满足的外尔对应关系式 (1-50). 此外, 在式 (1-123) 令 $\alpha=0$, 则有

$$\Delta(0,0)=\frac{1}{\pi}:\mathrm{e}^{-2a^\dagger a}:=\frac{(-1)^N}{\pi}, \tag{1-128}$$

式中 $N=a^\dagger a$ 为粒子数算符. 这样, 利用平移算符 $D(\alpha)=\mathrm{e}^{\alpha a^\dagger-\alpha^*\alpha}$, 维格纳算符 $\Delta(\alpha,\alpha^*)$ 可表示为

$$\begin{aligned}\Delta(\alpha,\alpha^*)&=D(\alpha)\Delta(0,0)D^\dagger(\alpha)\\&=\frac{1}{\pi}D(\alpha)(-1)^N D^\dagger(\alpha)\\&=\frac{1}{\pi}\mathrm{e}^{2\alpha a^\dagger}(-1)^N\mathrm{e}^{2\alpha^* a}\mathrm{e}^{-2|\alpha|^2}\\&=\frac{1}{\pi}D(2\alpha)(-1)^N.\end{aligned} \tag{1-129}$$

若把式 (1-121) 中的维格纳算符 $\Delta(p,q)$ 作为积分核, 并利用有序算符内积分法分别对 $\mathrm{d}q$ 和 $\mathrm{d}p$ 执行积分, 可知维格纳算符 $\Delta(p,q)$ 服从归一化条件

$$\iint_{-\infty}^{\infty}\mathrm{d}q\mathrm{d}p\Delta(p,q)=1 \tag{1-130}$$

和两个边缘分布

$$\begin{aligned}\int_{-\infty}^{\infty}\mathrm{d}q\Delta(p,q)&=\frac{1}{\sqrt{\pi}}:\exp\left[-(p-P)^2\right]:=|p\rangle\langle p|,\\\int_{-\infty}^{\infty}\mathrm{d}p\Delta(p,q)&=\frac{1}{\sqrt{\pi}}:\exp\left[-(q-Q)^2\right]:=|q\rangle\langle q|,\end{aligned} \tag{1-131}$$

式中 $|q\rangle$ 和 $|p\rangle$ 分别为坐标算符 Q 与动量算符 P 的本征态. 那么, 任何单模量子态 $|\varphi\rangle$ 的维格纳函数 $W(p,q)$ 的边缘分布分别为

$$\int_{-\infty}^{\infty}\mathrm{d}qW(p,q)=|\langle p|\varphi\rangle|^2,\quad\int_{-\infty}^{\infty}\mathrm{d}pW(p,q)=|\langle q|\varphi\rangle|^2. \tag{1-132}$$

它们分别代表态矢量为 $|\varphi\rangle$ 的粒子在动量和坐标空间测到的概率.

参 考 文 献

[1] 范洪义. 从量子力学到量子光学 —— 数理进展 [M]. 上海: 上海交通大学出版社, 2005.
[2] 范洪义, 胡利云. 光学变换 —— 从量子到经典 [M]. 上海: 上海交通大学出版社, 2010.
[3] 范洪义. 量子力学表象与变换论: 狄拉克符号法进展 [M]. 合肥: 中国科学技术大学出版社, 1997.

[4] 路易塞尔 (W. H. Louisell). 辐射的量子统计性质 [M]. 北京：科学出版社, 1982.
[5] Klauder J R, Sudarshan E C G. Fundamentals of Quantum Optics[M]. New York: W. A. Benjamin, 1968.
[6] Mehta C L. Diagonal coherent-state representation of quantum operators[J]. Physical Review Letters, 1967, 18(18): 752-754.
[7] Walls D F, Milburn G J. Quantum Optics[M]. Berlin/Heidelberg/New York: Springer-Verlag, 1994.
[8] Schrödinger E. Der stetige Übergang von der Mikro-zur Makromechanik[J]. Naturwissenschaften, 1926, 14(28): 664-666.
[9] Glauber R J. The quantum theory of optical coherence[J]. Physical Review, 1963, 130(6): 2529-2539.
[10] Glauber R J. Coherent and incoherent states of the radiation field[J]. Physical Review, 1963, 131(6): 2766-2788.
[11] Arecchi F T, Courtens E, Gilmore R, Thomas H. Atomic coherent states in quantum optics[J]. Physical Review A, 1972, 6(6): 2211-2237.
[12] Bhaumik D, Bhaumik K, Dutta-Roy B. Charged bosons and the coherent state[J]. Journal of Physics A: Mathematical and General, 1976, 9(9): 1507-1512.
[13] Ohnuki Y, Kashiwa T. Coherent states of Fermi operators and the path integral[J]. Progress of Theoretical Physics, 1978, 60(2): 548-564.
[14] Bužek V, Vidiella-Barranco A, Knight P L. Superpositions of coherent states: Squeezing and dissipation[J]. Physical Review A, 1992, 45(9): 6570-6585.
[15] 王继锁. 光子消灭算符高次幂本征态的数学结构及其性质 [J]. 物理学报, 1991, 40(4): 547-554.
[16] Sun J Z, Wang J S, Wang C K. Generation of orthonormalized eigenstates of the operator a^k (for $k \geqslant 3$) from coherent states and their higher-order squeezing[J]. Physical Review A, 1992, 46(3): 1700-1702.
[17] Sun J Z, Wang J S. Modification of the completeness relation of the eigenstates of the operator a^k[J]. Physical Review A, 1995, 52(3): 2483-2484.
[18] Sun J Z, Wang J S, Wang C K. Orthonormalized eigenstates of cubic and higher-powers of the annihilation operator[J]. Physical Review A, 1991, 44(5): 3369-3372.
[19] Gray R W, Nelson C A. A completeness relation for the q-analogue coherent states by q-integration[J]. Journal of Physics A: Mathematical and General, 1990, 23(6): L945-L950.
[20] Klauder J R, Skagerstam B S. Coherent States: Applications in Physics and Mathematical Physics[M]. Singapore: World Scientific, 1985.
[21] 范洪义. 相干态及其若干应用 [J]. 物理学进展, 1987, 7(2): 215-246.
[22] 范洪义, 袁洪春. 从相干态到压缩态 [M]. 合肥：中国科学技术大学出版社, 2012.
[23] Stoler D. Equivalence classes of minimum uncertainty packets[J]. Physical Review D,

1970, 1(12): 3217-3219.

[24] Yuen H P. Two-photon coherent states of the radiation field[J]. Physical Review A, 1976, 13(6): 2226-2243.

[25] Slusher R E, Hollberg L W, Yurke B, Mertz J C, Valley J F. Observation of squeezed states generated by four-wave mixing in an optical cavity[J]. Physical Review Letters, 1985, 55(22): 2409-2412.

[26] Weyl H. The Classical Groups[M]. Princeton: Princeton U. Press, 1953.

[27] Fan H Y, Zaidi H R. Application of IWOP technique to the generalized Weyl correspondence[J]. Physics Letters A, 1987, 124(6-7): 303-307.

[28] Wang S, Zhang X Y, Fan H Y. Oscillation behaviour in the photon-number distribution of squeezed coherent states [J]. Chinese Physics B, 2012, 21(5): 054206.

[29] 狄拉克 (P. A. M. Dirac). 量子力学原理 [M]. 4 版. 北京: 科学出版社, 2008.

[30] Lande A. Priciples of Quantum Mechanics[M]. UK: Cambridge University Press, 2013.

[31] Chang P, Shao B, Long G L. Entanglement transfer from photon-subtracted and photon-added two-mode squeezed fields to a pair of qubit[J]. Physics Letters A, 2008, 372(48): 7124-7128.

[32] Truong D M, Nguyen H T X, Nguyen A B. Sum squeezing, difference squeezing, higher-order antibunching and entanglement of two-mode photon-added displaced squeezed states[J]. International Journal of Theoretical Physics, 2014, 53(3): 899-910.

[33] Sixdeniers J M, Penson K A. On the completeness of photon-added coherent states[J]. Journal of Physics A: Mathematical and General, 2001, 34(13): 2859-2866.

[34] Zavatta A, Viciani S, Bellini M. Quantum-to-classical transition with single-photon-added coherent states of light[J]. Science, 2004, 306(5696): 660-662.

[35] Parigi V, Zavatta A, Kim M, Bellini M. Probing quantum commutation rules by addition and subtraction of single photons to/from a light field[J]. Science, 2007, 317(5846): 1890-1893.

[36] Kim M S. Recent developments in photon-level operations on travelling light fields[J]. Journal of Optics B: Quantum and Semiclassical Optics, 2008, 41(13): 133001.

[37] Dell's Anno F, De Siena S, Albano Farias L, Illuminati F. Teleportation of squeezing: Optimization using non-Gaussian resources[J]. Physical Review A, 2010, 82(6): 062329.

[38] Cerf N J, Krüer O, Navez P, Werner R F, Wolf M M. Non-Gaussian cloning of quantum coherent states is optimal[J]. Physical Review Letters, 2005, 95(7): 070501.

[39] van Loock P, Munro W J, Nemoto K, Spiller T P, Ladd T D, Braunstein S L, Milburn G L. Hybrid quantum computation in quantum optics[J]. Physical Review A, 2008, 78(2): 022303.

[40] Jeong H, Kim M S. Efficient quantum computation using coherent states[J]. Physical Review A, 2002, 65(4): 042305.

[41] Niset J, Fiurášek J, Cerf N J. No-go theorem for Gaussian quantum error correction[J]. Physical Review Letters, 2009, 102(12): 120501.

[42] Takahashi H, Neergaard-Nielsen J S, Takeuchi M, Takeoka M, Hayasaka K, Furusawa A, Sasaki M. Entanglement distillation from Gaussian input states[J]. Nature Photonics, 2010, 4(3): 178-181.

[43] Dong R F, Lassen M, Heersink J, Marquardt C, Filip R, Leuchs G, Andersen U L. Continuous variable entanglement distillation of non-Gaussian mixed states[J]. Physical Review A, 2010, 82(1): 012312.

[44] Ghose S, Sanders B C. Non-Gaussian ancilla states for continuous variable quantum computation via Gaussian maps[J]. Journal of Modern Optics, 2007, 54(6): 855-869.

[45] Gu M, Weedbrook C, Menicucci N C, Ralph T C, van Loock P. Quantum computing with continous-variable clusters[J]. Physical Review A, 2009, 79(6): 062318.

[46] Lee J, Kim J, Nha H. Demonstrating higher-order nonclassical effects by photon added classical states: realistic schemes[J]. Journal of the Optical Society of America B, 2009, 26(7): 1363-1369.

[47] Lee S Y, Nha H. Quantum state engineering by a coherent superpositions of photon subtraction and addition[J]. Physical Review A, 2010, 82(5): 053812.

[48] Pezzé L, Smerzi A. Entanglement, nonlinear dynamics, and the heisenberg limit[J]. Physical Review Letters, 2009, 102(10): 100401.

[49] Pezzé L, Smerzi A. Phase sensitivity of a Mach-Zehnder interferometer[J]. Physical Review A, 2006, 73(1): 011801.

[50] 彭金生, 李高翔. 近代量子光学导论 [M]. 北京：科学出版社, 1996.

[51] Lee C T. Mang-photon antibunching in generalized pair coherent states[J]. Physical Review A, 1990, 41(3): 1569-1575.

[52] Singh S. Antibunching, sub-poissonian photon statistics and finite bandwidth effects in resonance fluorescence[J]. Optics Communications, 1983, 44(4): 254-258.

[53] Rempe G, Schmidt-Kaler F, Walther H. Observation of sub-Poissonian photon statistics in a micromaser[J]. Physical Review Letters, 1990, 64(23): 2783-2786.

[54] Paul H. Photon antibunching [J]. Reviews of Modern Physics, 1982, 54(4): 1061-1102.

[55] Glauber R J. Continuous representation theory. III. On functional quantization of classical systems[J]. Journal of Mathematical Physics, 1964, 5(2): 177-186.

[56] Rowe D J, Rosensteel G, Gilmore R. Vector coherent state representation theory[J]. Journal of Mathematical Physics, 1985, 26(11): 2787-2791.

[57] Kano Y. A new phase-space distribution function in the statistical theory of the electromagnetic field[J]. Journal of Mathematical Physics, 1965, 6(12): 1913-1915.

[58] Dahl J P. The Wigner function[J]. Physica A, 1982, 114(1): 439-444.

[59] Smith T B. A comment on the smoothed Wigner function [J]. Physics Letters A, 1988, 127(2): 75-78.

[60] Kenfack A, Zyczkowski K. Negativity of the Wigner function as an indicator of non-classicality[J]. Journal of Optics B: Quantum and Semiclassical Optics, 2004, 6(10): 396-404.

[61] Royer A. Wigner function as the expectation value of a parity operator[J]. Physical Review A, 1977, 15(2): 449-450.

第 2 章　连续变量纠缠态及其应用

本章主要介绍连续变量两体纠缠态的基本理论以及由此建立的纠缠态表象中的维格纳算符理论, 并讨论纠缠态在计算双模关联态的维格纳函数[1, 2] 以及求解均匀磁场中二维各向异性谐振子势本征态问题中的应用[3, 4].

2.1　连续变量纠缠态及其性质

在历史上, Einstein、Podolsky 和 Rosen(EPR) 首先提出了量子纠缠的概念, 它是量子力学特有的概念, 反映了两体或多体各部分之间的量子关联性[5]. 纠缠态与分离态完全不同, 它不能被表示成纯直积的形式. 同时, EPR 也指出, 对于一个相对坐标为 $Q_a - Q_b$(质心坐标为 q_0) 和总动量为 $P_a + P_b$(本征值为 p_0) 的两粒子关联系统, 它具有共同的本征态

$$\phi(q_a, p_a; q_b, p_b) = \delta(q_a - q_b + q_0)\delta(p_a + p_b). \tag{2-1}$$

为了便于考察连续纠缠系统及其特性, 范洪义等在双模福克空间中找到了 $Q_a - Q_b$ 和 $P_a + P_b$ 的共同本征态, 即连续变量纠缠态 $|\eta\rangle$, 其具体表达式为[6]

$$|\eta\rangle = \exp\left(-\frac{1}{2}|\eta|^2 + \eta a^\dagger - \eta^* b^\dagger + a^\dagger b^\dagger\right)|00\rangle, \tag{2-2}$$

式中 $\eta = \eta_1 + \mathrm{i}\eta_2$, 且 $a^\dagger$, $b^\dagger$ 为两粒子系统的玻色产生算符.

下面给出推导纠缠态 $|\eta\rangle$ 的详细过程. 首先假设态矢量 $|\eta\rangle$ 满足本征方程

$$(Q_a - Q_b)|\eta\rangle = \sqrt{2}\eta_1|\eta\rangle, \quad (P_a + P_b)|\eta\rangle = \sqrt{2}\eta_2|\eta\rangle. \tag{2-3}$$

受以上本征方程和有序算符内积分法的启发, 构造如下正规乘积算符内的纯高斯积分:

$$1 = \int \frac{\mathrm{d}^2\eta}{\pi} \colon \exp\left[-\left(\eta_1 - \frac{Q_a - Q_b}{\sqrt{2}}\right)^2 - \left(\eta_2 - \frac{P_a + P_b}{\sqrt{2}}\right)^2\right] \colon. \tag{2-4}$$

再考虑到算符恒等式

$$Q_i = \frac{i + i^\dagger}{\sqrt{2}}, \quad P_i = \frac{i - i^\dagger}{\mathrm{i}\sqrt{2}}, \quad (i = a, b) \tag{2-5}$$

则进一步将式 (2-4) 分解为

$$
\begin{aligned}
1 = & \int \frac{\mathrm{d}^2\eta}{\pi} \exp\left(-\frac{1}{2}|\eta|^2 + \eta a^\dagger - \eta^* b^\dagger + a^\dagger b^\dagger\right) \\
& \times :\exp\left(-a^\dagger a - b^\dagger b\right): \exp\left(-\frac{1}{2}|\eta|^2 + \eta^* a - \eta b + ab\right).
\end{aligned} \tag{2-6}
$$

利用双模真空态投影算符的正规乘积

$$
|00\rangle\langle 00| = :\exp\left(-a^\dagger a - b^\dagger b\right):, \tag{2-7}
$$

式 (2-6) 可写成态矢量 $|\eta\rangle$ 的完备性关系

$$
1 = \int \frac{\mathrm{d}^2\eta}{\pi} |\eta\rangle\langle\eta|. \tag{2-8}
$$

从而可知, 双模纠缠态 $|\eta\rangle$ 的表达式为式 (2-2) 中的形式. 当把算符 a 和 b 分别作用到态 $|\eta\rangle$ 上, 得到

$$
a|\eta\rangle = \left(\eta + b^\dagger\right)|\eta\rangle, \quad b|\eta\rangle = \left(-\eta^* + a^\dagger\right)|\eta\rangle, \tag{2-9}
$$

由此导出

$$
\begin{aligned}
\frac{1}{\sqrt{2}}\left[\left(a + a^\dagger\right) - \left(b + b^\dagger\right)\right]|\eta\rangle = \sqrt{2}\eta_1|\eta\rangle = (Q_a - Q_b)|\eta\rangle, \\
\frac{1}{\mathrm{i}\sqrt{2}}\left[\left(a - a^\dagger\right) + \left(b - b^\dagger\right)\right]|\eta\rangle = \sqrt{2}\eta_2|\eta\rangle = (P_a + P_b)|\eta\rangle.
\end{aligned} \tag{2-10}
$$

可见, 态矢量 $|\eta\rangle$ 确实为 $Q_a - Q_b$ 和 $P_a + P_b$ 的共同本征态, 且复数 $\sqrt{2}\eta$ 的实部和虚部分别对应着 $Q_a - Q_b$ 和 $P_a + P_b$ 的本征值. 利用式 (2-9), 可得

$$
\langle\eta|(a^\dagger - b) = \eta^*\langle\eta|, \quad \langle\eta|(b^\dagger - a) = -\eta\langle\eta|. \tag{2-11}
$$

结合式 (2-9) 和 (2-11), 得到

$$
\begin{aligned}
\langle\eta'|(a - b^\dagger)|\eta\rangle = \eta\langle\eta'|\eta\rangle = \eta'\langle\eta'|\eta\rangle, \\
\langle\eta'|(b - a^\dagger)|\eta\rangle = -\eta'^*\langle\eta'|\eta\rangle = -\eta^*\langle\eta'|\eta\rangle.
\end{aligned} \tag{2-12}
$$

因此, $|\eta\rangle$ 的正交性为

$$
\langle\eta'|\eta\rangle = \pi\delta(\eta - \eta')\delta(\eta^* - \eta'^*) \equiv \pi\delta^{(2)}(\eta' - \eta). \tag{2-13}
$$

态矢量 $|\eta\rangle$ 的纠缠特性可通过它的施密特分解显示出来, 即

$$
|\eta\rangle = \mathrm{e}^{-\mathrm{i}\eta_1\eta_2/2}\int_{-\infty}^{\infty}\mathrm{d}q\,|q\rangle_a \otimes |q - \eta_1\rangle_b\,\mathrm{e}^{-\mathrm{i}q\eta_2} \tag{2-14}
$$

或

$$|\eta\rangle = \mathrm{e}^{-\mathrm{i}\eta_1\eta_2/2}\int_{-\infty}^{\infty}\mathrm{d}p\,|p+\eta_2\rangle_a\otimes|-p\rangle_b\,\mathrm{e}^{-\mathrm{i}p\eta_1}, \tag{2-15}$$

由以上两式可见, 当测量粒子 a 发现它处在坐标本征态 $|q\rangle_a$(或动量本征态 $|p+\eta_2\rangle_a$) 时, 则粒子 b 自动塌缩到坐标本征态 $|q-\eta_1\rangle_b$(或动量本征态 $|-p\rangle_b$) 上, 这充分表现出双粒子的纠缠性质. 可见, 态 $|\eta\rangle$ 为标准的纠缠态, 且其完备集合构成一种描述连续纠缠系统的有用表象. 利用态矢量 $|\eta\rangle$ 的施密特分解 (2-14), 我们还可证明双变量埃尔米特多项式可被看成两个单变量埃尔米特多项式相互纠缠的结果. 根据双变量埃尔米特多项式 $H_{m,n}(x,y)$ 的母函数定义:

$$\sum_{m,n=0}^{\infty}\frac{t^m t'^n}{m!n!}H_{m,n}(x,y) = \exp\left(-tt'+tx+t'y\right), \tag{2-16}$$

可把态矢量 $|\eta\rangle$ 展开为

$$|\eta\rangle = \mathrm{e}^{-|\eta|^2/2}\sum_{m,n=0}^{\infty}\frac{(-1)^n H_{m,n}(\eta,\eta^*)}{\sqrt{m!n!}}|m,n\rangle, \tag{2-17}$$

式中 $|m,n\rangle = \dfrac{a^{\dagger m}b^{\dagger n}}{\sqrt{m!n!}}|0,0\rangle$ 为双模福克态, 且 $H_{m,n}(\eta,\eta^*)$ 满足关系式

$$H_{m,n}^*(\eta,\eta^*) = H_{n,m}(\eta,\eta^*). \tag{2-18}$$

而根据单变量埃尔米特多项式 $H_n(x)$ 的母函数

$$\sum_{n=0}^{\infty}H_n(x)\frac{t^n}{n!} = \exp\left(2xt-t^2\right), \tag{2-19}$$

可将式 (1-15) 中的坐标本征态 $|q\rangle$ 展开为

$$|q\rangle = \pi^{-1/4}\mathrm{e}^{-x^2/2}\sum_{m,n=0}^{\infty}\frac{H_n(x)}{\sqrt{2^n n!}}|n\rangle. \tag{2-20}$$

这样, 通过把式 (2-17) 和 (2-20) 代入式 (2-14), 并对式 (2-14) 的两边进行比较, 可得

$$H_{m,n}(\eta,\eta^*) = \frac{(-1)^n\,\mathrm{e}^{-\mathrm{i}\eta_1\eta_2}}{\sqrt{\pi}}\int_{-\infty}^{\infty}\mathrm{d}qH_m(q)H_n\left(q-\sqrt{2}\eta_1\right)\mathrm{e}^{-\mathrm{i}\sqrt{2}\eta_2 q}. \tag{2-21}$$

此式表明, 双变量埃尔米特多项式恰好是两个单变量埃尔米特多项式相互纠缠的结果.

此外, 构建如下非对称 ket-bra 型算符积分, 并用正规乘积算符内积分法对 $\mathrm{d}^2\eta$ 执行积分, 可有

$$\begin{aligned}
&\int \frac{\mathrm{d}^2\eta}{k\pi}\left|\frac{\eta}{k}\right\rangle\langle\eta| \\
&=\int \frac{\mathrm{d}^2\eta}{k\pi}:\exp\left[-\frac{|\eta|^2}{2}\left(1+\frac{1}{k^2}\right)+\eta\left(\frac{a^\dagger}{k}-b\right)+\eta^*\left(a-\frac{b^\dagger}{k}\right)\right. \\
&\qquad \left.+a^\dagger b^\dagger+ab-a^\dagger a-b^\dagger b\right]: \\
&=\frac{2k}{k^2+1}:\exp\left[\frac{k^2}{k^2+1}\left(\frac{a^\dagger}{k}-b\right)\left(a-\frac{b^\dagger}{k}\right)-\left(a-b^\dagger\right)\left(a^\dagger-b\right)\right]: \\
&=\operatorname{sech} r\exp(a^\dagger b^\dagger\tanh r):\exp[\left(a^\dagger a+b^\dagger b\right)(\operatorname{sech} r-1)]:\exp(-ab\tanh r) \\
&=\exp(a^\dagger b^\dagger\tanh r)\exp[\left(a^\dagger a+b^\dagger b-1\right)\ln\operatorname{sech} r]\exp(-ab\tanh r).
\end{aligned} \tag{2-22}$$

式中参数 k 和 r 的关系见式 (1-19). 类似于证明式 (1-23), 易证明下式成立

$$\int \frac{\mathrm{d}^2\eta}{k\pi}\left|\frac{\eta}{k}\right\rangle\langle\eta|=\exp[r(a^\dagger b^\dagger-ab)]\equiv S_2(r). \tag{2-23}$$

上式表明, $\int \frac{\mathrm{d}^2\eta}{k\pi}|\eta/k\rangle\langle\eta|$ 即为普通的双模压缩算符 $S_2(r)$ 在纠缠态 $|\eta\rangle$ 表象中的自然表示, 这也从理论上再次证明了双模压缩态本身就是一个纠缠态的事实, 而此现象在实验上也已被观察到. 例如, 参量下转换过程中所产生的闲置模和信号模组成了双模压缩态, 两者本身又是纠缠的. 这样, 双模压缩算符 $S_2(r)$ 能把纠缠态 $|\eta\rangle$ 很自然地压缩为

$$\begin{aligned}
S_2(r)|\eta\rangle&=\int \frac{\mathrm{d}^2\eta'}{k\pi}\left|\frac{\eta'}{k}\right\rangle\langle\eta'|\eta\rangle \\
&=\int \frac{\mathrm{d}^2\eta'}{k}\left|\frac{\eta'}{k}\right\rangle\delta^{(2)}(\eta'-\eta) \\
&=\frac{1}{k}\left|\frac{\eta}{k}\right\rangle.
\end{aligned} \tag{2-24}$$

作为态矢量 $|\eta\rangle$ 的共轭态, 双模福克空间中两粒子的质心坐标 Q_a+Q_b 和相对动量 P_a-P_b 的共同本征态 $|\zeta\rangle$ 具有如下形式[7]

$$|\zeta\rangle=\exp\left(-\frac{1}{2}|\zeta|^2+\zeta a^\dagger+\zeta^* b^\dagger-a^\dagger b^\dagger\right)|00\rangle, \tag{2-25}$$

式中 ζ 为复数. 同样, 纠缠态 $|\zeta\rangle$ 满足如下本征方程

$$(Q_a+Q_b)|\zeta\rangle=\sqrt{2}\zeta_1|\zeta\rangle,\quad (P_a-P_b)|\zeta\rangle=\sqrt{2}\zeta_2|\zeta\rangle \tag{2-26}$$

和具有完备正交归一特性

$$\int \frac{d^2\zeta}{\pi} |\zeta\rangle \langle\zeta| = 1, \quad \langle\zeta' |\zeta\rangle = \pi\delta^{(2)}(\zeta' - \zeta). \tag{2-27}$$

同时发现, 共轭纠缠态 $\langle\eta|$ 和 $|\zeta\rangle$ 具有如下内积

$$\langle\eta |\zeta\rangle = \frac{1}{2} \exp\left[\frac{1}{2}(\zeta\eta^* - \zeta^*\eta)\right] \tag{2-28}$$

和傅里叶变换关系式

$$|\zeta\rangle = \int \frac{d^2\eta}{\pi} |\eta\rangle \, e^{\zeta\eta^* - \zeta^*\eta}. \tag{2-29}$$

这两种连续变量纠缠态表象的引入, 不仅丰富了量子力学的数理基础理论, 而且能为量子光学、信息光学、傅里叶光学以及凝聚态物理等多个学科的发展提供帮助. 例如, 为了清晰地反映出纠缠物理系统的性质, 建立了描述系统的维格纳算符和层析图函数的纠缠态表象理论. 实验上, 当把两个单模压缩真空态分别输入 50:50 对称光学分束器的两个输入端时, 其输出态即为连续变量纠缠态[8, 9].

2.2　纠缠态表象中的维格纳函数理论

2.2.1　维格纳算符的纠缠态表示

下面利用式 (2-2) 和式 (2-25) 中的连续变量纠缠态表象去建立双模关联态的维格纳算符理论. 利用完备性关系式 (2-8) 和 (2-27) 以及内积 (2-28), 则任一双模算符 $\mathcal{H}$ 都可表示为[7]

$$\begin{aligned}\mathcal{H} &= \int \frac{d^2\eta' d^2\zeta'}{\pi^2} \int \frac{d^2\eta'' d^2\zeta''}{\pi^2} |\eta'\rangle \langle\eta' |\zeta'\rangle \langle\zeta'| \mathcal{H} |\zeta''\rangle \langle\zeta'' |\eta''\rangle \langle\eta''| \\ &= \frac{1}{4} \int \frac{d^2\eta' d^2\zeta'}{\pi^2} \int \frac{d^2\eta'' d^2\zeta''}{\pi^2} |\eta'\rangle \langle\eta''| \\ &\quad \times \langle\zeta'| \mathcal{H} |\zeta''\rangle \, e^{\frac{1}{2}(\zeta''^*\eta'' - \zeta''\eta''^* + \zeta'\eta'^* - \zeta'^*\eta')}.\end{aligned} \tag{2-30}$$

作如下变量代换:

$$\begin{aligned}\eta' &= \sigma - \eta, \quad \eta'' = \sigma + \eta, \quad \sigma = \sigma_1 + i\sigma_2, \\ \zeta' &= \gamma - \zeta, \quad \zeta'' = \gamma + \zeta, \quad \gamma = \gamma_1 + i\gamma_2, \\ d^2\eta' d^2\eta'' &= 4d^2\sigma d^2\eta, \qquad d^2\zeta' d^2\zeta'' = 4d^2\gamma d^2\zeta,\end{aligned} \tag{2-31}$$

则式 (2-30) 简化为

$$\begin{aligned}\mathcal{H} = 4 \int \frac{d^2\eta d^2\zeta d^2\sigma d^2\gamma}{\pi^4} |\sigma - \eta\rangle \langle\sigma + \eta| \\ \times \langle\gamma - \zeta| \mathcal{H} |\gamma + \zeta\rangle \, e^{(\eta\gamma^* - \eta^*\gamma) + (\zeta^*\sigma - \zeta\sigma^*)}.\end{aligned} \tag{2-32}$$

若定义如下对应

$$\int \frac{\mathrm{d}^2\eta}{\pi^3} |\sigma-\eta\rangle\langle\sigma+\eta| \mathrm{e}^{\eta\gamma^*-\eta^*\gamma} = \Delta(\sigma,\gamma) \tag{2-33}$$

和

$$4\int \frac{\mathrm{d}^2\zeta}{\pi} \langle\gamma-\zeta|\mathcal{H}|\gamma+\zeta\rangle \mathrm{e}^{\zeta^*\sigma-\zeta\sigma^*} = h(\sigma,\gamma), \tag{2-34}$$

则可得到纠缠态表象中算符函数 $\mathcal{H}$ 与其经典函数 $h(\sigma,\gamma)$ 之间的对应关系为

$$\mathcal{H} = \int \mathrm{d}^2\sigma\mathrm{d}^2\gamma\Delta(\sigma,\gamma)h(\sigma,\gamma), \tag{2-35}$$

其中

$$h(\sigma,\gamma) = 4\pi^2\mathrm{Tr}[\mathcal{H}\Delta(\sigma,\gamma)]. \tag{2-36}$$

其中 $\Delta(\sigma,\gamma)$ 被称为双模纠缠维格纳算符. 利用正规乘积算符内积分法以及式 (2-2), 并作变量代换

$$\gamma = \alpha+\beta^*, \quad \sigma = \alpha-\beta^*, \tag{2-37}$$

可将双模纠缠维格纳算符 $\Delta(\sigma,\gamma)$ 改写为单模维格纳算符 $\Delta_a(\alpha,\alpha^*)$ 和 $\Delta_b(\beta,\beta^*)$ 的乘积, 即

$$\begin{aligned}\Delta(\sigma,\gamma) &= \frac{1}{\pi^2}\colon \exp[-2(\alpha^*-a^\dagger)(\alpha-a)-2(\beta^*-b^\dagger)(\beta-b)]\colon \\ &= \Delta_a(\alpha,\alpha^*)\Delta_b(\beta,\beta^*).\end{aligned} \tag{2-38}$$

可见, 算符 $\Delta(\sigma,\gamma)$ 就是双模维格纳算符在纠缠态 $|\eta\rangle$ 表象中的自然表示. 双模纠缠维格纳算符 $\Delta(\sigma,\gamma)$ 具有维格纳算符的一般性质, 如它的边缘积分给出了纠缠态表象中的概率密度分布. 由式 (2-4) 可知, 投影算符 $|\eta\rangle\langle\eta|$ 的正规乘积表示

$$|\eta\rangle\langle\eta| =\colon \exp\left[-\left(\eta_1-\frac{Q_a-Q_b}{\sqrt{2}}\right)^2-\left(\eta_2-\frac{P_a+P_b}{\sqrt{2}}\right)^2\right]\colon. \tag{2-39}$$

同样, 根据式 (2-25) 得到与纠缠态 $|\eta\rangle$ 正则共轭的纠缠态 $|\zeta\rangle$ 投影算符的正规乘积为

$$|\zeta\rangle\langle\zeta| =\colon \exp\left[-\left(\zeta_1-\frac{Q_a+Q_b}{\sqrt{2}}\right)^2-\left(\zeta_2-\frac{P_a-P_b}{\sqrt{2}}\right)^2\right]\colon. \tag{2-40}$$

对比式 (1-121) 和 (1-131), 可构造出两粒子纠缠系统的维格纳算符 $\Delta(\sigma,\gamma)$ 的正规乘积形式为

$$\begin{aligned}\Delta(\sigma,\gamma) = \frac{1}{\pi^2}\colon \exp\Bigg[&-\left(\sigma_1-\frac{Q_a-Q_b}{\sqrt{2}}\right)^2-\left(\sigma_2-\frac{P_a+P_b}{\sqrt{2}}\right)^2 \\ &-\left(\gamma_1-\frac{Q_a+Q_b}{\sqrt{2}}\right)^2-\left(\gamma_2-\frac{P_a-P_b}{\sqrt{2}}\right)^2\Bigg]\colon.\end{aligned} \tag{2-41}$$

当对 $\Delta(\sigma,\gamma)$ 在 $\mathrm{d}^2\gamma$ 上作积分时, 我们有

$$\int \mathrm{d}^2\gamma\Delta(\sigma,\gamma) = \frac{1}{\pi}\left|\eta\right\rangle\left\langle\eta\right|_{\eta=\sigma}. \tag{2-42}$$

同样, 利用算符 $\Delta(\sigma,\gamma)$ 并对 $\mathrm{d}^2\sigma$ 执行积分, 可获得另一个投影算符

$$\int \mathrm{d}^2\sigma\Delta(\sigma,\gamma) = \frac{1}{\pi}\left|\zeta\right\rangle\left\langle\zeta\right|_{\zeta=\gamma}. \tag{2-43}$$

对于任何的双模关联态 $|\phi\rangle$ (或 $\rho = |\phi\rangle\langle\phi|$), 其维格纳函数为 $W(\sigma,\gamma) = \mathrm{Tr}[\rho\Delta(\sigma,\gamma)]$, 则其两个边缘分布函数分别为

$$\begin{aligned}\pi\int \mathrm{d}^2\gamma W(\sigma,\gamma) &= \left|\langle\eta|\ \phi\rangle\right|^2_{\eta=\sigma},\\ \pi\int \mathrm{d}^2\sigma W(\sigma,\gamma) &= \left|\langle\zeta|\ \phi\rangle\right|^2_{\zeta=\gamma}.\end{aligned} \tag{2-44}$$

式中的 $|\langle\eta|\ \phi\rangle|^2_{\eta=\sigma}$(或 $|\langle\zeta|\ \phi\rangle|^2_{\zeta=\gamma}$) 代表在双模关联态 $|\phi\rangle$ 中发现具有相对坐标为 $\sqrt{2}\sigma_1$(或质心坐标为 $\sqrt{2}\gamma_1$) 且具有总动量为 $\sqrt{2}\sigma_2$(或相对动量为 $\sqrt{2}\gamma_2$) 的两粒子的概率. 正是这一性质使得维格纳函数 $W(\sigma,\gamma)$ 能被看作是相空间中的一个概率分布函数.

2.2.2 有限维对相干态的维格纳函数

在量子理论中, 对相干态被看作是一个重要的双模关联态[10, 11], 它能展现出较强的纠缠和显著的压缩、亚泊松分布、多光子反聚束等非经典性质[12, 13]. 实验上, 对相干态可用非简并双光子吸收和非简并参量放大之间的竞争来产生[10], 也可以利用弱交叉克尔介质中双模光子匹配过程来实现[14]. 本小节利用 SU(2) 李代数的施温格玻色实现, 引入一种新的有限维对相干态, 并根据 2.2.1 小节中维格纳算符的纠缠态表象理论推导出它的维格纳函数及其边缘分布[1].

为了得到有限维对相干态, 定义施温格玻色表示的 SU(2) 生成元如下:

$$K_+ = a^\dagger b,\quad K_- = ab^\dagger,\quad K_0 = \frac{1}{2}(a^\dagger a - b^\dagger b), \tag{2-45}$$

它们服从 SU(2) 李代数

$$[K_+, K_-] = 2K_0,\quad [K_0, K_\pm] = \pm K_\pm, \tag{2-46}$$

这里算符 a, b 为光场的湮灭算符, 都能湮灭真空态 $|0,0\rangle$. 这样, 引入一个幺正演化算符 $D(\xi) = \exp[\xi K_+ - \xi^* K_-]$, 它的标准分解式为

$$D(\xi) = \exp(\varsigma K_+)\exp\left[K_0\ln(1+|\varsigma|^2)\right]\exp(-\varsigma^* K_-), \tag{2-47}$$

这里 $\varsigma=\mathrm{e}^{-\mathrm{i}\psi}\tan\frac{\theta}{2}$, $\xi=\frac{\theta}{2}\mathrm{e}^{-\mathrm{i}\psi}$. 利用式 (2-47) 得到

$$\exp(\xi K_+-\xi^*K_-)a^\dagger\exp(\xi^*K_--\xi K_+)=a^\dagger\cos\frac{\theta}{2}-b^\dagger\mathrm{e}^{\mathrm{i}\psi}\sin\frac{\theta}{2},\tag{2-48}$$

$$\exp(\xi K_+-\xi^*K_-)b^\dagger\exp(\xi^*K_--\xi K_+)=b^\dagger\cos\frac{\theta}{2}+a^\dagger\mathrm{e}^{-\mathrm{i}\psi}\sin\frac{\theta}{2}.\tag{2-49}$$

把幺正算符 $D(\xi)$ 作用到福克态 $|q,0\rangle$ 上, 可得到有限维对相干态在双模福克空间中的具体表达式

$$\begin{aligned}|\xi,q\rangle&=D(\xi)\,|q,0\rangle\\&=\frac{1}{\sqrt{q!}}\left(a^\dagger\cos\frac{\theta}{2}-b^\dagger\mathrm{e}^{\mathrm{i}\psi}\sin\frac{\theta}{2}\right)^q|0,0\rangle\\&=\sum_{n=0}^{q}\begin{pmatrix}q\\n\end{pmatrix}^{1/2}\left(\cos\frac{\theta}{2}\right)^{q-n}\left(-\mathrm{e}^{\mathrm{i}\psi}\sin\frac{\theta}{2}\right)^n|q-n,n\rangle\\&=\frac{1}{(1+|\varsigma|^2)^{q/2}}\sum_{n=0}^{q}\begin{pmatrix}q\\n\end{pmatrix}^{1/2}\varsigma^n\,|q-n,n\rangle\,,\end{aligned}\tag{2-50}$$

此形式类似于二项式态光场的表达式. 而且, 我们发现态 $|\xi,q\rangle$ 在形式上完全不同于已有的对相干态, 因此被称为一种新的有限维对相干态. 其实际的物理意义是, 当 a 模产生一个量子同时 b 模湮灭一个量子时, 并不能改变整个体系 a 模和 b 模的量子之和 q 值. 利用式 (2-7) 和式 (2-50), 我们能证明, 新的有限维对相干态在整个双模福克空间中构成完备性关系

$$\begin{aligned}&\sum_{q=0}^{\infty}(q+1)\int\frac{\mathrm{d}\Omega}{4\pi}\,|\xi,q\rangle\,\langle\xi,q|\\=&\sum_{q=0}^{\infty}\frac{q+1}{q!}\int_0^{\pi}\mathrm{d}\theta\sin\theta\int_0^{2\pi}\mathrm{d}\psi\,:\,\left(a^\dagger\cos\frac{\theta}{2}-b^\dagger\mathrm{e}^{\mathrm{i}\psi}\sin\frac{\theta}{2}\right)^q\\&\times\left(a\cos\frac{\theta}{2}-b\mathrm{e}^{-\mathrm{i}\psi}\sin\frac{\theta}{2}\right)^q\exp(-a^\dagger a-b^\dagger b)\,:\\=&\sum_{q=0}^{\infty}\,:\,\frac{(a^\dagger a+b^\dagger b)^q}{q!}\exp(-a^\dagger a-b^\dagger b)\,:\,=1.\end{aligned}\tag{2-51}$$

因此, 态 $|\xi,q\rangle$ 的完备集合能组成一个量子力学表象. 由于内积 $\langle\xi',q\,|\xi,q\rangle$ 为

$$\langle\xi',q\,|\xi,q\rangle=\frac{(1+\varsigma\varsigma'^*)^q}{(1+|\varsigma|^2)^{q/2}(1+|\varsigma'|^2)^{q/2}},\tag{2-52}$$

说明态 $|\xi,q\rangle$ 为非正交的. 仅当 $\varsigma=\varsigma'$ 时, 式 (2-52) 退化为 $\langle q,\xi\,|\xi,q\rangle=1$.

下面利用维格纳算符的纠缠态表示来计算态 $|\xi,q\rangle$ 的维格纳函数. 利用双模福克空间中纠缠态 $|\eta\rangle$ 的展开式 (2-17) 以及式 (2-18) 和 (2-50), 得到内积

$$\langle\eta|\ \xi,q\rangle=\frac{\mathrm{e}^{-|\eta|^2/2}}{(1+|\varsigma|^2)^{q/2}}\sum_{n=0}^{q}H_{n,q-n}(\eta,\eta^*)\frac{(-\varsigma)^n\sqrt{q!}}{n!(q-n)!}. \tag{2-53}$$

利用内积式 (2-53)、纠缠态 $|\eta\rangle$ 表象中双模维格纳算符的积分表达式 (2-33) 以及双变量埃尔米特多项式 $H_{m,n}(x,y)$ 的产生函数

$$H_{m,n}(x,y)=\frac{\partial^{m+n}}{\partial t^m\partial t'^n}\exp(-tt'+xt+yt')|_{t,t'=0}, \tag{2-54}$$

可得到态 $|\xi,q\rangle$ 的维格纳函数

$$\begin{aligned}W(\sigma,\gamma)=&\frac{1}{(1+|\varsigma|^2)^q}\int\frac{\mathrm{d}^2\eta}{\pi^3}\langle\xi,q|\ \sigma-\eta\rangle\langle\sigma+\eta\ |\xi,q\rangle\exp(\eta\gamma^*-\eta^*\gamma)\\=&\frac{\mathrm{e}^{-|\sigma|^2}}{(1+|\varsigma|^2)^q}\sum_{m,n=0}^{q}\frac{(-1)^{m+n}\varsigma^{*m}\varsigma^n q!}{m!n!(q-n)!(q-m)!}\int\frac{\mathrm{d}^2\eta}{\pi^3}\mathrm{e}^{-|\eta|^2+\eta\gamma^*-\eta^*\gamma}\\&\times H_{q-m,m}(\sigma-\eta,\sigma^*-\eta^*)H_{n,q-n}(\sigma+\eta,\sigma^*+\eta^*)\\=&\frac{\mathrm{e}^{-|\sigma|^2}}{(1+|\varsigma|^2)^q}\sum_{m,n=0}^{q}\frac{(-1)^{m+n}\varsigma^{*m}\varsigma^n q!}{m!n!(q-n)!(q-m)!}\frac{\partial^q}{\partial t^{q-m}\partial t'^m}\frac{\partial^q}{\partial r^n\partial r'^{q-n}}\\&\times\int\frac{\mathrm{d}^2\eta}{\pi^3}\exp[-|\eta|^2+\eta\gamma^*-\eta^*\gamma-tt'+t(\sigma-\eta)\\&+t'(\sigma-\eta)^*-rr'+r(\sigma+\eta)+r'(\sigma+\eta)^*]|_{t=t'=r=r'=0}.\end{aligned} \tag{2-55}$$

进一步, 利用数学积分公式 (1-29), 可有

$$\begin{aligned}W(\sigma,\gamma)=&\frac{\mathrm{e}^{-|\gamma|^2-|\sigma|^2}}{\pi^2 q!(1+|\varsigma|^2)^q}\sum_{m,n=0}^{q}\binom{q}{m}\binom{q}{n}(-1)^{m+n}\\&\times\varsigma^{*m}\varsigma^n\frac{\partial^q}{\partial t^{q-m}\partial t'^m}\frac{\partial^q}{\partial r^n\partial r'^{q-n}}\exp[-tr'+(\sigma+\gamma)t\\&+(\sigma+\gamma)^*r'-rt'+(\sigma-\gamma)r+(\sigma-\gamma)^*t']\big|_{t=t'=r=r'=0}\\=&\frac{\mathrm{e}^{-|\gamma|^2-|\sigma|^2}}{\pi^2 q!(1+|\varsigma|^2)^q}\sum_{m,n=0}^{q}\binom{q}{m}\binom{q}{n}(-1)^{m+n}\varsigma^{*m}\varsigma^n\\&\times H_{q-m,q-n}(\gamma+\sigma,\gamma^*+\sigma^*)H_{n,m}(\sigma-\gamma,\sigma^*-\gamma^*).\end{aligned} \tag{2-56}$$

上式表明, $W(\sigma,\gamma)$ 是与双模埃尔米特多项式相关的. 经过简单的计算, 我们发现 $W(\sigma,\gamma)$ 能写成非干涉项 $W^M(\sigma,\gamma)$ 和干涉项 $W^I(\sigma,\gamma)$ 之和的形式, 这里 $W^M(\sigma,\gamma)$

和 $W^{I}(\sigma,\gamma)$ 分别为

$$W^{M}(\sigma,\gamma)=\frac{q!\mathrm{e}^{-|\gamma|^{2}-|\sigma|^{2}}}{\pi^{2}(1+|\varsigma|^{2})^{q}}\sum_{m=0}^{q}\sum_{k=0}^{m}\sum_{l=0}^{q-m}(-1)^{l+k}|\varsigma|^{2m}\times\frac{|\sigma-\gamma|^{2(m-k)}|\sigma+\gamma|^{2(q-m-l)}}{l!k![(m-k)!(q-m-l)!]^{2}} \tag{2-57}$$

和

$$\begin{aligned}W^{I}(\sigma,\gamma)=&\frac{q!\mathrm{e}^{-|\gamma|^{2}-|\sigma|^{2}}}{\pi^{2}(1+|\varsigma|^{2})^{q}}\left(\sum_{n>m}\sum_{k=0}^{m}\sum_{l=0}^{q-m}+\sum_{m>n}\sum_{k=0}^{n}\sum_{l=0}^{q-n}\right)\\&\times\frac{(-1)^{l+k}\varsigma^{*m}\varsigma^{n}}{k!l!(m-k)!(n-k)!(q-n-l)!(q-m-l)!}\\&\times(\sigma-\gamma)^{n-k}(\sigma^{*}-\gamma^{*})^{m-k}(\sigma+\gamma)^{q-m-l}(\sigma^{*}+\gamma^{*})^{q-n-l}.\end{aligned} \tag{2-58}$$

下面我们讨论态 $|\xi,q\rangle$ 的维格纳函数 $W(\sigma,\gamma)$ 随参数 q 和 ς 的变化规律. 当 $q=0$ 且 ς 取任何值时, 维格纳函数 $W(\sigma,\gamma)$ 在相位空间中心呈现圆形山包分布, 与真空态的类似. 实际上, 此结论可由式 (2-50) 推导验证. 考虑到 $W(\sigma,\gamma)$ 始终是正定的高斯形式, 说明相应的态不具有非经典性. 而当 $\varsigma=0$ 且 q 取任何值时, 式 (2-50) 中双模粒子数态的叠加使得维格纳函数 $W(\sigma,\gamma)$ 的变化呈现明显的规律性. 随着参数 ς 的减小, $W(\sigma,\gamma)$ 的负部体积逐渐减小, 说明态 $|\xi,q\rangle$ 的非经典性在减弱.

图 2-1 分别画出了在 $\varsigma=0.1$ 且 $q=2,3$ 和 4 时态 $|\xi,q\rangle$ 的维格纳函数 $W(\sigma,\gamma)$. 由图清晰可见, 当 q 取奇数时, 在相空间中出现一个向下的主峰; 而当 q 取偶数时, 则会出现向上的主峰. 随着 q 的增加, 向下的次峰数为 $q-1$, 而向上的次峰数为 q. 当 $q=3$ 时维格纳函数 $W(\sigma,\gamma)$ 向下的峰与 $q=2$ (或 $q=4$) 时向上的峰出现在相空间的同一位置, 此结论适用于所有的 q 值情况. 这说明 q 为奇数时对应的态 $|\xi,q\rangle$ 与 q 为偶数时的态 $|\xi,q\rangle$ 具有很好的正交性. 另一方面, 维格纳函数 $W(\sigma,\gamma)$ 的负值区域完全依赖于双模的粒子数和 q . 这就意味着, q 的值不同, 态 $|\xi,q\rangle$ 就会出现不同强度的非经典性应. 总体来说, q 为奇数的态 $|\xi,q\rangle$ 展现出更强的非经典性. 由于干涉项 $W^{I}(\sigma,\gamma)$ 的存在, 对于给定的 q , 维格纳函数 $W(\sigma,\gamma)$ 的峰值会随着 ς 增大而减小. 当 ς 足够大时, 维格纳函数 $W(\sigma,\gamma)$ 的多峰结构完全类似于 $\varsigma=0.1$ 的情况. 此外, 态 $|\xi,q\rangle$ 的量子干涉特征与双模的粒子数和 q 也密切相关. q 值越大, 多峰结构越复杂, 干涉效应越显著. 总之, 维格纳函数 $W(\sigma,\gamma)$ 在相空间中的规律完全刻画了态 $|\xi,q\rangle$ 的量子特征.

另外, 根据维格纳算符 $\Delta(\sigma,\gamma)$ 与两个纠缠态的关系式 (2-42) 和 (2-43) 来推导出维格纳函数 $W(\sigma,\gamma)$ 的边缘分布函数是非常方便的, 因为它不用对有关双变量

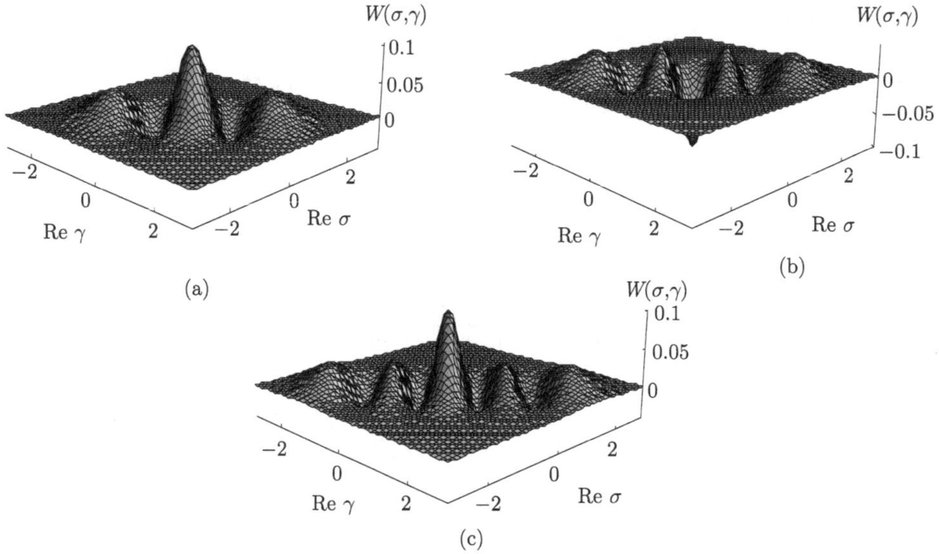

图 2-1　当 $\varsigma=0.1$ 且 (a)$q=2$, (b)$q=3$ 和 (c)$q=4$ 时, 有限维对相干态 $|\xi,q\rangle$ 的维格纳函数 $W(\sigma,\gamma)$

埃尔米特多项式的维格纳函数 $W(\sigma,\gamma)$ 进行复杂积分. 利用式 (2-50), 可得到维格纳函数 $W(\sigma,\gamma)$ 在 σ 方向上的边缘分布为

$$\begin{aligned}\int \mathrm{d}^2\gamma W(\sigma,\gamma) &= \frac{1}{\pi}\left|\langle\eta|\xi,q\rangle\right|^2_{\eta=\sigma}\\ &= \frac{q!\mathrm{e}^{-|\sigma|^2}}{\pi(1+|\varsigma|^2)^q}\left|\sum_{n=0}^{q}\frac{(-\varsigma)^n}{n!(q-n)!}H_{n,q-n}(\sigma,\sigma^*)\right|^2,\end{aligned}\tag{2-59}$$

式中利用了态 $|\eta\rangle$ 在双模福克空间中的展开式 (2-17). 同样, 利用式 (2-50) 以及纠缠态 $|\zeta\rangle$ 在双模福克空间中的展开式

$$|\zeta\rangle=\mathrm{e}^{-|\zeta^2|/2}\sum_{m,n=0}^{\infty}\frac{H_{m,n}(\zeta,\zeta^*)}{\sqrt{m!n!}}|m,n\rangle,\tag{2-60}$$

易得到维格纳函数 $W(\sigma,\gamma)$ 在 γ 方向上的边缘分布

$$\begin{aligned}\int \mathrm{d}^2\sigma W(\sigma,\gamma) &= \frac{1}{\pi}\left|\langle\zeta|\xi,q\rangle\right|^2_{\zeta=\gamma}\\ &= \frac{q!\mathrm{e}^{-|\gamma|^2}}{\pi(1+|\varsigma|^2)^q}\left|\sum_{n=0}^{q}\frac{\varsigma^n}{n!(q-n)!}H_{n,q-n}(\gamma,\gamma^*)\right|^2.\end{aligned}\tag{2-61}$$

式 (2-59)(或式 (2-61)) 表示在新有限维对相干态 $|\xi,q\rangle$ 中找到相对坐标为 $\sqrt{2}\sigma_1$ 且总动量为 $\sqrt{2}\sigma_2$(或者质心坐标为 $\sqrt{2}\gamma_1$ 且相对动量为 $\sqrt{2}\gamma_2$) 的两纠缠粒子的概率.

因此, 对于双粒子纠缠系统来说, 维格纳函数 $W(\sigma,\gamma)$ 的物理意义在于其边缘分布在 $\sigma-\gamma$ 相位空间中给出了找到处于纠缠态的两粒子的概率.

2.2.3 双变量埃尔米特多项式态的维格纳函数

理论上, 单变量埃尔米特多项式态被定义为下面本征问题的解[15]

$$(Y_1+\mathrm{i}\epsilon Y_2)|m,\epsilon\rangle=\alpha|m,\epsilon\rangle, \tag{2-62}$$

式中本征值 α 与参数 ϵ 和 m 存在如下关系: $\alpha=(\epsilon^2-1)^{1/2}(m+1/2)$, 其中 $\epsilon\geqslant 1$, 且 m 为非负整数; 式中 $Y_1=(a^2+a^{\dagger 2})/2$ 和 $Y_2=(a^2-a^{\dagger 2})/(2\mathrm{i})$ 为两个描述振幅平方压缩的变量且服从不确定关系 $\Delta Y_1\Delta Y_2\geqslant\langle N+1/2\rangle$. 经证明可知, 态 $|m,\epsilon\rangle$ 为变量 Y_1 和 Y_2 的最小不确定态, 其具体形式为

$$|m,\epsilon\rangle=C_m(\epsilon)S_1(r)H_m(\mathrm{i}\xi(\epsilon)a^\dagger)|0\rangle, \tag{2-63}$$

式中 $C_m(\epsilon)$ 为归一化因子,

$$[C_m(\epsilon)]^{-2}=\sum_{n=0}^{[m/2]}\frac{(m!)^2\left[4|\xi(\epsilon)|^2\right]^{m-2n}}{(m-2n)!(n!)^2}, \tag{2-64}$$

$S_1(r)=\exp[r(a^{\dagger 2}-a^2)/2]$ 表示压缩参数为 r 的单模压缩算符, $H_m(\mathrm{i}\xi(\epsilon)a^\dagger)$ 为关于产生算符 $a^\dagger$ 的 m 阶埃尔米特多项式, $\xi(\epsilon)=[(\epsilon^2-1)^{1/2}/(2\epsilon)]^{1/2}$. 在实验上, 此态 $|m,\epsilon\rangle$ 拥有具体的物理意义, 利用简并参量放大器可以实现[15]. 特殊地, 对于态矢量 $|1,\epsilon\rangle$, 实际上是一个压缩单光子态, 因此把单粒子数态输入简并参量放大器可以产生此态. 作为振幅平方压缩的有意义推广, 关于变量 Z_1 和 Z_2 的和频压缩概念被提出, 其中变量 Z_1 和 Z_2 分别为[16]

$$Z_1=\frac{1}{2}(a^\dagger b^\dagger+ab),\quad Z_2=\frac{\mathrm{i}}{2}(a^\dagger b^\dagger-ab), \tag{2-65}$$

上式服从不等式

$$\Delta Z_1\Delta Z_2\geqslant\frac{1}{4}\langle N_1+N_2+1\rangle. \tag{2-66}$$

如果某个量子态满足条件

$$(\Delta Z_i)^2<\frac{1}{4}\langle N_1+N_2+1\rangle,\quad i=1,2 \tag{2-67}$$

说明此态沿 Z_i 方向产生和频压缩. 类似于态 $|m,\epsilon\rangle$ 的推导, 由最小不确定关系 $\Delta Z_1\Delta Z_2=\langle N_1+N_2+1\rangle/4$ 决定的最小不确定态满足下面的本征方程:

$$(Z_1+\mathrm{i}\varepsilon Z_2)|n,m,\varepsilon\rangle=\beta|n,m,\varepsilon\rangle. \tag{2-68}$$

不失一般性, 这里仅仅考虑 $\varepsilon \geqslant 1$ 的情况, 从而 $\beta = (\varepsilon^2-1)^{1/2}(m+n+1)/2$, 其中 m,n 为非负的整数. 经过严格的计算, 态 $|n,m,\varepsilon\rangle$ 的具体形式为

$$|n,m,\varepsilon\rangle = C_{m,n}(\varepsilon)S_2(r)H_{m,n}(fa^\dagger,fb^\dagger)\,|00\rangle\,, \tag{2-69}$$

式中 $S_2(r)=\exp[r(a^\dagger b^\dagger - ab)]$ 为双模的压缩算符, 参数 f, ϵ 和 r 存在如下关系

$$\tanh r = \left(\frac{\varepsilon-1}{\varepsilon+1}\right)^{1/2}, \quad f^2 = -\frac{(\varepsilon^2-1)^{1/2}}{\varepsilon}, \tag{2-70}$$

且归一化因子 $C_{m,n}^{-2}(\varepsilon)$ 为

$$C_{m,n}^{-2}(\varepsilon) = \sum_{l=0}^{\min(m,n)} \begin{pmatrix} m \\ l \end{pmatrix}\begin{pmatrix} n \\ l \end{pmatrix} m!n!\,|f|^{2(m+n-2l)}\,, \tag{2-71}$$

而

$$H_{m,n}(fa^\dagger,fb^\dagger) = \sum_{l=0}^{\min(m,n)} \frac{(-1)^l m!n! f^{m+n-2l}}{l!(l-m)!(l-n)!} a^{\dagger m-l} b^{\dagger n-l} \tag{2-72}$$

为关于变量 $(fa^\dagger,fb^\dagger)$ 的 (m,n) 阶双变量埃尔米特多项式, 因此态 $|n,m,\varepsilon\rangle$ 也被称为双变量埃尔米特多项式态. 值得注意的是, 双变量埃尔米特多项式态完全不同于两个单变量埃尔米特多项式态的直积形式, 它拥有一些新的物理现象, 这是因为双变量埃尔米特多项式态中两模压缩操作能引起两模之间纠缠的产生. 而且, 从目前理论研究进展来看, 由于关于产生算符 $a^\dagger$ 和 $b^\dagger$ 的双变量埃尔米特多项式的存在, 关于双变量埃尔米特多项式态的解析研究还没有讨论过.

由式 (2-24) 和 (2-33) 可知, 双模维格纳算符具有的纠缠态表示能为推导压缩态的维格纳函数提供方便. 因此, 本小节给出双变量埃尔米特多项式态 $|n,m,\varepsilon\rangle$ 的维格纳函数[2]. 根据式 (2-33) 和式 (2-69), 态 $|n,m,\varepsilon\rangle$ 的维格纳函数写为

$$\begin{aligned} W(\rho,\gamma) = {} & C_{m,n}^2(\varepsilon)\,\langle 00|\, H_{m,n}(f^*a,f^*b) S_2^{-1}(r)\,\Delta(\rho,\gamma) \\ & \times S_2(r)\, H_{m,n}(fa^\dagger,fb^\dagger)\,|00\rangle\,. \end{aligned} \tag{2-73}$$

再利用式 (2-24), 发现维格纳算符 $\Delta(\rho,\gamma)$ 遵从如下相似变换

$$\begin{aligned} & S_2^{-1}(r)\,\Delta(\rho,\gamma)\,S_2(r) \\ = {} & k^2\int \frac{\mathrm{d}^2\eta}{\pi^3}\,|k(\gamma-\eta)\rangle\,\langle k(\gamma+\eta)|\,\exp(\eta\rho^*-\eta^*\rho) \\ = {} & \Delta(\rho/k,k\gamma)\,, \end{aligned} \tag{2-74}$$

上式清晰地展示了“压缩”功能. 于是式 (2-73) 中的维格纳函数 $W(\rho,\gamma)$ 变成

$$W(\rho,\gamma) = C_{m,n}^2(\varepsilon)\,\langle 00|\, H_{m,n}(f^*a,f^*b)\Delta(\rho/k,k\gamma)\,H_{m,n}(fa^\dagger,fb^\dagger)\,|00\rangle\,. \tag{2-75}$$

利用双变量埃尔米特多项式 $H_{m,n}(x,x^*)$ 的产生函数 (2-54) 和双模相干态 $|\alpha,\beta\rangle$ 的完备性关系, 内积 $\langle k(\gamma+\eta)|H_{m,n}(fa^\dagger,fb^\dagger)|00\rangle$ 容易被计算, 即

$$\begin{aligned}
&\langle k(\gamma+\eta)|\,H_{m,n}(fa^\dagger,fb^\dagger)\,|00\rangle \\
=&\frac{\partial^{m+n}}{\partial\tau^m\partial\tau'^n}\langle k(\gamma+\eta)|\int\frac{\mathrm{d}^2\alpha\mathrm{d}^2\beta}{\pi^2}|\alpha,\beta\rangle\langle\alpha,\beta| \\
&\exp\left(-\tau\tau'+fa^\dagger\tau+fb^\dagger\tau'\right)|00\rangle|_{\tau=\tau'=0} \\
=&\frac{\partial^{m+n}}{\partial\tau^m\partial\tau'^n}\int\frac{\mathrm{d}^2\alpha\mathrm{d}^2\beta}{\pi^2}\exp\left\{-\frac{k^2|\gamma+\eta|^2}{2}\right. \\
&+k(\gamma+\eta)^*\alpha-k(\gamma+\eta)\beta+\alpha\beta-\tau\tau' \\
&\left.\left.+f\alpha^*\tau+f\beta^*\tau'-|\alpha|^2-|\beta|^2\right\}\right|_{\tau=\tau'=0} \\
=&\left(\sqrt{1-f^2}\right)^{m+n}\frac{\partial^{m+n}}{\partial\tau^m\partial\tau'^n}\exp\left\{-\frac{k^2}{2}|\gamma+\eta|^2\right. \\
&\left.\left.+\left(f^2-1\right)\tau\tau'+kf(\gamma+\eta)^*\tau-kf(\gamma+\eta)\tau'\right\}\right|_{\tau=\tau'=0} \\
&\times H_{m,n}\left[R(\gamma+\eta)^*,-R(\gamma+\eta)\right]\exp\left(-\frac{k^2}{2}|\gamma+\eta|^2\right),
\end{aligned}\tag{2-76}$$

式中 $R=kf/\sqrt{1-f^2}$. 类似地, 我们有

$$\begin{aligned}
&\langle 00|\,H_{m,n}(f^*a,f^*b)\,|k(\gamma-\eta)\rangle \\
=&\left(\sqrt{1-f^2}\right)^{m+n}H_{m,n}\left[R^*(\gamma-\eta),-R^*(\gamma-\eta)^*\right]\exp\left(-\frac{k^2}{2}|\gamma-\eta|^2\right).
\end{aligned}\tag{2-77}$$

将式 (2-76) 和式 (2-77) 代入式 (2-75) , 得到态 $|n,m,\varepsilon\rangle$ 的维格纳函数的解析表达式

$$\begin{aligned}
W(\rho,\gamma)=&\frac{C_{m,n}^2(\varepsilon)}{\pi^2}\sum_{k=0}^{m}\sum_{l=0}^{n}\frac{(m!n!)^2\left(-|f|^2\right)^{k+l}}{k!l![(m-k)!(n-l)!]^2} \\
&\times|H_{m-k,n-l}(B,C)|^2\exp\left(-k^2|\gamma|^2-\frac{|\rho|^2}{k^2}\right).
\end{aligned}\tag{2-78}$$

在上面的计算过程中, 利用了双变量埃尔米特多项式 $H_{m,n}(x,x^*)$ 的微分关系

$$\frac{\partial^{k+l}}{\partial x^k\partial x^{*l}}H_{m,n}(x,x^*)=\frac{m!n!}{(m-k)!(n-l)!}H_{m-k,n-l}(x,x^*),\tag{2-79}$$

以及参数 B,C 分别为

$$B=\left(\frac{\rho}{k}+k\gamma\right)^*,\quad C=f\left(\frac{\rho}{k}-k\gamma\right).\tag{2-80}$$

显然, 因为 $H_{m-k,n-l}(B,C)$ 的出现, 在相空间中维格纳函数 $W(\rho,\gamma)$ 为实的非高斯函数.

特殊地, 当 $m=n=0$ 时, 式 (2-78) 中的维格纳函数 $W(\rho,\gamma)$ 退化为

$$W(\alpha,\beta;m=n=0)=\frac{1}{\pi^2}\mathrm{e}^{2[(\alpha\beta+\alpha^*\beta^*)\sinh 2r-(|\alpha|^2+|\beta|^2)\cosh 2r]}, \tag{2-81}$$

这恰恰对应着双模压缩真空态的维格纳函数. 而当 $m=0$ 且 $n\neq 0$ 时, 注意到关系式 $H_{0,n}(x,y)=y^n$ 和 $C_{0,n}^{-2}(\varepsilon)=n!f^{2n}$, 式 (2-78) 变成双模压缩粒子数态的维格纳函数, 即

$$W(\rho,\gamma;m=0)=\frac{(-1)^n}{\pi^2}\mathrm{e}^{-k^2|\gamma|^2-\frac{|\rho|^2}{k^2}}L_n\left(\left|\frac{\rho}{k}-k\gamma\right|^2\right), \tag{2-82}$$

式中 $L_n(\cdot)$ 为 n 阶的拉盖尔多项式. 可见, 双模压缩粒子数态的维格纳函数 $W(\rho,\gamma;m=0)$ 为拉盖尔高斯型函数.

借助数值计算, 图 2-2 给出了在阶数 m,n 和压缩参数 r 取不同值的情况下双变量埃尔米特多项式态的维格纳函数 $W(\rho,\gamma)$. 图 2-2(a) 表明, 维格纳函数总是正的, 而且还有被压缩操作沿 $\mathrm{Re}\rho$ 轴拉伸的高斯分布, 这恰恰对应于双模压缩真空态的维格纳函数的特征. 现在关注图 2-2(b) 中的维格纳函数, 实际上它与双模压缩粒子数态的维格纳函数相同. 以上两个结论与式 (2-81) 和式 (2-82) 所给出的结论完全一致的. 从图 2-2(b)~(e) 清晰可见, 随着 m 的增大, 在正负最大值之间出现明显的振荡行为. 当 m 为偶 (或奇) 数时, 维格纳函数有一个向下 (或向上) 的主峰, 意味着量子态之间是相干的. 此结果对于所有的 m 都成立. 当给定 m 时, 对于 n 来说也有类似的结论. 而且, 由图 2-2(c) 和 (f) 可见, 随着压缩参数 r 的改变, 正交分量之

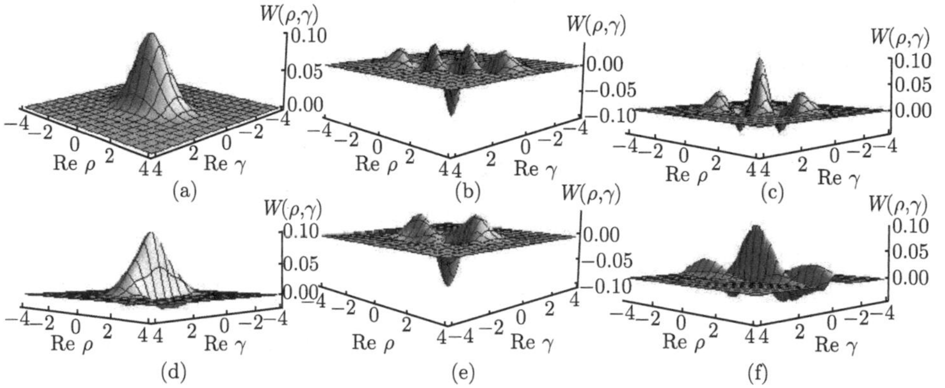

图 2-2 双变量埃尔米特多项式态的维格纳函数 $W(\rho,\gamma)$

(a) $m=n=0$, $r=0.2$; (b) $m=0$, $n=3$, $r=0.2$; (c) $m=1$, $n=3$, $r=0.2$; (d) $m=3$, $n=3$, $r=0.2$; (e) $m=4$, $n=3$, $r=0.2$; (f) $m=1$, $n=3$, $r=1$

一出现的压缩会发生明显的改变, 而且压缩操作也能引起维格纳函数负值区域的变化. 总之, 作为量子态是否展现非经典性的标志之一, 维格纳函数 $W(\rho,\gamma)$ 的负值区域完全取决于双变量埃尔米特多项式的阶数 m,n 和压缩参数 r.

利用 $q-p$ 相空间中与维格纳函数 $W(q,p)$ 有关的负值区域的体积表达式 (1-120), 图 2-3 数值给出维格纳函数 $W(\rho,\gamma)$ 的负值区域体积 Δ 随压缩参数 r 的变化曲线. 由图 2-3 清晰可见, 当压缩参数 r 较小时, 对于所有的 m,n 来说, 维格纳函数的负值区域总是存在, 而当 r 为足够大时, 维格纳函数的负性会全部消失. 然而, 当 r 固定时, 维格纳函数的负性随着 m,n 的变化毫无规律可循.

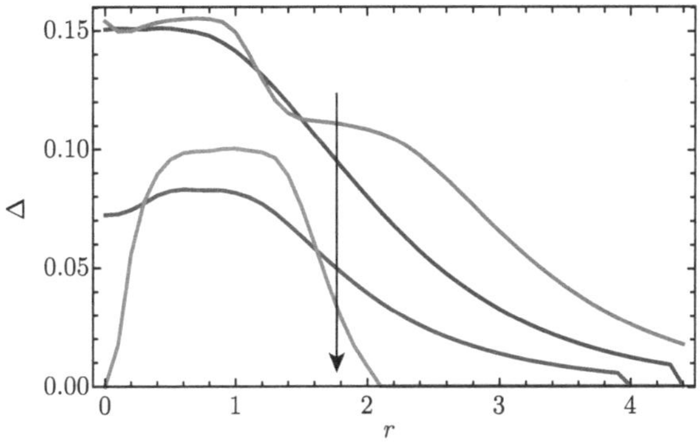

图 2-3 在给定 $n=3$ 的情况下, 双变量埃尔米特多项式态的维格纳函数 $W(\rho,\gamma)$ 的负值区域体积 Δ 随参数 r 的变化关系 (曲线从上到下分别取 $m=4, 0, 1, 3$)

2.3 原子相干态作为均匀磁场中二维各向异性谐振子势的本征态

寻找力学哈密顿量的能量本征值及其相应本征态是量子理论中的重要课题. 为了简化计算, 人们经常选择合适的表象去处理具体的力学哈密顿量. 量子力学的表象理论是由狄拉克首先建立的[17]. 他指出, 在求解量子力学中的具体问题时, 如果采用了某个表象, 而这个表象中问题所涉及的较重要的抽象量的表示是尽可能的简单, 则可以减少其工作量. 利用 2.1 节中连续变量两体纠缠态表象, 可以简化处理较复杂两体哈密顿系统的动力学问题, 如带有库仑耦合或弹性耦合的运动带电两粒子的本征问题[18, 19]. 另一方面, 量子物理中的原子相干态首先由 Arecchi 等引入[20], 现在被认为是一种重要的双模相关态. 作为双能级原子系综的描述, 原子相干态具有许多类似于相干态的魅力特性. 因此, 关于原子相干态的特性及其应用成为研究的重点, 如原子相干态的自旋压缩、纠缠等性质[21], 原子相干态的表示和态的多极性观点之间的内在联系[22], 以及原子相干态的维格纳分布函数的解析表示及其实

际应用 [23−25].

本节利用原子相干态的施温格玻色实现及其波函数的纠缠态表示证明原子相干态可作为均匀磁场中二维不含时各向异性谐振子势的本征态[3]. 而且, 带有相位因子 $\exp[\mathrm{i}\varphi(t)]$ 的原子相干态可作为均匀磁场中二维含时各向异性谐振子势的本征态[4].

2.3.1 均匀磁场中二维不含时各向异性谐振子势的本征态

1. 利用原子相干态的施温格玻色实现求解

原子相干态 $|\vartheta\rangle$ 被定义为[26]

$$|\vartheta\rangle = \exp\left(\mu J_+ - \mu^* J_-\right)|j,-j\rangle, \tag{2-83}$$

式中 J_+ 为 $|j,m\rangle$ 的上升算符, $|j,-j\rangle$ 为能被 J_- 湮灭的最低能级态, $\mu = \frac{\theta}{2}\mathrm{e}^{-\mathrm{i}\varphi}$, $\vartheta = \mathrm{e}^{-\mathrm{i}\varphi}\tan\frac{\theta}{2}$. 态 $|\vartheta\rangle$ 的集合在 j 子空间里满足完备性关系

$$\int\frac{\mathrm{d}\Omega}{4\pi}|\vartheta\rangle\langle\vartheta| = \sum_{m=-j}^{j}|j,m\rangle\langle j,m| = 1,\qquad \mathrm{d}\Omega = \sin\theta\mathrm{d}\theta\mathrm{d}\varphi \tag{2-84}$$

和非正交关系

$$\langle\vartheta'|\vartheta\rangle = \frac{(1+\vartheta'\vartheta^*)^{2j}}{(1+|\vartheta|^2)^j(1+|\vartheta'|^2)^j}. \tag{2-85}$$

利用角动量算符 $J_\pm$ 和 J_z 的施温格玻色实现[27]

$$J_+ = a^\dagger b,\quad J_- = ab^\dagger,\quad J_z = \frac{1}{2}\left(a^\dagger a - b^\dagger b\right) \tag{2-86}$$

以及双模福克空间里算符 J_z 和 J^2 的共同本征态

$$\begin{aligned}|j,m\rangle &= \frac{a^{\dagger j+m}b^{\dagger j-m}}{\sqrt{(j+m)!\,(j-m)!}}|00\rangle\\ &= |j+m\rangle\otimes|j-m\rangle,\end{aligned} \tag{2-87}$$

态 $|\vartheta\rangle$ 能被改写为

$$\begin{aligned}|\vartheta\rangle &= \exp\left(\mu J_+ - \mu^* J_-\right)|0\rangle\otimes|2j\rangle\\ &= \frac{1}{(1+|\vartheta|^2)^j}\sum_{l=0}^{2j}\begin{pmatrix}2j\\ l\end{pmatrix}^{1/2}\vartheta^{2j-l}|2j-l\rangle\otimes|l\rangle.\end{aligned} \tag{2-88}$$

这就是原子相干态 $|\vartheta\rangle$ 的施温格玻色实现形式. 注意到双模真空态投影算符的正规乘积 (2-7), 并利用有序算符内积分法, 我们能证明, 对自旋 j 求和之后, 态 $|\vartheta\rangle$ 的完备性关系在整个福克空间成立.

考虑均匀磁场 $\boldsymbol{B}$ 中二维不含时各向异性谐振子势的哈密顿量

$$H = \frac{1}{2m}(\boldsymbol{P} - e\boldsymbol{A})^2 + \frac{1}{2}m(\omega_{0x}^2 x^2 + \omega_{0y}^2 y^2), \tag{2-89}$$

式中 $\boldsymbol{P}$ 为电子的经典动量, $\boldsymbol{A}$ 为磁场的矢量势. 若磁场的矢量势取对称规范形式 $\boldsymbol{A} = \frac{1}{2}(-By, Bx, 0)$, 则哈密顿量 H 被改写为

$$H = \frac{1}{2m}\left(P_x^2 + P_y^2\right) + \frac{1}{2}m\left(\omega_x^2 x^2 + \omega_y^2 y^2\right) - \omega_L\left(xP_y - yP_x\right), \tag{2-90}$$

式中

$$\omega_L = \frac{eB}{2m}, \quad \omega_i^2 = \omega_{0i}^2 + \omega_L^2, \quad i = x, y. \tag{2-91}$$

方便起见, 取脚标 a, b 分别对应于式 (2-91) 中脚标 x, y, 并令

$$\begin{aligned} a &= \left(\frac{m\omega_a}{2\hbar}\right)^{1/2} x + \mathrm{i}\left(2m\omega_a\hbar\right)^{-1/2} P_a, \\ b &= \left(\frac{m\omega_b}{2\hbar}\right)^{1/2} y + \mathrm{i}\left(2m\omega_b\hbar\right)^{-1/2} P_b. \end{aligned} \tag{2-92}$$

这样, 式 (2-90) 中的哈密顿量 H 的玻色形式为

$$H = \hbar\omega_a\left(a^\dagger a + \frac{1}{2}\right) + \hbar\omega_b\left(b^\dagger b + \frac{1}{2}\right) + \mathrm{i}\hbar\omega_L\left(a^\dagger b - ab^\dagger\right). \tag{2-93}$$

为了确定原子相干态是否为均匀磁场中二维不含时各向异性谐振子势的本征态, 我们直接把式 (2-93) 中的哈密顿量 H 作用到态 $|\vartheta\rangle$ 上, 并利用关系式 $a^\dagger|n\rangle = \sqrt{n+1}\,|n+1\rangle$ 和 $a|n\rangle = \sqrt{n}\,|n-1\rangle$[28, 29], 这样我们有

$$\begin{aligned} H|\vartheta\rangle = &\frac{\hbar}{(1+|\vartheta|^2)^j}\left\{\sum_{l=0}^{2j}\begin{pmatrix} 2j \\ l \end{pmatrix}^{1/2}\vartheta^{2j-l}\left[\omega_a\left(2j-l+\frac{1}{2}\right)\right.\right. \\ &\left.+\omega_b\left(l+\frac{1}{2}\right)\right]|2j-l\rangle\otimes|l\rangle + \mathrm{i}\hbar\omega_L\sum_{l=1}^{2j}\begin{pmatrix} 2j \\ l-1 \end{pmatrix}^{1/2} \\ &\times\vartheta^{2j-l}(2j-l+1)\,|2j-l+1\rangle\otimes|l-1\rangle \\ &\left.-\mathrm{i}\hbar\omega_L\sum_{l=0}^{2j}\begin{pmatrix} 2j \\ l+1 \end{pmatrix}^{1/2}\vartheta^{2j-l}(l+1)\,|2j-l-1\rangle\otimes|l+1\rangle\right\}. \end{aligned} \tag{2-94}$$

在式 (2-94) 右边的最后两项中分别令 $l' = l \mp 1$, 则我们有

$$\begin{aligned}H|\vartheta\rangle=&\hbar\left[\omega_a\left(2j+\frac{1}{2}\right)+\frac{\omega_b}{2}+\frac{\mathrm{i}2\omega_L j}{\vartheta}\right]|\vartheta\rangle\\&-\frac{\hbar}{(1+|\vartheta|^2)^j}\sum_{l=0}^{2j}\begin{pmatrix}2j\\l\end{pmatrix}^{1/2}\vartheta^{2j-l}\\&\times\left[(\omega_a-\omega_b)+\mathrm{i}\omega_L\left(\vartheta+\frac{1}{\vartheta}\right)\right]l\,|2j-l\rangle\otimes|l\rangle.\end{aligned}\tag{2-95}$$

这样, 有下面的等式成立

$$\mathrm{i}\omega_L\vartheta^2+(\omega_a-\omega_b)\vartheta+\mathrm{i}\omega_L=0,\tag{2-96}$$

其解为

$$\vartheta_\pm=\frac{(\omega_b-\omega_a)\pm\sqrt{(\omega_a-\omega_b)^2+4\omega_L^2}}{\mathrm{i}2\omega_L}.\tag{2-97}$$

所以, 证明了态 $|\vartheta_\pm\rangle$ 为哈密顿量 H 的本征态, 其相应的本征值为

$$E_\pm=\hbar\left[\omega_a\left(2j+\frac{1}{2}\right)+\frac{\omega_b}{2}+\frac{\mathrm{i}2\omega_L j}{\vartheta_\pm}\right].\tag{2-98}$$

因此, 均匀磁场中二维不含时各向异性谐振子势的本征态恰恰是施温格玻色实现下按自旋值 j 分类的原子相干态, 其中 ϑ 为由哈密顿量 H 决定的力学量参数. 特殊地, 当 $\omega_a=\omega_b=\omega$ 时, 式 (2-93) 中的哈密顿量 H 描述的是均匀磁场中二维不含时各向同性谐振子势, 则由式 (2-97) 和 (2-98) 可知,

$$\vartheta_\pm=\mp\mathrm{i},\quad E_\pm=\hbar[\omega+2(\omega\mp\omega_L)j].\tag{2-99}$$

进而, 取自旋值 $j=1/2$, 则哈密顿量 H 的本征态为

$$|\vartheta_\pm\rangle=\frac{1}{\sqrt{2}}(|0,1\rangle\pm\mathrm{i}\,|1,0\rangle).\tag{2-100}$$

由式 (2-88) 可知, 态 $|\vartheta\rangle$ 的集合能构成一个量子力学表象, 则所有的 ϑ 值都是允许的. 然而, 由式 (2-97) 和 (2-98) 发现, 对于具体的哈密顿量 H, 仅有两个 $\vartheta_\pm$ 值决定的原子相干态可作为它的本征态.

2. 利用态 $|\vartheta\rangle$ 波函数在纠缠态 $\langle\eta|$ 表象中的表示求解

本小节利用态 $|\vartheta\rangle$ 的波函数在纠缠态 $\langle\eta|$ 表象中的表示求解均匀磁场 $\boldsymbol{B}$ 中二维不含时各向异性谐振子势的本征态问题. 为此, 首先给出未归一化的纠缠态 $\langle\eta\|$(与归一化纠缠态 $\langle\eta|$ 相差一因子 $\mathrm{e}^{-|\eta|^2/2}$, 即 $\langle\eta\|=\langle00|\exp(\eta^*a-\eta b+ab))$ 表象中态 $|\vartheta\rangle$ 的波函数. 对于未归一化的纠缠态 $\langle\eta\|$, 由服从的本征方程

$$\langle\eta\|\left(a-b^\dagger\right)=\langle\eta\|\,\eta,\quad\langle\eta\|\left(a^\dagger-b\right)=\langle\eta\|\,\eta^*,\tag{2-101}$$

和微分关系

$$-\frac{\partial}{\partial\eta}\langle\eta\| = \langle\eta\| b, \qquad \frac{\partial}{\partial\eta^*}\langle\eta\| = \langle\eta\| a \tag{2-102}$$

可发现, 在 $\langle\eta\|$ 基矢下算符与微分存在如下对应关系:

$$\begin{aligned} a &\rightarrow \frac{\partial}{\partial\eta^*}, \qquad & b &\rightarrow -\frac{\partial}{\partial\eta}, \\ a^\dagger &\rightarrow -\frac{\partial}{\partial\eta} + \eta^*, \qquad & b^\dagger &\rightarrow \frac{\partial}{\partial\eta^*} - \eta, \end{aligned} \tag{2-103}$$

此对应关系的建立能有助于处理量子力学哈密顿量的本征问题.

为了给出态 $|\vartheta\rangle$ 波函数在纠缠态 $\langle\eta\|$ 表象中的表示, 首先利用双变量埃尔米特多项式 $H_{m,n}(x,y)$ 的母函数定义式 (2-16) 把纠缠态 $\langle\eta\|$ 在双模福克空间中展开为

$$\langle\eta\| = \sum_{m,n=0}^{\infty}\langle m,n|\frac{(-1)^n}{\sqrt{m!n!}}H_{n,m}(\eta,\eta^*), \tag{2-104}$$

这样, 易得到内积 $\langle\eta\| m,n\rangle$

$$\langle\eta\| m,n\rangle = \frac{(-1)^n}{\sqrt{m!n!}}H_{n,m}(\eta,\eta^*). \tag{2-105}$$

再利用式 (2-88) 和 (2-104), 可得到态 $\langle\eta\|$ 和 $|\vartheta\rangle$ 之间的内积

$$\langle\eta\| \vartheta\rangle = \frac{\sqrt{(2j)!}}{(1+|\vartheta|^2)^j}\sum_{l=0}^{2j}\frac{(-1)^l\vartheta^{2j-l}H_{l,2j-l}(\eta,\eta^*)}{l!(2j-l)!}. \tag{2-106}$$

进一步, 利用 $H_{m,n}(\zeta,\xi)$ 的积分展开公式[30]

$$H_{m,n}(\zeta,\xi) = (-1)^n e^{\zeta\xi}\int\frac{d^2z}{\pi}z^n z^{*m}\exp(-|z|^2+\zeta z-\xi z^*), \tag{2-107}$$

式 (2-106) 能被改写为

$$\begin{aligned} \langle\eta\| \vartheta\rangle &= \frac{(-1)^{2j}\sqrt{(2j)!}e^{|\eta|^2}}{(1+|\vartheta|^2)^j}\sum_{l=0}^{2j}\int\frac{d^2z}{\pi}\frac{(\vartheta z)^{2j-l}z^{*l}}{l!(2j-l)!}\exp(-|z|^2+\eta z-\eta^* z^*) \\ &= \frac{(-1)^{2j}e^{|\eta|^2}}{(1+|\vartheta|^2)^j\sqrt{(2j)!}}\int\frac{d^2z}{\pi}(\vartheta z+z^*)^{2j}\exp(-|z|^2+\eta z-\eta^* z^*). \end{aligned} \tag{2-108}$$

方便起见, 对积分变量做如下变换

$$\begin{aligned} z &= z'^* - \vartheta^* z', \qquad z^* = z' - \vartheta z'^*, \\ \vartheta z + z^* &= (1-|\vartheta|^2)z', \qquad d^2z = -(1-|\vartheta|^2)d^2z' \end{aligned} \tag{2-109}$$

并令

$$\kappa=\eta^{*}+\eta\vartheta^{*}, \tag{2-110}$$

这样, 式 (2-108) 变成

$$\begin{aligned}\langle\eta\|\,\vartheta\rangle=&\frac{(-1)\mathrm{e}^{|\eta|^{2}}}{(1+|\vartheta|^{2})^{j}\sqrt{(2j)!}}(1-|\vartheta|^{2})^{2j+1}\left(\frac{\partial}{\partial\kappa}\right)^{2j}\int\frac{\mathrm{d}^{2}z'}{\pi}\\&\exp\left[-(1+|\vartheta|^{2})\left|z'\right|^{2}+\vartheta^{*}z'^{2}+\vartheta z'^{*2}-\kappa z'+\kappa^{*}z'^{*}\right].\end{aligned} \tag{2-111}$$

进一步, 利用数学积分公式 (1-99), 我们有

$$\begin{aligned}\langle\eta\|\,\vartheta\rangle=&\frac{(-1)\mathrm{e}^{|\eta|^{2}}(1-|\vartheta|^{2})^{2j}}{(1+|\vartheta|^{2})^{j}\sqrt{(2j)!}}\left(\frac{\partial}{\partial\kappa}\right)^{2j}\\&\times\exp\left[\frac{-(1+|\vartheta|^{2})\left|\kappa\right|^{2}+\vartheta\kappa^{2}+\vartheta^{*}\kappa^{*2}}{(1-|\vartheta|^{2})^{2}}\right].\end{aligned} \tag{2-112}$$

然后, 再利用单变量埃尔米特多项式 $H_m(x)$ 的微分表达式

$$H_{m}(x)=\mathrm{e}^{x^{2}}\left(-\frac{\mathrm{d}}{\mathrm{d}x}\right)^{m}\mathrm{e}^{-x^{2}}, \tag{2-113}$$

并令

$$\frac{1+|\vartheta|^{2}}{1-|\vartheta|^{2}}\frac{\kappa^{*}}{2\sqrt{\vartheta}}-\frac{\sqrt{\vartheta}}{1-|\vartheta|^{2}}\kappa=\frac{\eta-\vartheta\eta^{*}}{2\sqrt{\vartheta}}\equiv\zeta, \tag{2-114}$$

可得

$$\begin{aligned}\langle\eta\|\,\vartheta\rangle=&\frac{(-1)^{j+1}\vartheta^{j}H_{2j}(\mathrm{i}\zeta)\mathrm{e}^{|\eta|^{2}+|\zeta|^{2}}}{(1+|\vartheta|^{2})^{j}\sqrt{(2j)!}}\\&\times\exp\left[\frac{\vartheta^{*}\kappa^{*2}}{(1-|\vartheta|^{2})^{2}}-\left(\frac{1+|\vartheta|^{2}}{1-|\vartheta|^{2}}\frac{\kappa^{*}}{2\sqrt{\vartheta}}\right)^{2}\right].\end{aligned} \tag{2-115}$$

把式 (2-114) 代入式 (2-115), 我们最终得到原子相干态 $|\vartheta\rangle$ 的波函数在纠缠态 $\langle\eta\|$ 中的表示

$$\langle\eta\|\,\vartheta\rangle=\frac{(-1)^{j+1}\vartheta^{j}}{(1+|\vartheta|^{2})^{j}\sqrt{(2j)!}}H_{2j}\left(\mathrm{i}\frac{\eta-\vartheta\eta^{*}}{2\sqrt{\vartheta}}\right). \tag{2-116}$$

可见, 此表示正比于 $2j$ 阶的单变量埃尔米特多项式 $H_{2j}(\cdot)$.

假定态 $|\vartheta\rangle$ 为哈密顿量 H 的本征态且相应的本征值为 E, 则有

$$\langle\eta\|\,H\,|\vartheta\rangle=E\,\langle\eta\|\,\vartheta\rangle\,, \tag{2-117}$$

这样, 根据式 (2-93) 和 (2-103), 可有

$$\begin{aligned}\langle\eta\|\,H\,|\vartheta\rangle=&\left[\hbar\omega_a\left[\left(-\frac{\partial}{\partial\eta}+\eta^*\right)\frac{\partial}{\partial\eta^*}+\frac{1}{2}\right]\right.\\&+\hbar\omega_b\left[-\left(\frac{\partial}{\partial\eta^*}-\eta\right)\frac{\partial}{\partial\eta}+\frac{1}{2}\right]\\&\left.+\,\mathrm{i}\hbar\omega_L\left(\frac{\partial^2}{\partial\eta^2}-\frac{\partial^2}{\partial\eta^{*2}}-\eta^*\frac{\partial}{\partial\eta}+\eta\frac{\partial}{\partial\eta^*}\right)\right]\langle\eta\|\,\vartheta\rangle.\end{aligned}\tag{2-118}$$

把式 (2-116) 代入式 (2-118) 的右边, 可有

$$\begin{aligned}\langle\eta\|\,H\,|\vartheta\rangle=&D\left[\frac{\hbar}{2}(\omega_a+\omega_b)H_{2j}(\zeta)+\mathrm{i}\hbar\left(\omega_b\frac{\eta}{2\sqrt{\vartheta}}\right.\right.\\&\left.\left.-\omega_a\frac{\eta^*\sqrt{\vartheta}}{2}-\mathrm{i}\omega_L B\right)H'_{2j}(\zeta)-\frac{C\hbar}{4}H''_{2j}(\zeta)\right],\end{aligned}\tag{2-119}$$

式中

$$\begin{aligned}B=&\frac{\eta^*}{2\sqrt{\vartheta}}+\frac{\eta\sqrt{\vartheta}}{2},\\C=&(\omega_a+\omega_b)+\mathrm{i}\omega_L\left(\frac{1}{\vartheta}-\vartheta\right),\\D=&\frac{(-1)^{j+1}\vartheta^j}{(1+|\vartheta|^2)^j\sqrt{(2j)!}}.\end{aligned}\tag{2-120}$$

进一步, 利用式 (2-119) 并注意到埃尔米特多项式 $H_m(x)$ 的微分恒等式

$$2\lambda H'_m(x)-2mH_m(x)=H''_m(x),\tag{2-121}$$

得到

$$\begin{aligned}EH_{2j}(\zeta)=&\frac{\hbar}{2}(\omega_a+\omega_b+2Cj)H_{2j}(\zeta)\\&+\mathrm{i}\hbar\left(\omega_b\frac{\eta}{2\sqrt{\vartheta}}-\omega_a\frac{\eta^*\sqrt{\vartheta}}{2}-\mathrm{i}\omega_L B+\mathrm{i}\frac{1}{2}C\zeta\right)H'_{2j}(\zeta).\end{aligned}\tag{2-122}$$

由于

$$H'_{2j}(x)=4jH_{2j-1}(x),\tag{2-123}$$

并且不同阶的埃尔米特多项式都是相互正交的, 因此 $H'_{2j}(\zeta)$ 的系数应该为零, 即

$$\omega_b\frac{\eta}{2\sqrt{\vartheta}}-\omega_a\frac{\eta^*\sqrt{\vartheta}}{2}-\mathrm{i}\omega_L B+\mathrm{i}\frac{1}{2}C\zeta=0.\tag{2-124}$$

对于 η,η^* 的任何值, 式 (2-124) 都是成立的, 因此

$$\mathrm{i}\omega_L\vartheta^2+(\omega_a-\omega_b)\vartheta+\mathrm{i}\omega_L=0. \tag{2-125}$$

这样, 式 (2-125) 的解为

$$\vartheta_\pm=\frac{(\omega_b-\omega_a)\pm\sqrt{(\omega_a-\omega_b)^2+4\omega_L^2}}{\mathrm{i}2\omega_L}. \tag{2-126}$$

可见, $\vartheta_\pm$ 的取值与式 (2-97) 中的结果完全一致.

2.3.2　均匀磁场中二维含时各向异性谐振子势的本征态

当均匀磁场 $\boldsymbol{B}$ 随时间变化时, 描述磁场中二维各向异性谐振子势的哈密顿量也是含时的, 其玻色形式为

$$H(t)=\hbar\omega_a(t)\left(a^\dagger a+\frac{1}{2}\right)+\hbar\omega_b(t)\left(b^\dagger b+\frac{1}{2}\right)+\mathrm{i}\hbar\omega_L(t)\left(a^\dagger b-ab^\dagger\right). \tag{2-127}$$

为了推导出 $H(t)$ 的能量本征态和本征值, 我们必须求解下面的薛定谔方程:

$$\mathrm{i}\hbar\frac{\partial\left|\phi(t)\right\rangle}{\partial t}=H(t)\left|\phi(t)\right\rangle. \tag{2-128}$$

假设

$$\left|\phi(t)\right\rangle=f(t)\left|\vartheta\right\rangle, \tag{2-129}$$

并把式 (2-129) 代入式 (2-128), 可得到如下微分方程

$$\mathrm{i}\hbar\frac{\mathrm{d}f(t)}{\mathrm{d}t}\left|\vartheta\right\rangle+\mathrm{i}\hbar f(t)\frac{\mathrm{d}}{\mathrm{d}t}\left|\vartheta\right\rangle=H(t)f(t)\left|\vartheta\right\rangle. \tag{2-130}$$

利用式 (2-88) 中态 $|\vartheta\rangle$ 的具体表达式, 得到态 $|\vartheta\rangle$ 随时间 t 的演化

$$\begin{aligned}\frac{\mathrm{d}}{\mathrm{d}t}\left|\vartheta\right\rangle=&\frac{2j}{\vartheta}\frac{\mathrm{d}\vartheta}{\mathrm{d}t}\left|\vartheta\right\rangle-\frac{j}{1+|\vartheta|^2}\frac{\mathrm{d}(|\vartheta|^2)}{\mathrm{d}t}\left|\vartheta\right\rangle\\&-\frac{1}{(1+|\vartheta|^2)^j}\sum_{l=0}^{2j}\begin{pmatrix}2j\\l\end{pmatrix}^{1/2}l\vartheta^{2j-l-1}\left|2j-l\right\rangle\otimes\left|l\right\rangle\frac{\mathrm{d}\vartheta}{\mathrm{d}t}.\end{aligned} \tag{2-131}$$

此外, 利用推导式 (2-95) 的同样方法, 可有

$$\begin{aligned}H(t)f(t)\left|\vartheta\right\rangle=&\hbar\left[\omega_a(t)\left(2j+\frac{1}{2}\right)+\frac{\omega_b(t)}{2}+\frac{\mathrm{i}2\omega_L(t)j}{\vartheta}\right]f(t)\left|\vartheta\right\rangle\\&-\frac{\hbar f(t)}{(1+|\vartheta|^2)^j}\sum_{l=0}^{2j}\begin{pmatrix}2j\\l\end{pmatrix}^{1/2}\left[(\omega_a(t)-\omega_b(t))\right.\\&\left.+\mathrm{i}\omega_L(t)\left(\vartheta+\frac{1}{\vartheta}\right)\right]l\vartheta^{2j-l}\left|2j-l\right\rangle\otimes\left|l\right\rangle.\end{aligned} \tag{2-132}$$

把式 (2-131) 和 (2-132) 代入式 (2-130) 并利用福克态的线性无关性, 我们有

$$\mathrm{i}\frac{\mathrm{d}\vartheta}{\mathrm{d}t}=[\omega_a(t)-\omega_b(t)]\vartheta+\mathrm{i}\omega_L(t)(\vartheta^2+1) \tag{2-133}$$

和

$$\begin{aligned}\mathrm{i}\frac{\mathrm{d}f(t)}{\mathrm{d}t}=f(t)\Bigg[&\omega_a(t)\left(2j+\frac{1}{2}\right)+\frac{\omega_b(t)}{2}+\frac{\mathrm{i}2\omega_L(t)j}{\vartheta}\\&-\frac{\mathrm{i}j}{1+|\vartheta|^2}\left(\vartheta^*\frac{\mathrm{d}\vartheta}{\mathrm{d}t}+\vartheta\frac{\mathrm{d}\vartheta^*}{\mathrm{d}t}\right)+\frac{\mathrm{i}2j}{\vartheta}\frac{\mathrm{d}\vartheta}{\mathrm{d}t}\Bigg].\end{aligned} \tag{2-134}$$

若在式(2-133) 中令 $\frac{\mathrm{d}\vartheta}{\mathrm{d}t}=0$, 式 (2-133) 退化成式 (2-96), 即对应于均匀磁场中二维不含时各向异性谐振子势的情况. 把式 (2-133) 代入式 (2-134), 可将式 (2-134) 简化为

$$\mathrm{i}\frac{\mathrm{d}f(t)}{\mathrm{d}t}=f(t)\left[\omega_b(t)\left(2j+\frac{1}{2}\right)+\frac{\omega_a(t)}{2}+\mathrm{i}j\omega_L(t)\left(\vartheta^*-\vartheta\right)\right]. \tag{2-135}$$

若取

$$f(t)=\exp[\mathrm{i}\varphi(t)], \tag{2-136}$$

则相位 $\varphi(t)$ 为

$$\begin{aligned}\varphi(t)=-\int_0^t f(\varepsilon)\Bigg\{&\omega_b(\varepsilon)\left(2j+\frac{1}{2}\right)+\frac{\omega_a(\varepsilon)}{2}\\&+\mathrm{i}j\omega_L(\varepsilon)\left[\vartheta^*(\varepsilon)-\vartheta(\varepsilon)\right]\Bigg\}\mathrm{d}\varepsilon.\end{aligned} \tag{2-137}$$

因此, 结合式 (2-129)、(2-136) 和 (2-137), 可断定带有相因子 $\exp[\mathrm{i}\varphi(t)]$ 的态 $|\vartheta\rangle$ 为均匀磁场中二维含时各向异性谐振子势的本征态.

参 考 文 献

[1] Meng X G, Wang J S, Liang B L. A new finite-dimensional pair coherent state studied by virtue of the entangled state representation and its statistical behavior[J]. Optics Communications, 2010, 283(20): 4025-4031.

[2] Meng X G, Wang Z, Wang J S, Fan H Y. Wigner function, optical tomography of two-variable Hermite polynomial state, and its decoherence effects studied by the entangled state representations[J]. Journal of the Optical Society of America B, 2013, 30(6): 1614-1622.

[3] Meng X G, Wang J S, Fan H Y. Atomic coherent state as the eigenstates of a two-dimensional anisotropic harmonic oscillator in a uniform magnetic field[J]. Modern Physics Letters A, 2009, 24(38): 3129-3136.

[4] Meng X G, Wang J S, Liang B L. Atomic coherent states as energy eigenstates of a Hamiltonian describing a two-dimensional anisotropic harmonic potential in a uniform magnetic field[J]. 2010, Chinese Physics B, 19(12): 124205.

[5] Einstein A, Podolsky B, Rosen N. Can quantum-mechanical description of physical reality be considered complete? [J]. Physical Review, 1935, 47(10): 777-780.

[6] Fan H Y, Klauder J R. Eigenvectors of two particles' relative position and total momentum[J]. Physical Review A, 1994, 49(2): 704-707.

[7] Fan H Y. Entangled states, squeezed states gained via the route of developing Dirac's symbolic method and their applications[J]. International Journal of Modern Physics B, 2004, 18(10-11): 1387-1455.

[8] Cochrane P T, Milburn G J. Teleportation with the entangled states of a beam splitter[J]. Physical Review A, 2001, 64(6): 062312.

[9] Kim M S, Son W, Bušek V, Knight P L. Entanglement by a beam splitter[J]. Physical Review A, 2001, 65(3): 032323.

[10] Agarwal G S. Generation of pair coherent states and squeezing via the competition of four-wave mixing and amplified spontaneous emission[J]. Physical Review Letters, 1986, 57(7): 827-830.

[11] Agarwal G S. Nonclassical statistics of fields in pair coherent states[J]. Journal of the Optical Society of America B, 1988, 5(9): 1940-1947.

[12] Meng X G, Wang J S, Fan H Y. Wigner function and tomogram of the pair coherent state[J]. Physics Letters A, 2007, 363(1-2): 12-18.

[13] Arvind. U(2) invariant squeezing properties of pair coherent states[J]. Physics Letters A, 2002, 299(5): 461-468.

[14] Dong Y L, Zou X B, Guo G C. Generation of pair coherent state using weak cross-Kerr media[J]. Physics Letters A, 2008, 372(35): 5677-5680.

[15] Bergou J A, Hillery M, Yu D Q. Minimum uncertainty states for amplitude-squared squeezing: Hermite polynomial states[J]. Physical Review A, 1991, 43(1): 515-520.

[16] Fan H Y, Ye X. Hermite polynomial states in two-mode Fock space [J]. Physics Letters A, 1993, 175(6): 387-390.

[17] Dirac P A M. The Principles of Quantum Mechanics[M]. London: Oxford Univ. Press, 1958.

[18] Meng X G, Wang J S, Liang B L. Energy level formula for two moving charged particles with Coulomb coupling derived via the entangled state representations[J]. Chinese Physics B, 2010, 19(4): 044202.

[19] Wang J S, Meng X G, Fan H Y. Energy-level and wave functions of two moving

charged particles with elastic coupling derived by virtue of the entangled state representations[J]. Physica A: Statistical Mechanics & Its Applications, 2008, 387(16): 4453-4458.

[20] Arecchi F T, Courtens E, Gilmore R, Thomas H. Atomic coherent states in quantum optics[J]. Physical Review A, 1972, 6(6): 2211-2237.

[21] Gerry C C, Mark P. Spin squeezing and entanglement via hole-burning in atomic coherent states[J]. Physics Letters A, 2008, 372(43): 6480-6483.

[22] Agarwal G S. Relation between atomic coherent-state representation, state multipoles, and generalized phase-space distributions[J]. Physical Review A, 1981, 24(6): 2889-2896.

[23] Jonathan P D, Agarwal G S, Wolfgang P S. Wigner distribution of a general angular-momentum state: Applications to a collection of two-level atoms[J]. Physical Review A, 1994, 49(5): 4101-4109.

[24] Fan H Y, Chen J. Atomic coherent states studied by virtue of the EPR entangled state and their Wigner functions[J]. The European Physical Journal D, 2003, 23(3): 437-442.

[25] Fan H Y, Li C, Jiang Z H. Spin coherent states as energy eigenstates of two coupled oscillators[J]. Physics Letters A, 2004, 327(5-6), 416-424.

[26] Brink D M, Satchler G R. Angular Momentum[M]. Oxford: Clarendon, 1968.

[27] Schwinger J. Quantum Theory of Angular Momentum[M]. New York: Academic Press, 1965.

[28] 路易塞尔 (W. H. Louisell). 辐射的量子统计性质 [M]. 北京：科学出版社, 1982.

[29] 范洪义. 量子力学表象与变换论：狄拉克符号法进展 [M]. 合肥：中国科学技术大学出版社, 1997.

[30] 范洪义. 量子力学纠缠态表象及应用 [M]. 上海：上海交通大学出版社, 2001.

第 3 章　非高斯态的层析图函数理论

在量子光学及量子统计中, 光学层析图函数是描述量子态的正定概率分布函数, 它能够帮助获得光子数统计分布以及重构维格纳函数. 而且, 此函数被认为是包含量子态全部信息的基本载体, 这是因为若某个光场的维格纳函数沿各个方向的边缘分布已知, 则可了解到光场的全部信息. 对于给定波函数 $\varphi(y)$ 的单模量子态, 理论上它的光学层析图函数为[1, 2]

$$M(q,f,g)=\left|\langle\varphi|\, q,f,g\rangle\right|^2 \tag{3-1}$$

或

$$M(q,f,g)=\frac{1}{2\pi\,|g|}\left|\int_{-\infty}^{\infty}\mathrm{d}y\varphi(y)\exp\left(\frac{\mathrm{i}qy}{g}-\frac{\mathrm{i}f}{2g}y^2\right)\right|^2, \tag{3-2}$$

其中态 $|q,f,g\rangle$ 是厄米算符 $fQ+gP$ 的本征矢, 相应的本征值为 q, f 和 g 是实参量, Q 和 P 分别表示坐标算符和动量算符. 若已知态 $|q,f,g\rangle$ 的具体表达式, 则只要计算式中 (3-1) 的模方 $\left|\langle\varphi|\, q,f,g\rangle\right|^2$; 若不知道态 $|q,f,g\rangle$ 的具体表达式, 则只能利用式 (3-2) 中波函数 $\varphi(y)$ 的分数阶傅里叶变换. 下面证明以上两种方法是等价的. 令 $\langle y|\, q,f,g\rangle=W$, 则

$$\langle y|\, fQ+gP\,|q,f,g\rangle=\left(fy-\mathrm{i}g\frac{\partial}{\partial y}\right)W=qW. \tag{3-3}$$

由上式可知,

$$-\mathrm{i}\frac{\partial}{\partial y}W=\frac{q-fy}{g}W, \tag{3-4}$$

对上式左右两边同时积分, 得到

$$W=\exp\left(\frac{\mathrm{i}qy}{g}-\frac{\mathrm{i}f}{2g}y^2\right). \tag{3-5}$$

这样, 由式 (3-5) 可有

$$\begin{aligned}M(q,f,g)&=\left|\langle\varphi|\, q,f,g\rangle\right|^2=\left|\langle\varphi|\int_{-\infty}^{\infty}\mathrm{d}y\,|y\rangle\,\langle y|\, q,f,g\rangle\right|^2\\&=\left|\int_{-\infty}^{\infty}\mathrm{d}y\varphi(y)\,\langle y|\, q,f,g\rangle\right|^2\\&=\left|\int_{-\infty}^{\infty}\mathrm{d}y\varphi(y)\exp\left(\frac{\mathrm{i}f}{2g}y^2-\frac{\mathrm{i}qy}{g}\right)\right|^2.\end{aligned} \tag{3-6}$$

若在式 (3-6) 中引入归一化因子 $1/(2\pi|g|)$, 则其结果与式 (3-2) 完全一致. 这样就证明了式 (3-1) 和式 (3-2) 表示的方法是等价的.

在实验上, 运用光学层析成像技术, 可以得到三维物体的二维数据以建立内部结构的切片图像, 从而能够对物体内部进行无创窥视. 在量子统计的相空间理论中, Vogel 等指出[3], 以受控角 θ 为参量的转动正交相位 $X(\theta)=Q\cos\theta+P\sin\theta$ 可以用维格纳函数进行表示, 而被称为 Vogel-Risken 关系的逆过程同样成立. 也就是说, 通过对一系列可测量的正交振幅概率分布 $w(x,\theta)$ 进行层析成像反演能得到它的维格纳分布. 利用单模量子态 $\varphi(y)$ 的零拍测量技术, 其光学层析图函数 $M(x,\theta)=|\langle\varphi|\ x,\theta\rangle|^2$ 可以在实验中进行测量, 其中 $|x,\theta\rangle$ 是算符 $X(\theta)$ 本征值为 x 的本征矢. 之后, Smithey 等指出[4], 一旦得到分布 $w(x,\theta)$, 利用在层析成像过程中类似的反演拉登变换, 就可获得相应量子态的维格纳函数分布以及密度矩阵. 因此, 量子理论中的层析图函数提供了一种描述量子态的有效方法.

基于式 (3-2) 中的分数阶傅里叶积分法, 要获得结构复杂量子态的光学层析图函数, 似乎比较困难. 这是因为波函数 $\varphi(y)$ 的分数阶傅里叶积分通常难以计算甚至无法完成. 例如, 对于多光子增加热态, 只能给出层析图函数的无限维求和表达式或积分表达式, 且仅对于增加光子数很少的情况[2]. 因此, 本章首先引入厄米算符 $fQ+gP$ 本征态 $|q,f,g\rangle$ 的具体表达式, 并建立单模量子态层析图函数的中介表象理论. 这样, 就可以结合式 (3-1) 和有序算符内积分法去简洁地推导出多光子增加"类经典"态 (包括多光子增加相干态、热态以及平移热态) 层析图函数的解析表达式, 并数值研究它们的可测量光学层析图函数. 作为上述层析图函数理论的拓展, 利用外尔对应量子化方案和傅里叶变换建立双模量子态层析图函数的纠缠态表象理论, 从而能方便地导出有限维对相干态的层析图函数[5].

3.1 层析图函数的中介表象理论

利用坐标表象中维格纳算符 $\Delta(p,q)$ 的正规乘积表示 (1-42)[6, 7], 维格纳算符 $\Delta(p,q)$ 的拉登变换可以进行如下简单计算

$$\begin{aligned}&\iint_{-\infty}^{\infty}\mathrm{d}q'\mathrm{d}p'\delta(q-fq'-gp')\Delta(p',q')\\&=\frac{1}{\pi}\iint_{-\infty}^{\infty}\mathrm{d}q'\mathrm{d}p'\delta(q-fq'-gp'):\mathrm{e}^{-(q'-Q)^2-(p'-P)^2}:\\&=\frac{1}{[\pi(f^2+g^2)]^{1/2}}:\exp\left\{-\frac{1}{f^2+g^2}[q-(fQ+gP)]^2\right\}:.\end{aligned}\tag{3-7}$$

进一步, 运用真空态投影算符的正规乘积表示 (1-9) 将式 (3-7) 的右边展开, 这样

式 (3-7) 可以写成

$$\iint_{-\infty}^{\infty} \mathrm{d}q'\mathrm{d}p'\delta(q - fq' - gp')\Delta(p', q') = |q, f, g\rangle \langle q, f, g|, \tag{3-8}$$

其中, 取决于参量 f 和 g 的态矢量 $|q, f, g\rangle$ 为[8]

$$|q, f, g\rangle = c\exp(c_1 a^\dagger - c_2 a^{\dagger 2})|0\rangle, \tag{3-9}$$

式中参数 c, c_1 和 c_2 分别为

$$\begin{aligned} c &= \frac{1}{[\pi(f^2+g^2)]^{1/4}} \exp\left[-\frac{q^2}{2(f^2+g^2)}\right], \\ c_1 &= \frac{\sqrt{2}q}{f - \mathrm{i}g}, \quad c_2 = \frac{f + \mathrm{i}g}{2(f - \mathrm{i}g)}. \end{aligned} \tag{3-10}$$

注意到坐标算符 Q(或动量算符 P) 与玻色算符 $a, a^\dagger$ 满足关系 (1-48), 那么我们发现态 $|q, f, g\rangle$ 是厄米算符 $fQ + gP$ 的本征值为 q 的本征态, 即

$$(fQ + gP)|q, f, g\rangle = q|q, f, g\rangle. \tag{3-11}$$

而且, 利用正规乘积算符内积分法容易证明态 $|q, f, g\rangle$ 具有完备性关系

$$\begin{aligned} &\int_{-\infty}^{\infty} \mathrm{d}q |q, f, g\rangle \langle q, f, g| \\ =& \frac{1}{[\pi(f^2+g^2)]^{1/2}} \int_{-\infty}^{\infty} \mathrm{d}q \colon \exp\left\{-\frac{1}{f^2+g^2}[q - (fQ+gP)]^2\right\} \colon \\ =& 1, \end{aligned} \tag{3-12}$$

说明态 $|q, f, g\rangle$ 的完备集合构成一个量子力学表象. 特别地, 当 $(f, g) = (1, 0)$(或 $(f, g) = (0, 1)$) 时, 态 $|q, f, g\rangle$ 变为坐标算符 Q(或动量算符 P) 的本征态. 因此, 我们将态 $|q, f, g\rangle$ 称为坐标–动量中介态.

通过与标准的拉登变换关系进行比较, 能断定式 (3-8) 中的纯态密度算符 $|q, f, g\rangle \langle q, f, g|$ 恰好是维格纳算符 $\Delta(p, q)$ 的拉登变换. 实际上, 利用外尔对应规则也能证明式 (3-8) 成立. 利用式 (1-15)、(1-42) 和 (1-44), 能得到

$$\begin{aligned} &2\pi\mathrm{Tr}[|q, f, g\rangle \langle q, f, g| \Delta(p, q)] \\ =& 2\pi \int_{-\infty}^{\infty} \frac{\mathrm{d}t}{2\pi} \left\langle q, f, g \middle| q + \frac{t}{2} \right\rangle \left\langle q - \frac{t}{2} \middle| q, f, g \right\rangle \mathrm{e}^{\mathrm{i}pt} \\ =& \delta(q - fq - gp), \end{aligned} \tag{3-13}$$

这表明投影算符 $|q,f,g\rangle\langle q,f,g|$ 的经典对应函数为 $\delta(q-fq-gp)$. 再利用算符函数 $\mathcal{H}(P,Q)$ 与经典函数 $h(p,q)$ 之间满足的外尔对应规则 (1-43), 可有

$$|q,f,g\rangle\langle q,f,g| = \iint_{-\infty}^{\infty} \mathrm{d}p'\mathrm{d}q'\delta(q-fq'-gp')\Delta(p',q'). \tag{3-14}$$

上式的表示与式 (3-8) 完全一致. 对于给定的单模量子态 $|\varphi\rangle$, 它的维格纳函数 $W(p,q)$ 与态 $|\varphi\rangle$ 在中介态 $\langle q,f,g|$ 表象下波函数的模方之间存在如下关系:

$$\iint_{-\infty}^{\infty} \mathrm{d}q'\mathrm{d}p'\delta(q-fq'-gp')W(p',q') = |\langle q,f,g|\,\varphi\rangle|^2 . \tag{3-15}$$

可见, 维格纳函数 $W(p,q)$ 的拉登变换恰好是 $|\varphi\rangle$ 在中介态 $\langle q,f,g|$ 表象下波函数的模方形式 $(|\langle q,f,g|\,\varphi\rangle|^2)$, 即单模量子态 $|\varphi\rangle$ 的光学层析图函数. 这是一种直接且简洁计算单模量子态光学层析图函数的方法. 可见, 只要算出内积 $\langle q,f,g|\,\varphi\rangle$, 我们就能得到态 $|\varphi\rangle$ 的光学层析图函数, 进而能直接测量态 $|\varphi\rangle$ 的完整信息.

3.2　多光子增加相干态的层析图函数

谐振子湮灭算符 a 的本征态, 即相干态 $|\alpha\rangle$, 它具有类似于经典辐射场的性质. 然而, 当单个光子激发相干态时, 其输出态具有非经典特性. 最近, 人们在实验中制备出了单光子增加相干态, 并通过层析成像技术重构了它的维格纳函数[9, 10]. 将光子产生算符 $a^\dagger$ 反复作用 m(m 为任意的正整数) 次到相干态, 则归一化的多光子增加相干态为[11]

$$|\alpha,m\rangle = Da^{\dagger m}|\alpha\rangle, \tag{3-16}$$

其中 $D=[m!L_m(-|\alpha|^2)]^{-1/2}$ 为归一化因子, $L_m(\cdot)$ 为 m 阶拉盖尔多项式. 值得注意的是, 多光子增加相干态的性质比福克态与相干态更具有一般性, 这是因为在 $\alpha=0$ 时, 它退化为福克态, 而 $m=0$ 时退化为相干态. 根据式 (3-15), 态 $|\alpha,m\rangle$ 的光学层析图函数为

$$M(q,f,g) = |\langle q,f,g|\,\alpha,m\rangle|^2 . \tag{3-17}$$

把相干态完备性 $\int \frac{\mathrm{d}^2\beta}{\pi}|\beta\rangle\langle\beta| = 1$ 插入层析图函数的振幅 $\langle q,f,g|\,\alpha,m\rangle$, 有

$$\begin{aligned}\langle q,f,g|\,\alpha,m\rangle &= \langle q,f,g|\,Da^{\dagger m}|\alpha\rangle \\ &= cD\int\frac{\mathrm{d}^2\beta}{\pi}\langle 0|\exp\left(c_1^*a-c_2^*a^2\right)|\beta\rangle\langle\beta|\,a^{\dagger m}|\alpha\rangle \\ &= cD\mathrm{e}^{-\frac{|\alpha|^2}{2}}\int\frac{\mathrm{d}^2\beta}{\pi}\beta^{*m}\exp\left(-|\beta|^2+c_1^*\beta-c_2^*\beta^2+\alpha\beta^*\right).\end{aligned} \tag{3-18}$$

进而, 利用数学积分公式

$$\begin{aligned}&\int \frac{\mathrm{d}^2 z}{\pi} z^n \exp(\zeta |z|^2 + \xi z + \eta z^* + g z^{*2})\\&= -\frac{1}{\zeta}\left(\frac{\mathrm{d}}{\mathrm{d}\xi}\right)^n \exp\left[\frac{g}{\zeta^2}\left(\xi - \frac{\zeta\eta}{2g}\right)^2 - \frac{\eta^2}{2g}\right]\\&= \left(-\frac{1}{\zeta}\right)^{2n+1} \exp\left[\frac{1}{\zeta^2}\left(g\xi^2 - \zeta\xi\eta\right)\right]\\&\quad\times\sum_{k=0}^{[n/2]} \frac{n!}{k!(n-2k)!}(2g\xi - \zeta\eta)^{n-2k}(g\zeta^2)^k,\end{aligned} \tag{3-19}$$

则式 (3-18) 变为

$$\begin{aligned}\langle q, f, g|\ \alpha, m\rangle = cD \exp\left(-\frac{|\alpha|^2}{2} + c_1^*\alpha - c_2^*\alpha^2\right)\\\times\sum_{k=0}^{[m/2]} \frac{(-1)^k m!}{k!(m-2k)!} c_2^{*k}(c_1^* - 2c_2^*\alpha)^{m-2k}.\end{aligned} \tag{3-20}$$

再利用单变量埃尔米特多项式 $H_n(x)$ 的母函数

$$H_n(x) = \sum_{k=0}^{[n/2]} \frac{(-1)^k n!}{k!(n-2k)!}(2x)^{n-2k}, \tag{3-21}$$

我们最终可以得到 $|\alpha, m\rangle$ 的光学层析图函数

$$M(q, f, g) = \mathcal{T}(q, f, g)\, M_{|\alpha\rangle}(q, f, g). \tag{3-22}$$

其中, $M_{|\alpha\rangle}(q, f, g)$ 是相干态 $|\alpha\rangle$ 的光学层析图函数

$$M_{|\alpha\rangle}(q, f, g) = c^2 \exp\left[2\,\mathrm{Re}(c_1\alpha^* - c_2\alpha^{*2}) - |\alpha|^2\right], \tag{3-23}$$

而 $\mathcal{T}(q, f, g)$ 是由多光子增加操作贡献的, 即

$$\mathcal{T}(q, f, g) = D^2 |c_2|^m \left|H_m\left(\frac{c_1 - 2c_2\alpha^*}{2\sqrt{c_2}}\right)\right|^2. \tag{3-24}$$

上式表明, 多光子增加相干态的光学层析图函数正比于单变量埃尔米特多项式 $H_m(\cdot)$ 的模方形式. 这一结果与文献 [2] 中式 (19) 的定态情况 (即 $\Omega(t)$ 和 $\varepsilon(t)$ 分别取初始值 $\Omega(t) = 1$ 和 $\varepsilon(0) = 1$) 一致. 当 $\alpha = 0$ 时, $M(q, f, g)$ 简化为粒子数态的光学层析图函数

$$M_{\alpha=0}(q, f, g) = \frac{c^2 |c_2|^m}{m!}\left|H_m\left(\frac{c_1}{2\sqrt{c_2}}\right)\right|^2. \tag{3-25}$$

将 $f=\cos\theta$ 和 $g=\sin\theta$ 代入式 (3-22), 我们可以得到可测量的层析图函数

$$M(q,\theta)=\mathcal{T}(q,\theta)\,M_{|\alpha\rangle}(q,\theta), \tag{3-26}$$

其中

$$M_{|\alpha\rangle}(q,\theta)=\pi^{-1/2}\exp\left[\mathrm{Re}(2\sqrt{2}q\mathrm{e}^{\mathrm{i}\theta}\alpha^{*}-\mathrm{e}^{\mathrm{i}2\theta}\alpha^{*2})-|\alpha|^{2}-q^{2}\right] \tag{3-27}$$

和

$$\mathcal{T}(q,\theta)=\frac{1}{m!2^{m}L_{m}(-|\alpha|^{2})}\left|H_{m}\left(\frac{\sqrt{2}q-\mathrm{e}^{\mathrm{i}\theta}\alpha^{*}}{\sqrt{2}}\right)\right|^{2}. \tag{3-28}$$

这里, $M(q,\theta)$ 可以通过光子态的零差测量技术进行测量.

目前, 许多理论研究工作专注于研究多光子增加高斯态及其可观测的非经典效应, 如压缩性质、亚泊松统计分布、量子纠缠等[11, 12]. 然而据我们所知, 目前的实验研究仅能实现在相干态或热态上增加单一光子的情况[9, 10]. 因此, 这里我们只数值研究光子增加数 $m=1$ 情形下光子增加相干态的可测量层析图函数 $M(q,\theta)$. 对多光子增加热态 (或平移热态) 的可测量层析图函数 $M'(q,\theta)$(或 $M''(q,\theta)$) 的数值研究也做同样处理.

图 3-1 画出了多光子增加相干态的层析图函数 $M(q,\theta)$ 在给定参数 m 和 α 时随 (q,θ) 变化的图像. 从图 3-1 可以看出, 与相空间的 Q-函数相似, 层析图函数 $M(q,\theta)$ 是参量 α 的函数且总是实的和正定的, 且呈现随坐标 q 以 π 为周期的变化特征. 此外, 当 m 和 α 较小时, 存在单一且显著的主峰 (图 3-1(a)). 当 m 或 α 逐渐增大, 单一主峰分裂为峰值相同的多个峰, 且峰值强度也逐渐增大 (图 3-1(c)).

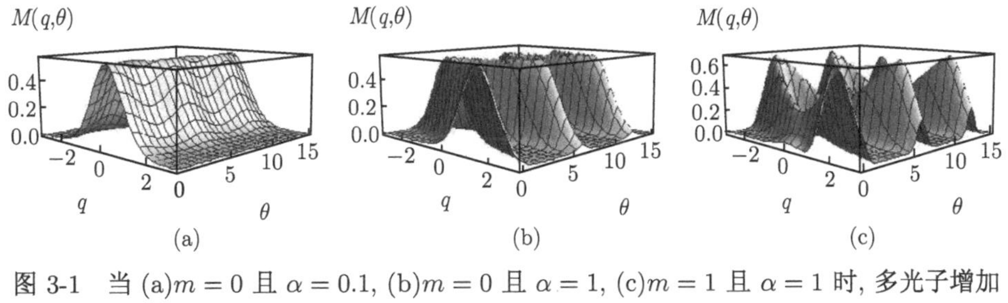

图 3-1 当 (a)$m=0$ 且 $\alpha=0.1$, (b)$m=0$ 且 $\alpha=1$, (c)$m=1$ 且 $\alpha=1$ 时, 多光子增加相干态的可测量层析图函数分布

3.3 多光子增加热态的层析图函数

3.3.1 多光子增加热态密度算符的反正规乘积

在量子理论中, 由相干态统计混合而形成的热态是最接近经典的光场混合态.

利用单模热光场的密度算符定义 (1-105), 则归一化的多光子增加热态密度算符为

$$\rho_m(\lambda)=Na^{\dagger m}\mathrm{e}^{\lambda a^\dagger a}a^m, \tag{3-29}$$

其中 $N=m!(\bar{n}+1)^m$ 是归一化常数, $\bar{n}$ 为单模热场的平均光子数 $(\mathrm{e}^\lambda-1)^{-1}$. 为了推导出态 $\rho_m(\lambda)$ 的光学层析图函数, 我们先给出 $\rho_m(\lambda)$ 的反正规乘积. 注意到 $\mathrm{e}^{\lambda a^\dagger a}$ 的正规乘积展开式 (1-20), 则算符 $a^{\dagger m}\mathrm{e}^{\lambda a^\dagger a}a^m$ 的正规乘积展开式为

$$a^{\dagger m}\mathrm{e}^{\lambda a^\dagger a}a^m=\ :a^{\dagger m}\exp[(\mathrm{e}^\lambda-1)a^\dagger a]a^m:. \tag{3-30}$$

将式 (3-30) 代入式 (1-35) 中的反正规排序公式, 并利用相干态内积 $\langle-\beta|\beta\rangle=\mathrm{e}^{-2|\beta|^2}$, 有

$$\begin{aligned}\rho=&\int\frac{\mathrm{d}^2\beta}{\pi}\langle-\beta|:a^{\dagger m}\exp[(\mathrm{e}^\lambda-1)a^\dagger a]a^m:|\beta\rangle\\&\times\vdots\exp\left[|\beta|^2+\beta^*a-\beta a^\dagger+a^\dagger a\right]\vdots\\=&(-1)^m\vdots\mathrm{e}^{a^\dagger a}\int\frac{\mathrm{d}^2\beta}{\pi}|\beta|^{2m}\exp\left(-\mathrm{e}^\lambda|\beta|^2+\beta^*a-\beta a^\dagger\right)\vdots.\end{aligned} \tag{3-31}$$

再利用数学积分公式

$$\begin{aligned}&\int\frac{\mathrm{d}^2z}{\pi}z^nz^{*m}\exp(h|z|^2+sz+\eta z^*)\\&=\mathrm{e}^{-\frac{s\eta}{h}}\sum_{l=0}^{\min(m,n)}\frac{m!n!s^{m-l}\eta^{n-l}}{l!(m-l)!(n-l)!(-h)^{m+n-l+1}}\end{aligned} \tag{3-32}$$

以及拉盖尔多项式的产生函数

$$L_n(x)=\sum_{k=0}^{n}\frac{n!}{k![(n-k)!]^2}(-x)^{n-k}, \tag{3-33}$$

可导出

$$a^{\dagger m}\mathrm{e}^{\lambda a^\dagger a}a^m=(-1)^m m!\mathrm{e}^{-(m+1)\lambda}\vdots\mathrm{e}^{(1-\mathrm{e}^{-\lambda})a^\dagger a}L_m(\mathrm{e}^{-\lambda}a^\dagger a)\vdots, \tag{3-34}$$

上式为未归一化多光子增加热态密度算符的反正规乘积, 一个新的算符恒等式.

3.3.2 由 P 表示导出多光子增加热态的层析图函数

考虑到反正规乘积算符 $\vdots f(a,a^\dagger)\vdots$ 在相干态表象中的 P 表示为[13]

$$\vdots f(a,a^\dagger)\vdots=\int\frac{\mathrm{d}^2\alpha}{\pi}f(\alpha,\alpha^*)|\alpha\rangle\langle\alpha|. \tag{3-35}$$

因此, 我们可将多光子增加热态的光学层析图函数写成

$$\begin{aligned}&M'(q,f,g)\\=&\ \mathrm{Tr}(|q,f,g\rangle\langle q,f,g|\rho_m(\lambda))\\=&N(-1)^m m!\mathrm{e}^{-(m+1)\lambda}\ \langle q,f,g|\vdots\mathrm{e}^{(1-\mathrm{e}^{-\lambda})a^\dagger a}L_m(\mathrm{e}^{-\lambda}a^\dagger a)\vdots|q,f,g\rangle\\=&N(-1)^m m!\mathrm{e}^{-(m+1)\lambda}\int\frac{\mathrm{d}^2\alpha}{\pi}\mathrm{e}^{(1-\mathrm{e}^{-\lambda})|\alpha|^2}L_m(\mathrm{e}^{-\lambda}|\alpha|^2)M_{|\alpha\rangle}(q,f,g).\end{aligned}\tag{3-36}$$

可见, 层析图函数 $M'(q,f,g)$ 和相干态的层析图函数 $M_{|\alpha\rangle}(q,f,g)$ 通过关于变量 α 的积分相联系. 可见, 一旦已知相干态的层析图函数 $M_{|\alpha\rangle}(q,f,g)$, 通过对变量 α 积分即可得到多光子增加热态的层析图函数. 这样, 利用积分公式 (1-99), 单变量埃尔米特多项式 $H_n(x)$ 的母函数公式

$$H_n(x)=\left.\frac{\partial^n}{\partial t^n}\mathrm{e}^{2xt-t^2}\right|_{t=0}\tag{3-37}$$

及其微分关系

$$\frac{\mathrm{d}^l}{\mathrm{d}x^l}H_n(x)=\frac{2^l n!}{(n-l)!}H_{n-l}(x),\tag{3-38}$$

得到多光子增加热态层析图函数的解析表达式为

$$\begin{aligned}M'(q,f,g)=&c^2N\sum_{n=0}^{m}\sum_{l=0}^{n}\frac{(-1)^{m+n}(m!)^2\mathrm{e}^{-(m+n+l+1)\lambda}}{l!(m-n)![(n-l)!]^2}|c_2|^{n-l}\\&\times\left(\frac{1}{\mathrm{e}^{-2\lambda}-4|c_2|^2}\right)^{n+1/2}\left|H_{n-l}\left(\frac{c_1\mathrm{e}^{-\lambda}-2c_1^*c_2}{2\sqrt{c_2(\mathrm{e}^{-2\lambda}-4|c_2|^2)}}\right)\right|^2\\&\times\exp\left(\frac{\mathrm{e}^{-\lambda}|c_1|^2-c_1^{*2}c_2-c_1^2c_2^*}{\mathrm{e}^{-2\lambda}-4|c_2|^2}\right).\end{aligned}\tag{3-39}$$

上式表明, $M'(q,f,g)$ 可以看作 $(n-l)$ 阶单模埃尔米特多项式模方的叠加形式. 比较式 (3-22) 和式 (3-39) 可看出, 多光子增加热态的层析图函数表达式要比多光子增加相干态的更为复杂. 这一结果是很容易理解的, 因为热态是相干态的统计混合状态. 特别地, 对于没有光子增加的情况, 即 $m=0$, 式 (3-39) 变为热态的层析图函数

$$M'_{m=0}(q,f,g)=\frac{c^2\mathrm{e}^{-\lambda}}{\sqrt{\mathrm{e}^{-2\lambda}-4|c_2|^2}}\exp\left(\frac{\mathrm{e}^{-\lambda}|c_1|^2-c_1^{*2}c_2-c_1^2c_2^*}{\mathrm{e}^{-2\lambda}-4|c_2|^2}\right).\tag{3-40}$$

当 $\lambda\to-\infty$ 时, $M'(q,f,g)$ 与式 (3-25) 的计算结果一致, 这是因为当 $\lambda\to-\infty$ 时光子增加热态退化为粒子数态. 同样地, 将 $f=\cos\theta$ 和 $g=\sin\theta$ 代入式 (3-39) 可

以得到用光子态零差测量技术能测量的层析图函数 $M'(q,\theta)$, 其显式表达式可通过对式 (3-39) 作如下代换

$$c \to \pi^{-1/4}\mathrm{e}^{-q^2/2}, \quad c_1 \to \sqrt{2}q\mathrm{e}^{\mathrm{i}\theta}, \quad c_2 \to \frac{\mathrm{e}^{\mathrm{i}2\theta}}{2} \tag{3-41}$$

得到. 因此, 与文献 [2] 中无限维求和表达式 (26) 或微分形式 (29) 不同, $M'(q,f,g)$ (或 $M'(q,\theta)$) 给出的多光子增加热态的层析图函数为有限 m 维求和的解析表达式.

在参数 m 和 λ 合理取值的情况下, 我们对多光子增加热态的可测量层析图函数 $M'(q,\theta)$ 进行数值研究 (图 3-2). 显然, 与层析图函数 $M(q,\theta)$ 类似, 较大的 m 取值能引起单一主峰的分裂, 但其双峰结构要比 $M(q,\theta)$ 的更为简单. 与 $M(q,\theta)$ 的 π 周期分布不同, 层析图分布 $M'(q,\theta)$ 始终没有展示出任何的周期性, 这是因为热态是相干态的统计混合态, 导致 $M'(q,\theta)$ 与角度 θ 无关. 此外, 随着 $|\lambda|$ 增大, 双峰的峰值强度明显减弱, 而谷进一步向下延伸. 在极限情况下 $(T \to 0)$, 多光子增加热态转化为多光子增加相干态, 因此层析图分布 $M'(q,\theta)$ 与 $M(q,\theta)$ 完全相同.

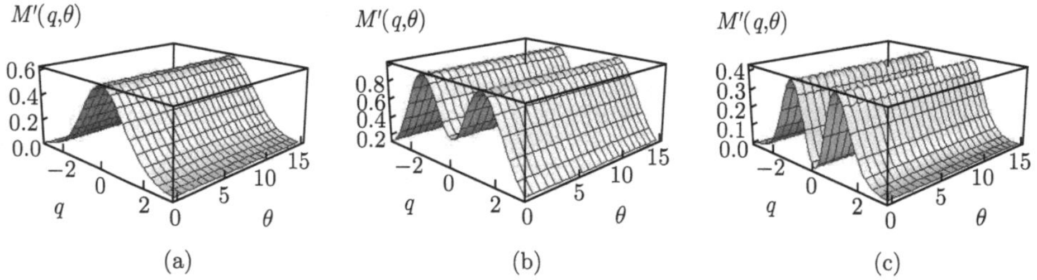

图 3-2　当 (a) $m=0$ 且 $\lambda=-1$, (b)$m=1$ 且 $\lambda=-1$, (c)$m=1$ 且 $\lambda=-10$ 时, 多光子增加热态的可测量层析图函数分布

3.4　多光子增加平移热态的层析图函数

相干态和热态在量子光学理论和实验中扮演着重要的角色. 作为介于相干态和热态之间的量子态, 平移热态首先是由 Jeong 和 Ralph 引入的, 并利用它的叠加态实现了非经典性质的转移[14]. 平移热态定义为受高斯噪声

$$\mathbb{P}(V,d;\alpha) = \frac{2}{\pi(V-1)}\mathrm{e}^{-\frac{2|\alpha-d|^2}{V-1}} \tag{3-42}$$

调制的振幅为 α 的相干态 $|\alpha\rangle$, 其具体的积分形式为

$$\rho(V,d) = \int \mathrm{d}^2\alpha \mathbb{P}(V,d;\alpha)\left|\alpha\right\rangle\left\langle\alpha\right|, \tag{3-43}$$

式中 d 是热场在相空间中的平移量, 且热噪声变量 V 与热场的温度 T 满足 $e^{\hbar\nu/k_B T} = (V+1)/(V-1)$, $\hbar$ 为普朗克常量, ν 为频率和 k_B 为玻尔兹曼常量. 利用真空态投影算符的正规乘积 (1-9) 和数学积分公式 (1-29) 来计算积分 (3-43), 可得到

$$\rho(V,d) = \frac{2}{V+1} : \exp\left[-\frac{2}{V+1}\left(|d|^2 - da^\dagger - d^*a + a^\dagger a\right)\right] : . \tag{3-44}$$

利用算符正规乘积排序规则以及式 (1-20), 把式 (3-44) 右边的符号 : : 去掉, 于是得到

$$\rho(V,d) = \frac{2}{V+1} e^{-\frac{2|d|^2}{V+1}} e^{\frac{2d}{V+1}a^\dagger} e^{a^\dagger a \ln\left(\frac{V-1}{V+1}\right)} e^{\frac{2d^*}{V+1}a}. \tag{3-45}$$

实际上, 态 $\rho(V,d)$ 为介于混合热态 $\rho(V,0) = \dfrac{2}{V+1} e^{a^\dagger a \ln\left(\frac{V-1}{V+1}\right)}$ 和纯相干态 $\rho(V \to 1, d) = |d\rangle\langle d|$ 之间的高斯态. 而当 $V \to 1$ 且 $d = 0$ 时, $\rho(V \to 1, 0)$ 退化为真空态 $|0\rangle\langle 0|$. 由于 $V \to 1$ 意味着 $T \to 0$, 说明 $\rho(V,d)$ 也可以看作是纯相干态向高温热混合的拓展状态. 理论上, 当把光子增加操作重复作用到平移热态时, 可得到多光子增加平移热态

$$\rho_m(V,d) = a^{\dagger m}\rho(V,d)a^m. \tag{3-46}$$

显然, $\rho_m(V \to 1, d)$ 为多光子增加相干态, 而 $\rho_m(V,0)$ 为多光子增加热态. 考虑到 $\rho(V,d)$ 的正规乘积表示 (3-44), 则多光子增加平移热态的正规乘积为

$$\rho_m(V,d) = \frac{2}{V+1} : a^{\dagger m} \exp\left[-\frac{2}{V+1}\left(|d|^2 - da^\dagger - d^*a + a^\dagger a\right)\right] a^m : . \tag{3-47}$$

根据式 (3-9), 光子增加平移热态的层析图函数为

$$M''(q,f,g) = c^2 \langle 0| e^{c_1^* a - c_2^* a^2} \rho_m(V,d) e^{c_1 a^\dagger - c_2 a^{\dagger 2}} |0\rangle, \tag{3-48}$$

注意到上式中 $\rho_m(V,d)$ 的左边为湮灭算符函数 $e^{c_1^* a - c_2^* a^2}$, 而右边为产生算符函数 $e^{c_1 a^\dagger - c_2 a^{\dagger 2}}$, 所以若引入 $\rho_m(V,d)$ 的反正规乘积可简化层析图函数 $M''(q,f,g)$ 的推导过程. 为计算反正规乘积, 将 (3-47) 代入积分公式 (1-35) 并利用相干态内积 $\langle -\beta | \beta\rangle = e^{-2|\beta|^2}$, 得到

$$\begin{aligned}
\rho_m(V,d) &= \int \frac{d^2\beta}{\pi} \langle -\beta| \rho_m(V,d) |\beta\rangle \,\vdots \exp\left(|\beta|^2 + \beta^* a - \beta a^\dagger + a^\dagger a\right) \vdots \\
&= \int \frac{d^2\beta}{\pi} \langle -\beta| : a^{\dagger m}\rho(V,d)a^m : |\beta\rangle \,\vdots \exp\left(|\beta|^2 + \beta^* a - \beta a^\dagger + a^\dagger a\right) \vdots \\
&= \frac{2(-1)^m}{V+1} e^{-\frac{2|d|^2}{V+1}} \vdots e^{a^\dagger a} \int \frac{d^2\beta}{\pi} |\beta|^{2m} \\
&\quad \times \exp\left[-\frac{V-1}{V+1}|\beta|^2 + \left(\frac{2d^*}{V+1} - a^\dagger\right)\beta - \left(\frac{2d}{V+1} - a\right)\beta^*\right] \vdots .
\end{aligned} \tag{3-49}$$

进一步, 利用式 (3-32) 以及双变量埃尔米特多项式 $H_{m,n}(x,y)$ 的产生函数[15]

$$H_{m,n}(x,y)=\sum_{l=0}^{\min(m,n)}\frac{(-1)^l m!n!}{l!(m-l)!(n-l)!}x^{m-l}y^{n-l}, \tag{3-50}$$

可得到

$$\rho_m(V,d)=\frac{2(V+1)^m \mathrm{e}^{-\frac{2|d|^2}{V-1}}}{(V-1)^{m+1}}\vdots \mathrm{e}^{\frac{2}{V-1}(da^\dagger+d^*a-a^\dagger a)}H_{m,m}\left(O,O^\dagger\right)\vdots, \tag{3-51}$$

式中

$$O=\sqrt{\frac{V+1}{V-1}}\left(\frac{2d}{V+1}-a\right). \tag{3-52}$$

随之, 将相干态 $|\alpha\rangle$ 的完备性关系以及算符恒等式 (3-51) 代入式 (3-48) , 得到如下结果:

$$\begin{aligned}M''(q,f,g)=&\frac{2(V+1)^m c^2}{(V-1)^{m+1}}\mathrm{e}^{-\frac{2|d|^2}{V-1}}\int\frac{\mathrm{d}^2\alpha}{\pi}\exp\left[-\frac{V+1}{V-1}|\alpha|^2\right.\\&+\left(\frac{2d^*}{V-1}+c_1^*\right)\alpha+\left(\frac{2d}{V-1}+c_1\right)\alpha^*\\&\left.-c_2^*\alpha^2-c_2\alpha^{*2}\right]H_{m,m}\left(\mathcal{O},\mathcal{O}^*\right),\end{aligned} \tag{3-53}$$

其中

$$\mathcal{O}=\sqrt{\frac{V+1}{V-1}}\left(\frac{2d}{V+1}-\alpha\right). \tag{3-54}$$

进一步, 利用埃尔米特多项式 $H_{m,n}(x,y)$ 的产生函数 (2-54) 和积分公式 (1-99), 类似于式 (3-39) 的推导过程, 最终得到光学层析图函数 $M''(q,f,g)$ 的解析表达式, 即

$$\begin{aligned}M''(q,f,g)=&c^2\sum_{l=0}^{m}\frac{2^{2l+1}(m!)^2(V+1)^{2m-l}}{l![(m-l)!]^2(V-1)^{2m-l+1}}\frac{|c_2|^{m+l}}{c_5^{m+1/2}}\\&\times\left|H_{m-l}\left(\frac{c_6}{2}\sqrt{\frac{c_5(V-1)}{c_2(V+1)}}\right)\right|^2\exp\left[\frac{4(V+1)-2c_5(V-1)^2}{c_5(V-1)^3}|d|^2\right.\\&+\frac{(V+1)|c_1|^2-4(c_1^*c_2d^*+c_1c_2^*d)}{c_5(V-1)}-\frac{c_1^2c_2^*+c_1^{*2}c_2}{c_5}\\&\left.+\frac{2(V+1)(c_1d^*+c_1^*d)-4(c_2d^{*2}+c_2^*d^2)}{c_5(V-1)^2}\right],\end{aligned} \tag{3-55}$$

其中

$$c_5 = \left(\frac{V+1}{V-1}\right)^2 - 4|c_2|^2,$$

$$c_6 = \frac{[2c_5(V-1)^2 - 2(V+1)^2]d}{c_5(V-1)^2\sqrt{V^2-1}} + \frac{4(V+1)c_2 d^* - (V+1)^2 c_1 + 2(V^2-1)c_1^* c_2}{c_5(V-1)\sqrt{V^2-1}}. \tag{3-56}$$

显然, 由于 $|H_{m-l}(\cdot)|^2$ 的存在, 式 (3-55) 中的层析图函数 $M''(q,f,g)$ 呈现明显的正定性. 特别地, 当 $m=0$ 时, $M''(q,f,g)$ 简化为平移热态 $\rho(V,d)$ 的层析图函数, 即

$$M''_{m=0}(q,f,g) = \frac{2c^2}{(V-1)\sqrt{c_5}} \exp\left[\frac{(V+1)|c_1|^2 - 4(c_1^* c_2 d^* + c_1 c_2^* d)}{c_5(V-1)} + \frac{4(V+1) - 2c_5(V-1)^2}{c_5(V-1)^3}|d|^2 - \frac{c_1^2 c_2^* + c_1^{*2} c_2}{c_5} + \frac{2(V+1)(c_1 d^* + c_1^* d) - 4(c_2 d^{*2} + c_2^* d^2)}{c_5(V-1)^2}\right]. \tag{3-57}$$

当 $d=0$ 时, $M''(q,f,g)$ 变成多光子增加热态 $\frac{2}{V+1}a^{\dagger m}\mathrm{e}^{a^\dagger a \ln(V-1)/(V+1)}a^m$ 的层析图函数 $M''_{d=0}(q,f,g)$; 当 $V\to 1$ 时, $M''_{V\to 1}(q,f,g)$ 为多光子增加相干态 $a^{\dagger m}|d\rangle$ 的层析图函数. 此外, 当 $f=\cos\theta$ 且 $g=\sin\theta$ 时,

$$c_5 = \frac{4V}{(V-1)^2},$$

$$c_6 = \frac{\sqrt{V^2-1}[\mathrm{e}^{\mathrm{i}\theta}(V+1)(\mathrm{e}^{\mathrm{i}\theta}d^* - \sqrt{2}q) - (V-1)d]}{2V(V+1)}. \tag{3-58}$$

这样, 利用式 (3-41) 和 (3-58) 可将层析图函数 $M''(q,f,g)$ 改写为 $M''(q,\theta)$, 即为多光子增加平移热态的可测量层析图函数.

图 3-3 画出了多光子增加平移热态的可测量层析图函数分布 $M''(q,\theta)$ 随 (q,θ) 的变化. 如图所示, 对于参数 V 和 d 的任何取值, 层析图函数 $M''(q,\theta)$ 总是具有与 $M(q,\theta)$ 完全相同的周期性特征. 另一方面, 将图 3-1(c)、图 3-2(c) 与图 3-3(c) 进行对比, 可以清楚看到当 $m=1$ 时, 层析图函数 $M''(q,\theta)$ 与 $M(q,\theta)$ 和 $M'(q,\theta)$ 具有一些共同的分布特征, 这再次验证了多光子增加平移热态恰好为介于多光子增加相干态和多光子增加热态之间的量子态. 也正是因为此结论, 导致较大的光子增加数 m 不会对层析图函数 $M''(q,\theta)$ 的多峰峰值产生较大的影响.

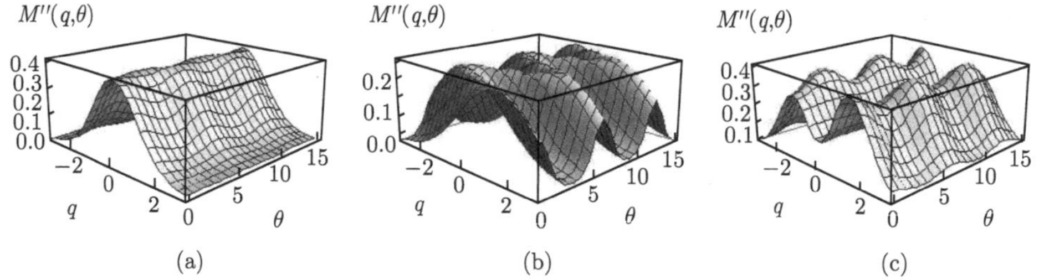

图 3-3　当 (a)$m=0$, $V=2$ 且 $d=1$; (b)$m=0$, $V=5$ 且 $d=1$; (c)$m=1$, $V=2$ 且 $d=0.1$ 时, 多光子增加平移热态的可测量层析图函数分布

3.5　层析图函数的纠缠态表象理论

为了建立双模量子态层析图函数的纠缠态表象理论, 在已有的纠缠态 $|\eta\rangle$ 的基础上引入一个带有参数的纠缠态, 即广义纠缠态 $|\eta,\lambda_1,\lambda_2\rangle$, 其中 $\kappa_j=|\kappa_j|\,\mathrm{e}^{\mathrm{i}\theta_j}=\mu_j+\mathrm{i}\upsilon_j, j=1,2$ 为两个附加的复参数. 在双模福克空间中, 纠缠态 $|\eta,\kappa_1,\kappa_2\rangle$ 的具体表达式为[16]

$$|\eta,\kappa_1,\kappa_2\rangle=A\exp\left(B+Ca^\dagger+Db^\dagger+Ea^\dagger b^\dagger-Fa^{\dagger 2}-Fb^{\dagger 2}\right)|00\rangle\,, \tag{3-59}$$

式中

$$\begin{aligned}
A&=\frac{1}{\sqrt{|\kappa_1\kappa_2|}}, \qquad B=-\frac{\eta_1^2}{2|\kappa_1|^2}-\frac{\eta_2^2}{2|\kappa_2|^2},\\
C&=\frac{\eta_1}{\kappa_1^*}+\frac{\eta_2}{\kappa_2^*}, \qquad D=-\frac{\eta_1}{\kappa_1^*}+\frac{\eta_2}{\kappa_2^*},\\
E&=\frac{1}{2}(\mathrm{e}^{\mathrm{i}2\theta_1}-\mathrm{e}^{\mathrm{i}2\theta_2}), \qquad F=\frac{1}{4}(\mathrm{e}^{\mathrm{i}2\theta_1}+\mathrm{e}^{\mathrm{i}2\theta_2}).
\end{aligned} \tag{3-60}$$

可以证明, 它是组合算符 $\mu_1(Q_a-Q_b)+\upsilon_1(P_a-P_b)$ 和 $\mu_2(Q_a+Q_b)+\upsilon_2(P_a+P_b)$ 的共同本征态. 而且, 态 $|\eta,\kappa_1,\kappa_2\rangle$ 满足如下正交完备性关系:

$$\begin{aligned}
&\int\frac{\mathrm{d}^2\eta}{\pi}\,|\eta,\kappa_1,\kappa_2\rangle\,\langle\eta,\kappa_1,\kappa_2|=1,\\
&\langle\eta,\kappa_1,\kappa_2\,|\eta',\kappa_1,\kappa_2\rangle=\pi\delta^{(2)}(\eta-\eta').
\end{aligned} \tag{3-61}$$

同样, 利用式 (2-35) 和 (3-59), 可以导出式 (2-34) 中纠缠维格纳算符 $\Delta(\sigma,\gamma)$ 满足的拉登变换. 根据外尔对应规则, 密度算符 $|\eta,\kappa_1,\kappa_2\rangle\langle\eta,\kappa_1,\kappa_2|$ 可用它的经典外尔对应函数 $h(\sigma,\gamma,\eta,\kappa_1,\kappa_2)$ 与双模维格纳算符 $\Delta(\sigma,\gamma)$ 的积分来表示, 即

$$|\eta,\kappa_1,\kappa_2\rangle\,\langle\eta,\kappa_1,\kappa_2|=\iint\mathrm{d}^2\rho\mathrm{d}^2\gamma h(\sigma,\gamma,\eta,\kappa_1,\kappa_2)\Delta(\sigma,\gamma). \tag{3-62}$$

这样, 利用式 (2-34) 以及经典外尔对应 (2-35), 可得到

$$\begin{aligned}h(\sigma,\gamma,\eta,\kappa_1,\kappa_2) &= 4\pi^2\mathrm{Tr}(|\eta,\kappa_1,\kappa_2\rangle\langle\eta,\kappa_1,\kappa_2|\,\Delta(\sigma,\gamma)) \\ &= 4\int\frac{\mathrm{d}^2\xi}{\pi}\langle\gamma-\xi|\,\eta,\kappa_1,\kappa_2\rangle\langle\eta,\kappa_1,\kappa_2\,|\gamma+\xi\rangle\,\mathrm{e}^{\xi^*\sigma-\xi\sigma^*}. \quad (3\text{-}63)\end{aligned}$$

进一步把双模相干态的完备性关系[17, 18]

$$\int\frac{\mathrm{d}^2\alpha\mathrm{d}^2\beta}{\pi^2}|\alpha\beta\rangle\langle\alpha\beta| = 1 \quad (3\text{-}64)$$

插入内积 $\langle\xi|\,\eta,\kappa_1,\kappa_2\rangle$, 并利用式 (2-25) 和 (3-59) 以及数学积分公式 (1-29), 可有

$$\begin{aligned}\langle\xi|\,\eta,\kappa_1,\kappa_2\rangle &= \frac{1}{\sqrt{D\,|\kappa_1\kappa_2|}}\exp\left\{\frac{\mathrm{i}}{2}\left[\frac{\mu_1}{\upsilon_1}\left(\xi_2^2-2\xi_2\frac{\eta_1}{\mu_1}+\frac{\eta_1^2}{|\kappa_1|^2}\right)\right.\right. \\ &\quad \left.\left.-\frac{\mu_2}{\upsilon_2}\left(\xi_1^2-2\xi_1\frac{\eta_2}{\mu_2}+\frac{\eta_2^2}{|\kappa_2|^2}\right)\right]\right\}, \quad (3\text{-}65)\end{aligned}$$

其中 $D=(1+\mathrm{e}^{\mathrm{i}2\theta_1})(1-\mathrm{e}^{\mathrm{i}2\theta_2})$. 然后, 将式 (3-65) 代入式 (3-63), 得到经典外尔对应函数

$$\begin{aligned}h(\sigma,\gamma,\eta,\kappa_1,\kappa_2) &= \frac{4}{D\,|\kappa_1\kappa_2|}\int\frac{\mathrm{d}^2\xi}{\pi}\exp\left\{\mathrm{i}2\left[\xi_1\left(\gamma_1\frac{\mu_2}{\upsilon_2}-\frac{\eta_2}{\upsilon_2}+\sigma_2\right)\right.\right. \\ &\quad \left.\left.-\xi_2\left(\gamma_2\frac{\mu_1}{\upsilon_1}-\frac{\eta_1}{\upsilon_1}-\sigma_1\right)\right]\right\} \\ &= \pi\delta(\eta_1-\mu_1\sigma_1-\upsilon_1\gamma_2)\delta(\eta_2-\mu_2\gamma_2-\upsilon_1\sigma_2). \quad (3\text{-}66)\end{aligned}$$

这样, 将式 (3-66) 代入式 (3-62), 可建立密度算符 $|\eta,\kappa_1,\kappa_2\rangle\langle\eta,\kappa_1,\kappa_2|$ 及其经典外尔函数之间满足的关系式

$$\begin{aligned}|\eta,\kappa_1,\kappa_2\rangle\langle\eta,\kappa_1,\kappa_2| &= \pi\iint\mathrm{d}^2\sigma\mathrm{d}^2\gamma\delta\left(\eta_1-\mu_1\gamma_1-\nu_1\sigma_2\right) \\ &\quad\times\delta\left(\eta_2-\nu_2\gamma_2-\mu_2\sigma_1\right)\Delta\left(\sigma,\gamma\right). \quad (3\text{-}67)\end{aligned}$$

上式为双模纠缠维格纳算符 $\Delta(\sigma,\gamma)$ 的拉登变换. 由式 (3-67) 可见, 双模维格纳算符 $\Delta(\sigma,\gamma)$ 的拉登变换恰好为纠缠态密度矩阵 $|\eta,\kappa_1,\kappa_2\rangle\langle\eta,\kappa_1,\kappa_2|$. 这样, 任何双模量子态 $|\phi\rangle$ 的层析图函数可被看作是此量子态的波函数在纠缠态 $|\eta,\kappa_1,\kappa_2\rangle$ 表象中的模方形式, 即

$$\pi\iint\mathrm{d}^2\sigma\mathrm{d}^2\gamma\delta\left(\eta_1-\mu_1\gamma_1-\nu_1\sigma_2\right)\delta\left(\eta_2-\nu_2\gamma_2-\mu_2\sigma_1\right)W(\sigma,\gamma) = |\langle\eta,\kappa_1,\kappa_2|\,\phi\rangle|^2. \quad (3\text{-}68)$$

这就是计算双模量子态层析图函数的纠缠态 $|\eta,\kappa_1,\kappa_2\rangle$ 表象理论, 也是 3.1 节中单模量子态的光学层析图函数中介表象理论的拓展理论.

3.6　有限维对相干态的层析图函数

在 2.2.2 小节, 通过利用 SU(2) 李代数的施温格玻色实现, 引入了一类新的有限维对相干态 $|\xi, q\rangle$, 它在双模福克空间中拥有如下具体表达式

$$|\xi, q\rangle = (1+|\varsigma|^2)^{-q/2} \sum_{n=0}^{q} \begin{pmatrix} q \\ n \end{pmatrix}^{1/2} \varsigma^n |q-n, n\rangle , \tag{3-69}$$

式中$\varsigma = \mathrm{e}^{-\mathrm{i}\psi} \tan \frac{\theta}{2}$, $\xi = \frac{\theta}{2} \mathrm{e}^{-\mathrm{i}\psi}$. 由于此态在形式上完全不同于已有的对相干态 [19−21], 故为一种新的有限维对相干态. 此外, 利用有序算符内的积分法还可证明, 新的有限维对相干态满足完备性关系 (2-51) 和归一非正交关系 (2-52). 因此, 由式 (3-68) 和式 (3-69) 可把态 $|\xi, q\rangle$ 的层析图函数表示为

$$T(\eta, \kappa_1, \kappa_2) = |\langle \eta, \kappa_1, \kappa_2 |\xi, q\rangle|^2 , \tag{3-70}$$

其中, 态 $|\xi, q\rangle$ 的层析图函数的振幅为

$$\langle \xi, q|\, \eta, \kappa_1, \kappa_2\rangle = (1+|\varsigma|^2)^{-q/2} \sum_{n=0}^{q} \frac{\sqrt{q!}\varsigma^{*n}}{n!(q-n)!} \langle 00|\, a^{q-n} b^n \,|\eta, \kappa_1, \kappa_2\rangle . \tag{3-71}$$

为了推导出振幅 $\langle \xi, q|\, \eta, \kappa_1, \kappa_2\rangle$, 先计算内积

$$\begin{aligned}
&\langle 00|\, a^{q-n} b^n \,|\eta, \kappa_1, \kappa_2\rangle \\
&= A \langle 00|\, a^{q-n} b^n \int \frac{\mathrm{d}^2 z_1 \mathrm{d}^2 z_2}{\pi^2} |z_1 z_2\rangle \langle z_1 z_2| \\
&\quad \exp\left(B + C a^\dagger + D b^\dagger + E a^\dagger b^\dagger - F a^{\dagger 2} - F b^{\dagger 2}\right) |00\rangle \\
&= A \int \frac{\mathrm{d}^2 z_1 \mathrm{d}^2 z_2}{\pi^2} {z_1}^{q-n} {z_2}^n \exp\Big(-|z_1|^2 - |z_2|^2 + B \\
&\quad + C z_1^* + D z_2^* + E z_1^* z_2^* - F z_1^{*2} - F z_2^{*2} \Big) \\
&= A \frac{\partial^q}{\partial \lambda^{q-n} \partial \mu^n} \int \frac{\mathrm{d}^2 z_1 \mathrm{d}^2 z_2}{\pi^2} \exp(-|z_1|^2 - |z_2|^2 + B \\
&\quad + \lambda z_1 + \mu z_2 + C z_1^* + D z_2^* + E z_1^* z_2^* - F z_1^{*2} - F z_2^{*2})\big|_{\lambda=\mu=0} .
\end{aligned} \tag{3-72}$$

利用积分公式 (1-99), 则式 (3-72) 的右边能被写为

$$\begin{aligned}
&\text{式 (3-72) 的右边} \\
&= A \frac{\partial^q}{\partial \lambda^{q-n} \partial \mu^n} \exp[-F\lambda^2 + (C + \mu E)\lambda - F\mu^2 + D\mu + B]\big|_{\lambda=\mu=0}
\end{aligned}$$

$$
\begin{aligned}
&= Ae^B F^{\frac{q-n}{2}} \frac{\partial^n}{\partial \mu^n} H_{q-n}\left(\frac{C+\mu E}{2\sqrt{F}}\right) \exp(-F\mu^2 + D\mu)\Big|_{\mu=0} \\
&= Ae^B F^{\frac{q-n}{2}} \sum_{l=0}^{n} \begin{pmatrix} n \\ l \end{pmatrix} \left[\frac{\partial^l}{\partial \mu^l} H_{q-n}\left(\frac{C+\mu E}{2\sqrt{F}}\right)\right] \\
&\quad \times \left[\frac{\partial^{n-l}}{\partial \mu^{n-l}} \exp(-F\mu^2 + D\mu)\right]\Big|_{\mu=0} \\
&= Ae^B \sum_{l=0}^{n} \begin{pmatrix} n \\ l \end{pmatrix} \begin{pmatrix} q-n \\ l \end{pmatrix} l! E^l F^{\frac{q-2l}{2}} H_{q-n-l}\left(\frac{C}{2\sqrt{F}}\right) H_{n-l}\left(\frac{D}{2\sqrt{F}}\right), \quad (3\text{-}73)
\end{aligned}
$$

式中利用了单变量埃尔米特多项式 $H_n(x)$ 的产生函数式 (3-37) 和微分关系式 (3-38). 这样, 态 $|\xi, q\rangle$ 的层析图函数的振幅为

$$
\begin{aligned}
\langle \xi, q | \eta, \kappa_1, \kappa_2 \rangle = & \frac{Ae^B \sqrt{q!}}{\sqrt{(1+|\varsigma|^2)^q}} \sum_{n=0}^{q} \sum_{l=0}^{n} \frac{\varsigma^{*n} l! E^l F^{(q-2l)/2}}{l!(n-l)!(q-n-l)!} \\
& \times H_{q-n-l}\left(\frac{C}{2\sqrt{F}}\right) H_{n-l}\left(\frac{D}{2\sqrt{F}}\right). \quad (3\text{-}74)
\end{aligned}
$$

进一步, 利用式 (3-70) 和 (3-74), 就能得到态 $|\xi, q\rangle$ 的层析图函数 $T(\eta, \kappa_1, \kappa_2)$. 因此, 在实验上, 只要测得纠缠态 $|\eta, \kappa_1, \kappa_2\rangle$ 表象中态 $|\xi, q\rangle$ 的波函数的模方形式, 即可实现态 $|\xi, q\rangle$ 的间接测量.

参考文献

[1] Ibort A, Man'ko V I, Marmo G, Simoni A, Ventriglia F. An introduction to the tomographic picture of quantum mechanics[J]. Physica Scripta, 2009, 79(6): 065013.

[2] Korennoy Ya A, Man'ko V I. Optical tomography of photon-added coherent states, even and odd coherent states, and thermal states[J]. Physical Review A, 2011, 83(5): 053817.

[3] Vogel K, Risken H. Determination of quasiprobability distributions in terms of probability distributions for the rotated quadrature phase[J]. Physical Review A, 1989, 40(5): 2847-2849.

[4] Smithey D T, Beck M, Raymer M G, Faridani A. Measurement of the Wigner distribution and the density matrix of a light mode using optical homodyne tomography: Application to squeezed states and the vacuum[J]. Physical Review Letters, 1993, 70(9): 1244-1247.

[5] Meng X G, Wang J S, Liang B L. A new finite-dimensional pair coherent state studied by virtue of the entangled state representation and its statistical behavior[J]. Optics Communications, 2010, 283(20): 4025-4031.

[6] 范洪义. 从量子力学到量子光学 —— 数理进展 [M]. 上海: 上海交通大学出版社, 2005.

[7] Fan H Y, Zaidi H R. Application of IWOP technique to the generalized Weyl correspondence[J]. Physics Letters A, 1987, 124(6-7): 303-307.

[8] Fan H Y, Cheng H L. Two-parameter Radon transformation of the Wigner operator and its inverse[J]. Chinese Physics Letters, 2001, 18(7): 850-853.

[9] Zavatta A, Viciani S, Bellini M. Quantum-to-classical transition with single-photon-added coherent states of light[J]. Science, 2004, 306(5696): 660-662.

[10] Zavatta A, Parigi V, Bellini M. Experimental nonclassicality of single-photon-added thermal light states[J]. Physical Review A, 2007, 75(5): 052106.

[11] Agarwal G S, Tara K. Nonclassical properties of states generated by the excitations on a coherent state[J]. Physical Review A, 1991, 43(1): 492-497.

[12] Kiesel T, Vogel W, Bellini M, Zavatta A. Nonclassicality quasiprobability of single-photon-added thermal states[J]. Physical Review A, 2001, 83(3): 032116.

[13] Glauber R J. The quantum theory of optical coherence[J]. Physical Review, 1963, 130(6): 2529-2539.

[14] Jeong H, Ralph T C. Transfer of nonclassical properties from a microscopic superposition to macroscopic thermal states in the high temperature limit[J]. Physical Review Letters, 2006, 97(10): 100401.

[15] Meng X G, Wang Z, Fan H Y, Wang J S, Yang Z S. Nonclassical properties of photon-added two-mode squeezed thermal states and their decoherence in the thermal channel[J]. Journal of the Optical Society of America B, 2012, 29(7): 1844-1853.

[16] Fan H Y, Yu G C. Radon transformation of the Wigner operator for two-mode correlated system in generalized entangled state representation[J]. Modern Physics Letters A, 2000, 15(7): 499-507.

[17] 范洪义. 量子力学纠缠态表象及应用 [M]. 上海: 上海交通大学出版社, 2001.

[18] Fan H Y, Klauder J R. Eigenvectors of two particles' relative position and total momentum[J]. Physical Review A, 1994, 49(2): 704-707.

[19] Agarwal G S. Generation of pair coherent states and squeezing via the competition of four-wave mixing and amplified spontaneous emission[J]. Physical Review Letters, 1986, 57(7): 827-830.

[20] Agarwal G S. Nonclassical statistics of fields in pair coherent states[J]. Journal of the Optical Society of America B, 1988, 5(9): 1940-1947.

[21] Meng X G, Wang J S, Fan H Y. Wigner function and tomogram of the pair coherent state[J]. Physics Letters A, 2007, 363(1-2): 12-18.

第 4 章　双模福克空间中新的双粒子纠缠态及其应用

在量子光学中, 为了清晰描述量子光场特有的非经典性质, 人们通常引入一些具有不同特点的量子态. 目前, 除了常用的粒子数态、相干态、热态以及压缩态外, 是否在物理上还存在其他有用的量子态? 尤其是, 自从发现量子纠缠在量子信息中有着广泛应用后, 自然地就会想到是否存在具有确切波函数的纠缠态? 历史上, EPR 根据两粒子的相对坐标 $Q_a - Q_b$ 和总动量 $P_a + P_b$ 是对易的, 提出了量子纠缠的概念[1]. 而范洪义等在双模福克空间中构造出了两粒子相对坐标 $Q_a - Q_b$ 和总动量 $P_a + P_b$ 的共同本征态 $|\eta\rangle$, 其具体形式见 2.1 节中的式 (2-2). 它是描述两粒子处于纠缠状态的两体波函数, 且正交归一波函数的完备集合能组成一个纠缠态表象[2]. 纠缠态 $|\eta\rangle$ 表象是体现 EPR 纠缠思想的一个自然表象, 它在量子力学和量子信息中都起着重要的作用. 例如, 纠缠态 $|\eta\rangle$ 是联系经典光学变换和量子光学幺正算符的重要"桥梁".

本章着眼于有序算符内积分法, 在双模福克空间中构建几类新的双粒子纠缠态, 包括兼有纠缠和相干特征的相干纠缠态[3]、描述参量下转换过程的纠缠态[4] 以及参量化纠缠态[5], 并详细讨论这些纠缠态的性质、产生方案以及在新的压缩算符和压缩态、维格纳算符的纠缠态表示、纠缠菲涅耳变换、经典圆谐相关器的量子对应和双模相关态的层析图函数理论等方面的应用.

4.1　相干纠缠态

4.1.1　理论构造

对于两粒子关联系统, 考虑到算符的相互对易关系 $[\mu Q_a+\nu P_b, \nu a+\mathrm{i}\mu b]=0$, 则在双模福克空间中能找到它们的共同本征态. 为此, 构造如下具有正规乘积形式的高斯型算符:

$$O(\alpha,x) \equiv :\ \exp\left\{-\left(x-\frac{\mu Q_a+\nu P_b}{\lambda}\right)^2 -\frac{1}{2}\left[\alpha^*-\frac{\sqrt{2}}{\lambda}(\nu a^\dagger-\mathrm{i}\mu b^\dagger)\right]\left[\alpha-\frac{\sqrt{2}}{\lambda}(\nu a+\mathrm{i}\mu b)\right]\right\}:, \tag{4-1}$$

式中 λ,μ 和 ν 均为实参数. 利用正规乘积算符内积分法[6, 7], 可得到两个边缘分布:

$$\int \frac{\mathrm{d}^2\alpha}{2\pi} O(\alpha, x) =: \exp\left[-\left(x - \frac{\mu Q_a + \nu P_b}{\lambda}\right)^2\right]: \tag{4-2}$$

和

$$\begin{aligned}&\int_{-\infty}^{\infty} \frac{\mathrm{d}x}{\sqrt{\pi}} O(\alpha, x)\\ =&: \exp\left\{-\frac{1}{2}\left[\alpha^* - \frac{\sqrt{2}}{\lambda}(\nu a^\dagger - \mathrm{i}\mu b^\dagger)\right]\left[\alpha - \frac{\sqrt{2}}{\lambda}(\nu a + \mathrm{i}\mu b)\right]\right\}: .\end{aligned} \tag{4-3}$$

这样, 我们发现

$$\begin{aligned}&\int_{-\infty}^{\infty} \frac{\mathrm{d}x}{\sqrt{\pi}} \int \frac{\mathrm{d}^2\alpha}{2\pi} O(\alpha, x)\\ =&\int_{-\infty}^{\infty} \frac{\mathrm{d}x}{\sqrt{\pi}} : \exp\left[-\left(x - \frac{\mu Q_a + \nu P_b}{\lambda}\right)^2\right] : = 1.\end{aligned} \tag{4-4}$$

进一步, 利用双模真空态投影算符的正规乘积表示 (2-7), 并取 $\lambda = \sqrt{\mu^2 + \nu^2}$, 能把 $O(\alpha, x)$ 分解为某个量子态投影算符的形式, 即

$$O(\alpha, x) = |\alpha, x\rangle \langle \alpha, x| . \tag{4-5}$$

根据式 (4-1) 和 (4-5), 态 $|\alpha, x\rangle$ 被定义为

$$\begin{aligned}|\alpha, x\rangle = \exp\Bigg[&-\frac{|\alpha|^2}{4} - \frac{x^2}{2} + \frac{1}{\sqrt{2}\lambda}(2\mu x + \nu\alpha)a^\dagger\\ &+ \frac{\mathrm{i}}{\sqrt{2}\lambda}(2\nu x - \mu\alpha)b^\dagger - \frac{1}{2\lambda^2}(\mu a^\dagger + \mathrm{i}\nu b^\dagger)^2\Bigg]|00\rangle .\end{aligned} \tag{4-6}$$

这样

$$\int \frac{\mathrm{d}^2\alpha}{2\pi} \int_{-\infty}^{\infty} \frac{\mathrm{d}x}{\sqrt{\pi}} |\alpha, x\rangle \langle \alpha, x| = 1, \tag{4-7}$$

说明态 $|\alpha, x\rangle$ 的完备集合能组成一个量子力学表象.

利用玻色对易关系 $[j, f(a^\dagger, b^\dagger)] = \frac{\partial}{\partial j^\dagger} f(a^\dagger, b^\dagger)$ $(j = a, b)$, 可得

$$a|\alpha, x\rangle = \left[\frac{1}{\sqrt{2}\lambda}(2\mu x + \nu\alpha) - \frac{\mu}{\lambda^2}(\mu a^\dagger + \mathrm{i}\nu b^\dagger)\right]|\alpha, x\rangle , \tag{4-8}$$

$$b|\alpha, x\rangle = \left[\frac{\mathrm{i}}{\sqrt{2}\lambda}(2\nu x - \mu\alpha) - \frac{\mathrm{i}\nu}{\lambda^2}(\mu a^\dagger + \mathrm{i}\nu b^\dagger)\right]|\alpha, x\rangle . \tag{4-9}$$

结合式 (4-8) 和 (4-9), 得到本征方程

$$
\begin{aligned}
(\mu Q_a + \nu P_b)\left|\alpha, x\right\rangle &= \lambda x \left|\alpha, x\right\rangle, \\
(\nu a + \mathrm{i}\mu b)\left|\alpha, x\right\rangle &= \frac{\lambda\alpha}{\sqrt{2}}\left|\alpha, x\right\rangle.
\end{aligned}
\tag{4-10}
$$

上式表明, 态 $|\alpha, x\rangle$ 不仅拥有相干态的部分特征[8], 还具有纠缠态的部分特征[9], 但是在结构上又与已有的相干态和纠缠态完全不同. 因此, 态 $|\alpha, x\rangle$ 被称为双粒子相干纠缠态. 特殊地, 当 $\mu=\nu$ 时, 态 $|\alpha, x\rangle$ 退化成一个新的相干纠缠态

$$
\begin{aligned}
\left|\alpha, x\right\rangle_{\mu=\nu} = \exp\bigg[&-\frac{|\alpha|^2}{4} - \frac{x^2}{2} + \frac{1}{2}(2x+\alpha)a^\dagger \\
&+ \frac{\mathrm{i}}{2}(2x-\alpha)b^\dagger - \frac{1}{4}(a^\dagger + \mathrm{i}b^\dagger)^2 \bigg] |00\rangle.
\end{aligned}
\tag{4-11}
$$

证明可知, 态 $|\alpha, x\rangle_{\mu=\nu}$ 遵循完备性关系

$$
\int \frac{\mathrm{d}^2\alpha}{2\pi} \int_{-\infty}^{\infty} \frac{\mathrm{d}x}{\sqrt{\pi}} \left|\alpha, x\right\rangle_{\mu=\nu\ \mu=\nu}\left\langle \alpha, x\right| = 1 \tag{4-12}
$$

和本征方程

$$
\begin{aligned}
(Q_a + P_b)\left|\alpha, x\right\rangle_{\mu=\nu} &= \sqrt{2}x\left|\alpha, x\right\rangle_{\mu=\nu}, \\
(a + \mathrm{i}b)\left|\alpha, x\right\rangle_{\mu=\nu} &= \alpha\left|\alpha, x\right\rangle_{\mu=\nu}.
\end{aligned}
\tag{4-13}
$$

4.1.2 态 $|\alpha, x\rangle$ 的特性

下面讨论态 $|\alpha, x\rangle$ 的相互正交特性. 对式 (4-6) 中态 $|\alpha, x\rangle$ 执行微分 $\partial/\partial\alpha$, 可见

$$
\sqrt{2}\lambda\left(\frac{\partial}{\partial\alpha} + \frac{\alpha^*}{4}\right)\left|\alpha, x\right\rangle = (\nu a^\dagger - \mathrm{i}\mu b^\dagger)\left|\alpha, x\right\rangle. \tag{4-14}
$$

这样, 根据式 (4-14), 可得

$$
\begin{aligned}
\left\langle \alpha', x'\right|(\nu a + \mathrm{i}\mu b)\left|\alpha, x\right\rangle &= \frac{\lambda\alpha}{\sqrt{2}}\left\langle \alpha', x' \mid \alpha, x\right\rangle \\
&= \sqrt{2}\lambda\left(\frac{\partial}{\partial\alpha'^*} + \frac{\alpha'}{4}\right)\left\langle \alpha', x' \mid \alpha, x\right\rangle.
\end{aligned}
\tag{4-15}
$$

通过取式 (4-15) 的复共轭, 并把参量 α', x' 和 α, x 分别进行交换, 可得

$$
\frac{\partial}{\partial\alpha}\left\langle \alpha', x' \mid \alpha, x\right\rangle = \left(\frac{\alpha'^*}{2} - \frac{\alpha^*}{4}\right)\left\langle \alpha', x' \mid \alpha, x\right\rangle. \tag{4-16}
$$

另一方面, 对态 $|\alpha,x\rangle$ 执行微分 $\partial/\partial\alpha^*$, 可得

$$\frac{\partial}{\partial\alpha^*}|\alpha,x\rangle=-\frac{\alpha}{4}|\alpha,x\rangle\,, \tag{4-17}$$

则同样有

$$\frac{\partial}{\partial\alpha'}\langle\alpha',x'|\alpha,x\rangle=-\frac{\alpha'^*}{4}\langle\alpha',x'|\alpha,x\rangle\,. \tag{4-18}$$

通过求解偏微分方程式 (4-16) 和 (4-18) , 并考虑到完备性关系式 (4-7) 以及等式

$$\begin{aligned}\langle\alpha',x'|(\mu Q_a+\nu P_b)|\alpha,x\rangle&=\lambda x\langle\alpha',x'|\alpha,x\rangle\\&=\lambda x'\langle\alpha',x'|\alpha,x\rangle\,,\end{aligned} \tag{4-19}$$

我们有

$$\langle\alpha',x'|\alpha,x\rangle=\sqrt{\pi}\mathrm{e}^{-\frac{1}{4}\left(|\alpha|^2+|\alpha'|^2-2\alpha\alpha'^*\right)}\delta(x-x'), \tag{4-20}$$

式中 $\mathrm{e}^{-\frac{1}{4}\left(|\alpha|^2+|\alpha'|^2-2\alpha\alpha'^*\right)}$ 项反映了如同普通相干态一样的非正交特征, 而 $\delta(x-x')$ 项代表纠缠态的正交性. 这也再次证实了态 $|\alpha,x\rangle$ 确实为相干纠缠态. 特殊地, 当 $\alpha=\alpha'$ 时,

$$\langle\alpha',x'|\alpha,x\rangle=\sqrt{\pi}\delta(x-x'). \tag{4-21}$$

另一方面, 通过对态 $|\alpha=\alpha_1+\mathrm{i}\alpha_2,x\rangle$ 作如下傅里叶变换, 我们有

$$\begin{aligned}&\frac{1}{2\pi}\int\mathrm{d}\alpha_2\,|\alpha=\alpha_1+\mathrm{i}\alpha_2,x\rangle\,\mathrm{e}^{\mathrm{i}u\alpha_2}\\&=\exp\left[-\frac{1}{8}(2u-\alpha_1)^2\right]\left|y=\frac{1}{\lambda}\left(\mu x-u\nu+\frac{\nu\alpha_1}{2}\right)\right\rangle_a\\&\quad\otimes\left|p=\frac{1}{\lambda}\left(\nu x+\mu u-\frac{\mu\alpha_1}{2}\right)\right\rangle_b,\end{aligned} \tag{4-22}$$

式中态 $|y\rangle_a$, $|p\rangle_b$ 分别为福克空间中粒子 a 的坐标本征态和粒子 b 的动量本征态, 即

$$|y\rangle_a=\pi^{-1/4}\exp\left(-\frac{1}{2}y^2+\sqrt{2}ya^\dagger-\frac{1}{2}a^{\dagger2}\right)|0\rangle \tag{4-23}$$

和

$$|p\rangle_b=\pi^{-1/4}\exp\left(-\frac{1}{2}p^2+\mathrm{i}\sqrt{2}pb^\dagger+\frac{1}{2}b^{\dagger2}\right)|0\rangle\,. \tag{4-24}$$

进一步, 对式 (4-22) 进行傅里叶逆变换, 可得

$$\begin{aligned}&|\alpha=\alpha_1+\mathrm{i}\alpha_2,x\rangle\\&=\int\mathrm{d}u\exp\left[-\frac{1}{8}(2u-\alpha_1)^2-\mathrm{i}u\alpha_2\right]\\&\quad\times\left|y=\frac{1}{\lambda}\left(\mu x-u\nu+\frac{\nu\alpha_1}{2}\right)\right\rangle_a\otimes\left|p=\frac{1}{\lambda}\left(\nu x+\mu u-\frac{\mu\alpha_1}{2}\right)\right\rangle_b.\end{aligned} \tag{4-25}$$

此式为态 $|\alpha=\alpha_1+\mathrm{i}\alpha_2,x\rangle$ 的施密特分解, 因此根据标准的施密特分解理论[10], 可断定态 $|\alpha=\alpha_1+\mathrm{i}\alpha_2,x\rangle$ 为纠缠态.

4.1.3 态 $|\alpha,x\rangle$ 的制备方案

在纠缠的产生方面, 光学分束器扮演着重要角色. 因此, 利用对称光学分束器作为实验装置可以产生态 $|\alpha,x\rangle$. 在实验上, 带有自由相位的对称光学分束器的作用可用如下算符表示[11, 12]

$$B(\theta)=\exp\left[-\mathrm{i}\frac{\theta}{2}(a^{\dagger}b+ab^{\dagger})\right]. \tag{4-26}$$

把理想的单模坐标本征态$|x=0\rangle_a\equiv\exp\left(-\dfrac{1}{2}a^{\dagger 2}\right)|0\rangle_a$ 和真空态 $|0\rangle_b$ 分别输入对称光学分束器的两个输入端使其叠加, 并取 $\theta=2\cos^{-1}\dfrac{\mu}{\lambda}$, 则其输出态为

$$B(\theta)\,|x=0\rangle_a\otimes|0\rangle_b=\exp\left[-\frac{1}{2\lambda^2}(\mu a^{\dagger}+\mathrm{i}\nu b^{\dagger})^2\right]|00\rangle. \tag{4-27}$$

然后, 利用两束不同模式的激光进行调制, 其调制作用可用如下两个平移算符

$$D_a\left(\varepsilon_1=\frac{\mu x+\nu\alpha}{\sqrt{2}\lambda}\right)=\exp(\varepsilon_1 a^{\dagger}-\varepsilon_1^{*}a) \tag{4-28}$$

和

$$D_b\left(\varepsilon_2=\mathrm{i}\frac{\nu x-\mu\alpha}{\sqrt{2}\lambda}\right)=\exp(\varepsilon_2 b^{\dagger}-\varepsilon_2^{*}b) \tag{4-29}$$

来描述, 而实验上它们可用由 α 和 x 调制的激光场穿过一个具有部分反射和部分透射功能的光学分束器(如 99% 的反射率和 1% 穿透率的光学分束器) 来实现. 若同时将态 $\exp\left[-\dfrac{1}{2\lambda^2}(\mu a^{\dagger}+\mathrm{i}\nu b^{\dagger})^2\right]|00\rangle$描述的光场经此分束器发射, 则最终能实现理想的相干纠缠态 $|\alpha,x\rangle$, 即

$$\begin{aligned}
&D_aD_b\exp\left[-\frac{1}{2\lambda^2}(\mu a^{\dagger}+\mathrm{i}\nu b^{\dagger})^2\right]|00\rangle\\
=&\exp\left\{-\frac{|\varepsilon_1|^2+|\varepsilon_2|^2}{2}-\frac{(\mu\varepsilon_1^{*}+\mathrm{i}\nu\varepsilon_2^{*})^2}{2\lambda^2}-\frac{1}{2\lambda^2}(\mu a^{\dagger}+\mathrm{i}\nu b^{\dagger})^2\right.\\
&\left.+\left[\frac{\mu(\mu\varepsilon_1^{*}+\mathrm{i}\nu\varepsilon_2^{*})}{\lambda^2}+\varepsilon_1\right]a^{\dagger}+\left[\frac{\mathrm{i}\nu(\mu\varepsilon_1^{*}+\mathrm{i}\nu\varepsilon_2^{*})}{\lambda^2}+\varepsilon_2\right]b^{\dagger}\right\}|00\rangle\\
=&|\alpha,x\rangle.
\end{aligned} \tag{4-30}$$

4.1.4 态 $|\alpha,x\rangle$ 的具体应用

1. 与态 $|\alpha,x\rangle$ 共轭的相干纠缠态

通过对态 $|\alpha,x\rangle$ 作如下傅里叶积分变换

$$\begin{aligned}|\beta,p\rangle=&\int_{-\infty}^{\infty}\frac{\mathrm{d}x}{\sqrt{2\pi}}\mathrm{e}^{\mathrm{i}px}\int_{-\infty}^{\infty}\frac{\mathrm{d}^2\alpha}{4\pi}|\alpha,x\rangle\exp\left[\frac{1}{4}(\alpha^*\beta-\alpha\beta^*)\right]\\=&\exp\left[-\frac{p^2}{2}-\frac{|\beta|^2}{4}+\frac{1}{\sqrt{2}\lambda}(\nu\beta+\mathrm{i}2\mu p)a^\dagger\right.\\&\left.-\frac{1}{\sqrt{2}\lambda}(\mathrm{i}\mu\beta+2\nu p)b^\dagger+\frac{1}{2\lambda^2}(\mu a^\dagger+\mathrm{i}\nu b^\dagger)^2\right]|00\rangle.\end{aligned}\tag{4-31}$$

我们发现, 态 $|\beta,p\rangle$ 恰恰是对易算符 $\mu P_a-\nu Q_b$ 和 $\nu a+\mathrm{i}\mu b$ 的共同本征态, 即

$$\begin{aligned}&(\mu P_a-\nu Q_b)|\beta,p\rangle=\lambda p|\beta,p\rangle,\\&(\nu a+\mathrm{i}\mu b)|\beta,p\rangle=\frac{\lambda\beta}{\sqrt{2}}|\beta,p\rangle.\end{aligned}\tag{4-32}$$

这样, 态 $|\beta,p\rangle$ 为态 $|\alpha,x\rangle$ 的共轭态. 同样, 利用有序算符内积分法, 也能证明态 $|\beta,p\rangle$ 服从如下完备性关系

$$\int\frac{\mathrm{d}^2\beta}{2\pi}\int_{-\infty}^{\infty}\frac{\mathrm{d}p}{\sqrt{\pi}}|\beta,p\rangle\langle\beta,p|=1,\tag{4-33}$$

上式表明, 态 $|\beta,p\rangle$ 的完备集合也能组成一个新的相干纠缠态表象.

2. 态 $|\alpha,x\rangle$ 的叠加

在量子光学中, 量子态的叠加能产生一些具有显著非经典特性的新量子态. 例如, 相干叠加态展现出二阶压缩、高阶压缩和亚泊松光子数统计分布[13, 14]. 利用式 (4-6), 并对态 $|\alpha,x\rangle$ 执行 $\mathrm{d}\alpha_1$ 积分, 我们有

$$\begin{aligned}&\frac{1}{2\sqrt{\pi}}\int\mathrm{d}\alpha_1|\alpha=\alpha_1+\mathrm{i}\alpha_2,x\rangle\\=&\exp\left\{-\frac{\alpha_2^2}{4}-\frac{x^2}{2}+\frac{1}{\sqrt{2}\lambda}\left[(2\mu x+\mathrm{i}\nu\alpha_2)a^\dagger+(\mu\alpha_2+\mathrm{i}2\nu x)b^\dagger\right]\right.\\&\left.+\frac{1}{2\lambda^2}\left[(\nu^2-\mu^2)(a^{\dagger2}+b^{\dagger2})-\mathrm{i}4\mu\nu a^\dagger b^\dagger\right]\right\}|00\rangle\\=&|\alpha_2,x\rangle.\end{aligned}\tag{4-34}$$

经证明, 态 $|\alpha_2,x\rangle$ 为相互对易算符 $\mu Q_b+\nu P_a$ 和 $\mu Q_a+\nu P_b$ 的共同本征态, 即

$$\begin{aligned}&(\mu Q_b+\nu P_a)|\alpha_2,x\rangle=\frac{\lambda\alpha_2}{2}|\alpha_2,x\rangle,\\&(\mu Q_a+\nu P_b)|\alpha_2,x\rangle=\lambda x|\alpha_2,x\rangle.\end{aligned}\tag{4-35}$$

因此, 相干纠缠态 $|\alpha=\alpha_1+\mathrm{i}\alpha_2,x\rangle$ 沿 α_1 轴进行叠加可得到最新引进的 EPR 纠缠态[15].

3. 单–双模组合压缩算符

作为态 $|\alpha,x\rangle$ 的重要应用, 本节推导出一些新的压缩算符和压缩态. 若对投影算符 $|\alpha=\alpha_1+\mathrm{i}\alpha_2,x\rangle\langle\alpha=\alpha_1+\mathrm{i}\alpha_2,x|$ 执行 $\mathrm{d}\alpha_1$ 积分, 可得到

$$\begin{aligned}&\frac{1}{\sqrt{2\pi}}\int\mathrm{d}\alpha_1\,|\alpha=\alpha_1+\mathrm{i}\alpha_2,x\rangle\langle\alpha=\alpha_1+\mathrm{i}\alpha_2,x|\,00\rangle\\=&\exp\left\{-x^2-\frac{\alpha_2^2}{2}+\frac{1}{4}\left[a^{\dagger2}-b^{\dagger2}-\frac{3}{2\lambda^2}(\mu a^\dagger+\mathrm{i}\nu b^\dagger)^2\right]\right.\\&\left.+\frac{1}{\sqrt{2}\lambda}(2\mu x+\mathrm{i}\nu\alpha_2)a^\dagger+\frac{\mathrm{i}}{\sqrt{2}\lambda}(2\nu x-\mathrm{i}\mu\alpha_2)b^\dagger\right\}|00\rangle\equiv|\mathrm{squ.}\rangle.\end{aligned}\tag{4-36}$$

特殊地, 当 $\alpha_2=x=0$ 时,

$$|\mathrm{squ.}\rangle=\exp\left\{\frac{1}{4}\left[a^{\dagger2}-b^{\dagger2}-\frac{3}{2\lambda^2}(\mu a^\dagger+\mathrm{i}\nu b^\dagger)^2\right]\right\}|00\rangle,\tag{4-37}$$

由于式 (4-37) 同时存在算符 $a^{\dagger2}$、$b^{\dagger2}$ 和 $a^\dagger b^\dagger$, 则态 $|\mathrm{squ.}\rangle$ 为单–双模组合压缩态. 这样, 可断定投影算符 $|\alpha=\alpha_1+\mathrm{i}\alpha_2,x\rangle\langle\alpha=\alpha_1+\mathrm{i}\alpha_2,x|_{\alpha_2=x=0}$ 沿 α_1 轴叠加导出的算符实际上是一个单–双模组合压缩算符. 进一步, 取 $\mu=\nu$, 式 (4-37) 变成

$$|\mathrm{squ.}\rangle=\exp\left[\frac{1}{16}(a^{\dagger2}-b^{\dagger2})-\mathrm{i}\frac{3}{8}a^\dagger b^\dagger\right]|00\rangle.\tag{4-38}$$

此外, 通过构造如下非对称 ket-bra 型算符积分

$$S(r)=\int_{-\infty}^{\infty}\frac{\mathrm{d}x}{\sqrt{k\pi}}\int\frac{\mathrm{d}^2\alpha}{2\pi}\left|\alpha,\frac{x}{k}\right\rangle\langle\alpha,x|,\tag{4-39}$$

并利用正规乘积算符内积分法和积分公式 (1-99) 以及算符恒等式 (1-20), 可得到

$$S(r)=\sqrt{\operatorname{sech}r}\exp\left(-\frac{\tanh r}{2}R^{\dagger2}\right)\exp\left(R^\dagger R\ln\operatorname{sech}r\right)\exp\left(\frac{\tanh r}{2}R^2\right),\tag{4-40}$$

式中 $k=\mathrm{e}^r$ 为压缩参数, $R^\dagger=\dfrac{\mu a^\dagger+\mathrm{i}\nu b^\dagger}{\lambda}$. 注意到 $R^{\dagger2}$, R^2 和 $R^\dagger R$ 组成 SU(1,1) 李代数

$$[R,R^\dagger]=1,\quad\left[\frac{R^2}{2},\frac{R^{\dagger2}}{2}\right]=R^\dagger R+\frac{1}{2}.\tag{4-41}$$

因此, $S(r)$ 也是一种单–双模组合压缩算符. 根据式 (4-6) 和式 (4-39), 算符 $S(r)$ 把态 $|\alpha,x\rangle$ 自然压缩为

$$S(r)|\alpha,x\rangle=\frac{1}{\sqrt{k}}|\alpha,x/k\rangle.\tag{4-42}$$

随之得到压缩真空态

$$S(r)\left|00\right\rangle=\sqrt{\operatorname{sech} r}\exp\left[-\frac{\tanh r}{2\lambda^2}(\mu a^\dagger+\mathrm{i}\nu b^\dagger)^2\right]\left|00\right\rangle, \tag{4-43}$$

它也是一种新的单–双模组合压缩态.

另外, 态 $|\alpha,x\rangle$ 对推导出一些新的算符恒等式是很有用的. 首先考虑如下算符表达式

$$O=\exp[f(\nu a+\mathrm{i}\mu b)^2]\exp[g(\mu Q_a+\nu P_b)^2], \tag{4-44}$$

把态 $|\alpha,p\rangle$ 的完备性关系代入式 (4-44) 并利用正规乘积算符内积分法, 得到

$$\begin{aligned}O=&\int\frac{\mathrm{d}^2\alpha}{2\pi}\int_{-\infty}^{\infty}\frac{\mathrm{d}x}{\sqrt{\pi}}\exp[f(\nu a+\mathrm{i}\mu b)^2]\left|\alpha,x\right\rangle\left\langle\alpha,x\right|\exp[g(\mu Q_a+\nu P_b)^2]\\=&\int\frac{\mathrm{d}^2\alpha}{2\pi}\int_{-\infty}^{\infty}\frac{\mathrm{d}x}{\sqrt{\pi}}\exp\left(\frac{\lambda^2}{2}f\alpha^2\right)\left|\alpha,x\right\rangle\left\langle\alpha,x\right|\exp(\lambda^2gx^2)\\=&\frac{1}{\sqrt{1-\lambda^2g}}:\exp\left[\frac{g}{2(1-\lambda^2g)}(\mu a^\dagger+\mathrm{i}\nu b^\dagger)^2\right.\\&+\frac{g}{1-\lambda^2g}(\mu a^\dagger+\mathrm{i}\nu b^\dagger)(\mu a-\mathrm{i}\nu b)\\&\left.+\frac{g}{2(1-\lambda^2g)}(\mu a-\mathrm{i}\nu b)^2+f(\nu a+\mathrm{i}\mu b)^2\right]:,\end{aligned} \tag{4-45}$$

此式为复杂算符 O 的正规乘积表示. 进一步利用式 (1-20), 可有

$$\begin{aligned}O=&\frac{1}{\sqrt{1-\lambda^2g}}\exp\left[\frac{g(\mu a^\dagger+\mathrm{i}\nu b^\dagger)^2}{2(1-\lambda^2g)}\right]\\&\times\exp\left[\frac{(\mu a^\dagger+\mathrm{i}\nu b^\dagger)(\mu a-\mathrm{i}\nu b)}{\lambda^2}\ln\frac{1}{1-\lambda^2g}\right]\\&\times\exp\left[\frac{g(\mu a-\mathrm{i}\nu b)^2}{2(1-\lambda^2g)}+f(\nu a+\mathrm{i}\mu b)^2\right].\end{aligned} \tag{4-46}$$

特殊地, 令 $f=0$, 则有

$$\begin{aligned}\exp[g(\mu Q_a+\nu P_b)^2]=&\frac{1}{\sqrt{1-\lambda^2g}}\exp\left[\frac{g(\mu a^\dagger+\mathrm{i}\nu b^\dagger)^2}{2(1-\lambda^2g)}\right]\\&\times\exp\left[\frac{(\mu a^\dagger+\mathrm{i}\nu b^\dagger)(\mu a-\mathrm{i}\nu b)}{\lambda^2}\ln\frac{1}{1-\lambda^2g}\right]\\&\times\exp\left[\frac{g(\mu a-\mathrm{i}\nu b)^2}{2(1-\lambda^2g)}\right],\end{aligned} \tag{4-47}$$

上式也是一个单–双模组合压缩算符. 当把算符 $\exp[g(\mu Q_a+\nu P_b)^2]$ 作用到真空态时, 得到如下单–双模组合压缩态

$$\exp[g(\mu Q_a+\nu P_b)^2]\left|00\right\rangle=\frac{1}{\sqrt{1-\lambda^2g}}\exp\left[\frac{g(\mu a^\dagger+\mathrm{i}\nu b^\dagger)^2}{2(1-\lambda^2g)}\right]\left|00\right\rangle. \tag{4-48}$$

把式 (4-43) 和 (4-48) 与式 (4-27) 进行比较可见, 单–双模组合压缩态 $S(r)\left|00\right\rangle$ 和 $\exp[g(\mu Q_a+\nu P_b)^2]\left|00\right\rangle$ 在构造新的相干纠缠态方面是有用的. 而且, 当把单模压缩态和真空态分别输入光学分束器后, 其输出态即为式 (4-43) 和 (4-48) 中的单–双模组合压缩态.

4. 由态 $|\alpha,x\rangle$ 构造的推广 P 表示

由于态 $|\alpha,x\rangle$ 具有与相干态完全相同的完备性和非正交性, 因此利用态 $|\alpha,x\rangle$ 作为基矢去展开密度算符 $\rho(\nu a^\dagger-\mathrm{i}\mu b^\dagger,\nu a+\mathrm{i}\mu b)$, 可建立所谓的推广 P 表示[16]

$$\rho(\nu a^\dagger-\mathrm{i}\mu b^\dagger,\nu a+\mathrm{i}\mu b)=\int\frac{\mathrm{d}x}{\sqrt{\pi}}\int\frac{\mathrm{d}^2\alpha}{2\pi}P(\alpha,\alpha^*)\left|\alpha,x\right\rangle\left\langle\alpha,x\right|. \tag{4-49}$$

把态 $\langle-\alpha',-x'|$ 和 $|\alpha',x'\rangle$ 分别作用到式 (4-49) 的两边, 并由式 (4-20) 得到

$$\begin{aligned}
&\left\langle-\alpha',-x'\right|\rho(\nu a^\dagger-\mathrm{i}\mu b^\dagger,\nu a+\mathrm{i}\mu b)\left|\alpha',x'\right\rangle\\
=&\int\frac{\mathrm{d}x}{\sqrt{\pi}}\int\frac{\mathrm{d}^2\alpha}{2\pi}P(\alpha,\alpha^*)\left\langle-\alpha',-x'\right.\left|\alpha,x\right\rangle\left\langle\alpha,x\right|\left.\alpha',x'\right\rangle\\
=&\int\frac{\mathrm{d}x}{\sqrt{\pi}}\delta(x-x')\delta(x+x')\int\frac{\mathrm{d}^2\alpha}{2}P(\alpha,\alpha^*)\exp\left(-\frac{|\alpha|^2}{2}-\frac{|\alpha'|^2}{2}+\frac{\alpha^*\alpha'-\alpha\alpha'^*}{2}\right)\\
=&\,\delta(2x')\int\frac{\mathrm{d}^2\alpha}{2\sqrt{\pi}}P(\alpha,\alpha^*)\exp\left(-\frac{|\alpha|^2}{2}-\frac{|\alpha'|^2}{2}+\frac{\alpha^*\alpha'-\alpha\alpha'^*}{2}\right).
\end{aligned} \tag{4-50}$$

因为 $\frac{1}{2}(\alpha^*\alpha'-\alpha\alpha'^*)$ 为纯复数, 则由式 (4-50) 的傅里叶逆变换得到

$$\begin{aligned}
P(\alpha,\alpha^*)=&\frac{1}{2\pi^{3/2}}\mathrm{e}^{\frac{|\alpha|^2}{2}}\int\mathrm{d}^2\alpha'\exp\left(\frac{|\alpha'|^2}{2}+\frac{\alpha\alpha'^*-\alpha^*\alpha'}{2}\right)\\
&\times\int\mathrm{d}x'\left\langle-\alpha',-x'\right|\rho(\nu a^\dagger-\mathrm{i}\mu b^\dagger,\nu a+\mathrm{i}\mu b)\left|\alpha',x'\right\rangle,
\end{aligned} \tag{4-51}$$

这正好是 Mehta 给出单模 P 表示的推广情况[17].

4.2 描述参量下转换过程的纠缠态

4.2.1 态 $|\tau\rangle$ 的具体形式及其特性

在光场与某些非线性晶体的作用过程中, 可以实现兼有压缩和纠缠两种量子效应的参量下转换过程[18, 19]. 由于参量下转换过程中信号光和闲置光在频率域内是相互纠缠的, 则描述此过程的哈密顿量写为[20, 21]

$$H=\omega_s a^\dagger a+\omega_i b^\dagger b+\epsilon\left(a^\dagger b^\dagger\mathrm{e}^{-\mathrm{i}2\omega_p t}+ab\mathrm{e}^{\mathrm{i}2\omega_p t}\right), \tag{4-52}$$

这里 $2\omega_p = \omega_s + \omega_i$, 下角标 p, s 和 i 分别代表泵浦光, 信号光和闲置光. ϵ 为的耦合常数, 其大小与泵浦光的振幅和非线性晶体的二阶磁化率有关. 另一方面, 利用相互作用表象中海森伯运动方程

$$\frac{\mathrm{d}a}{\mathrm{d}t} = -\mathrm{i}\epsilon b^\dagger, \quad \frac{\mathrm{d}b^\dagger}{\mathrm{d}t} = -\mathrm{i}\epsilon a, \tag{4-53}$$

得到

$$\begin{aligned} a(t) &= a(0)\cosh\epsilon t - \mathrm{i}b^\dagger(0)\sinh\epsilon t, \\ b(t) &= b(0)\cosh\epsilon t - \mathrm{i}a^\dagger(0)\sinh\epsilon t. \end{aligned} \tag{4-54}$$

可见, 式 (4-54) 与式 (1-26) 中压缩算符 $S_1(r)$ 满足的博戈留波夫变换形式相同, 说明参量下转换过程中存在压缩效应. 综上, 我们自然会想到这样一个有意义的问题: 能否找到一个新的双模纠缠态表象来揭示参量下转换过程中信号模和闲置模之间存在的压缩与纠缠特性? 答案是肯定的.

为了从压缩机制和量子纠缠的综合观点考察参量下转换过程, 在双模福克空间引入纠缠态 $|\tau\rangle$, 即

$$|\tau\rangle = \exp\left(-\frac{|\tau|^2}{2} + \tau a^\dagger - \mathrm{i}\tau^* b^\dagger + \mathrm{i}a^\dagger b^\dagger\right)|00\rangle, \tag{4-55}$$

式中 $\tau = \tau_1 + \mathrm{i}\tau_2$. 当把算符 a 和 b 分别作用到态 $|\tau\rangle$ 时, 我们能发现 $\sqrt{2}\tau$ 的实部和虚部恰好是对应于 $(Q_a - P_b)$ 和 $(P_a - Q_b)$ 的本征值, 即

$$(Q_a - P_b)|\tau\rangle = \sqrt{2}\tau_1|\tau\rangle, \quad (P_a - Q_b)|\tau\rangle = \sqrt{2}\tau_2|\tau\rangle. \tag{4-56}$$

利用双模真空态投影算符的正规乘积 (2-7), 可发现态 $|\tau\rangle$ 拥有完备性

$$\begin{aligned} &\int \frac{\mathrm{d}^2\tau}{\pi}|\tau\rangle\langle\tau| \\ =&\int \frac{\mathrm{d}^2\tau}{\pi} : \mathrm{e}^{-(\tau^* - a^\dagger - \mathrm{i}b)(\tau - a + \mathrm{i}b^\dagger)} : \\ =&\int \frac{\mathrm{d}^2\tau}{\pi} : \mathrm{e}^{-\left(\tau_1 - \frac{Q_a - P_b}{\sqrt{2}}\right)^2 - \left(\tau_2 - \frac{P_a - Q_b}{\sqrt{2}}\right)^2} : = 1 \end{aligned} \tag{4-57}$$

和正交归一性

$$\langle\tau'|\tau\rangle = \pi\delta(\tau - \tau')\delta(\tau^* - \tau'^*). \tag{4-58}$$

因此, 态 $|\tau\rangle$ 的完备集合有能力组成一个新的纠缠态表象. 进一步, 对态 $|\tau = \tau_1 + \mathrm{i}\tau_2\rangle$ 作傅里叶变换, 可得

$$\begin{aligned} &\int_{-\infty}^{\infty} \frac{\mathrm{d}\tau_2}{\sqrt{2\pi}}|\tau = \tau_1 + \mathrm{i}\tau_2\rangle \mathrm{e}^{\mathrm{i}\sqrt{2}\tau_2 x} \\ =&\left|y = \frac{\tau_1}{\sqrt{2}} - x\right\rangle_a \otimes \left|p = -\frac{\tau_1}{\sqrt{2}} - x\right\rangle_b, \end{aligned} \tag{4-59}$$

式中态 $|y\rangle_a$, $|p\rangle_b$ 分别是坐标算符 Q_a 的本征态 (4-23) 和动量算符 P_b 的本征态 (4-24). 进一步, 对式 (4-59) 执行傅里叶变换的逆变换, 可有

$$|\tau=\tau_1+\mathrm{i}\tau_2\rangle=\mathrm{e}^{\mathrm{i}\tau_1\tau_2}\int_{-\infty}^{\infty}\mathrm{d}x\left|y=\sqrt{2}\tau_1-x\right\rangle_a\otimes|p=-x\rangle_b\,\mathrm{e}^{-\mathrm{i}\sqrt{2}\tau_2 x},\tag{4-60}$$

此式实际上是态 $|\tau=\tau_1+\mathrm{i}\tau_2\rangle$ 的施密特分解, 说明态 $|\tau=\tau_1+\mathrm{i}\tau_2\rangle$ 也是一个纠缠态[10].

同样, 把理想的单模动量本征态 $|p=0\rangle_a=\exp\left(\frac{1}{2}a^{\dagger 2}\right)|0\rangle_a$ 和 $|p=0\rangle_b=\exp\left(\frac{1}{2}b^{\dagger 2}\right)|0\rangle_b$ 分别输入带有自由相位的对称光学分束器的两个输入端, 并取 $\theta=-\frac{\pi}{2}$, 则其输出态为

$$B\left(-\frac{\pi}{2}\right)|p=0\rangle_1\otimes|p=0\rangle_2=\exp(\mathrm{i}a^\dagger b^\dagger)|00\rangle,\tag{4-61}$$

它实际上是纠缠态 $|\tau=0\rangle$. 进一步利用激光对态 $|\tau=0\rangle$ 进行调制, 调制操作由平移算符 $D(\tau)$ 来实现, 并利用关系式 $D(\tau)a^\dagger D^\dagger(\tau)=a^\dagger-\tau^*$, 这样就在实验上实现了理想的纠缠态 $|\tau\rangle$, 即

$$D(\tau)\exp(\mathrm{i}a^\dagger b^\dagger)|00\rangle=D(\tau)|\tau=0\rangle=|\tau\rangle.\tag{4-62}$$

4.2.2 由态 $|\tau\rangle$ 导出新的压缩算符

利用最新提出的纠缠态 $|\tau\rangle$, 本节推导出一些新的压缩算符和压缩态. 通过在态 $|\tau\rangle$ 中作经典伸缩变换 $\tau\to\tau/k$, 我们构造如下非对称 ket-bra 型算符积分

$$\begin{aligned}&\int\frac{\mathrm{d}^2\tau}{\pi k}|\tau/k\rangle\langle\tau|\\&=\int\frac{\mathrm{d}^2\tau}{\pi k}:\exp\left[-\left(1+\frac{1}{k^2}\right)\frac{|\tau|^2}{2}+\tau\left(\frac{a^\dagger}{k}+\mathrm{i}b\right)\right.\\&\quad\left.+\tau^*\left(a-\mathrm{i}\frac{b^\dagger}{k}\right)+\mathrm{i}a^\dagger b^\dagger-\mathrm{i}ab-a^\dagger a-b^\dagger b\right]:\\&=\mathrm{sech}r:\exp[\mathrm{i}a^\dagger b^\dagger\tanh r+(\mathrm{sech}\,r-1)(a^\dagger a+b^\dagger b)+\mathrm{i}ab\tanh r]:,\end{aligned}\tag{4-63}$$

式中压缩参数 k 与 r 的关系见 (1-19). 进一步, 利用式 (1-20), 可把式 (4-63) 改写为

$$\begin{aligned}&\int\frac{\mathrm{d}^2\tau}{\pi k}|\tau/k\rangle\langle\tau|\\&=\exp(\mathrm{i}a^\dagger b^\dagger\tanh r)\exp[(a^\dagger a+b^\dagger b+1)\ln\mathrm{sech}r]\exp(\mathrm{i}ab\tanh r)\\&=\exp\left[\mathrm{i}r(a^\dagger b^\dagger+ab)\right]\equiv S(k).\end{aligned}\tag{4-64}$$

通过与普通压缩算符 $S_2(r)=\exp\left[r(a^\dagger b^\dagger-ab)\right]$ 进行比较[22], 可见 $S(k)$ 为一个新的双模压缩算符. 利用式 (4-58) 和式 (4-64), 可有

$$\begin{aligned}S(k)S^\dagger(k)=&\int\frac{\mathrm{d}^2\tau}{\pi k^2}\left|\tau/k\right\rangle\left\langle\tau\right|\int\frac{\mathrm{d}^2\tau'}{\pi}\left|\tau'\right\rangle\left\langle\tau'/k\right|\\=&1=S^\dagger(k)S(k),\end{aligned}\tag{4-65}$$

说明由式 (4-64) 给出的压缩算符 $S(k)$ 具有幺正性. 另外, 压缩算符 $S(k)$ 可导致如下压缩变换

$$\begin{aligned}S(k)aS^{-1}(k)&=a\cosh r-\mathrm{i}b^\dagger\sinh r,\\S(k)bS^{-1}(k)&=b\cosh r-\mathrm{i}a^\dagger\sinh r,\end{aligned}\tag{4-66}$$

这恰恰是参量下转换过程中的压缩变换式 (4-54). 这样, 对于参量下转换过程中的压缩, 可用压缩算符 $S(k)=\exp\left[\mathrm{i}r(a^\dagger b^\dagger+ab)\right]$ 来描述, 其简洁的纠缠态 $|\tau\rangle$ 自然表示为 $S(k)=\displaystyle\int\frac{\mathrm{d}^2\tau}{\pi k}\left|\tau/k\right\rangle\left\langle\tau\right|$. 从这一点也可看出, 参量下转换过程不仅拥有压缩特性, 而且还是一个纠缠的过程. 由式 (4-66), 可得

$$S(k)(Q_a-P_b)S^{-1}(k)=\mathrm{e}^r(Q_a-P_b),\tag{4-67}$$

$$S(k)(P_a-Q_b)S^{-1}(k)=\mathrm{e}^{-r}(P_a-Q_b).\tag{4-68}$$

由式 (4-64) 可知, 算符 $S(k)$ 能把态 $|00\rangle$ 自然压缩为

$$\begin{aligned}S(k)\left|00\right\rangle=&\operatorname{sech}r\exp(\mathrm{i}a^\dagger b^\dagger\tanh r)\left|00\right\rangle\\=&\operatorname{sech}r\sum_{n=0}^{\infty}(-1)^{n/2}\tanh^n r\left|n,n\right\rangle.\end{aligned}\tag{4-69}$$

作为参量下转换过程输出态, 此态兼具压缩态和纠缠态的特性. 通过比较式 (4-61) 和式 (4-69), 可看到态 $S(k)|00\rangle$ 有助于构造新的双粒子纠缠态. 而且, 当两个单模压缩态输入对称的光学分束器时, 其输出态即为态 $S(k)|00\rangle$.

此外, 利用纠缠态 $|\tau\rangle$, 也能构造一个把态 $|\tau_1,\tau_2\rangle$ 压缩为 $\dfrac{1}{\sqrt{k}}|\tau_1,\tau_2/k\rangle$ 的新压缩算符. 利用式 (4-59), 可见

$$\begin{aligned}(Q_a+P_b)\left|\tau\right\rangle=&\int_{-\infty}^{\infty}\mathrm{d}x\left(\sqrt{2}\tau_1-2x\right)\left|\sqrt{2}\tau_1-x\right\rangle_a\otimes\left|p=-x\right\rangle_b\mathrm{e}^{-\mathrm{i}\tau_2(\sqrt{2}x-\tau_1)}\\=&-\mathrm{i}\sqrt{2}\frac{\partial}{\partial\tau_2}\left|\tau\right\rangle.\end{aligned}\tag{4-70}$$

结合式 (4-56) 和式 (4-70), 并令 $\tau_2=\mathrm{e}^r$, 我们有

$$\begin{aligned}\left\langle\tau\right|\frac{1}{2}(Q_a+P_b)(P_a-Q_b)=&\mathrm{i}\tau_2\frac{\partial}{\partial\tau_2}\left\langle\tau\right|\\=&\mathrm{i}\frac{\partial}{\partial r}\left\langle\tau_1,\tau_2=\mathrm{e}^r\right|.\end{aligned}\tag{4-71}$$

由于 $\mathrm{e}^{-r\frac{\partial}{\partial\lambda}}f(\lambda)=f(\lambda-r)$, 则

$$\begin{aligned}\langle\tau|\,\mathrm{e}^{\mathrm{i}r(Q_a+P_b)(P_a-Q_b)/2}&=\mathrm{e}^{-r\frac{\partial}{\partial\lambda}}\left\langle\tau_1,\tau_2=\mathrm{e}^{\lambda}\right|\\&=\left\langle\tau_1,\tau_2=\mathrm{e}^{\lambda-r}\right|=\left\langle\tau_1,\mathrm{e}^{-r}\tau_2\right|.\end{aligned}\tag{4-72}$$

这样, 幺正算符 $S'(k)=\mathrm{e}^{[\mathrm{i}r(Q_a+P_b)(P_a-Q_b)-r]/2}$ 能把态 $\langle\tau|$ 压缩为

$$\langle\tau|\,S'(k)=\mathrm{e}^{-r/2}\left\langle\tau_1,\mathrm{e}^{-r}\tau_2\right|.\tag{4-73}$$

上式表明, 对于态 $|\tau_1,\tau_2\rangle$ 来说, 存在经典辛变换 $\tau_2\longrightarrow\mathrm{e}^{-r}\tau_2$, 所以算符 $S'(k)$ 被称为单边压缩算符. 利用完备性关系式 (4-57) 和式 (4-73), 可得

$$\begin{aligned}S'(k)&=\exp\left(-\frac{r}{2}\right)\int\frac{\mathrm{d}^2\tau}{\pi}\,|\tau\rangle\left\langle\tau_1,\mathrm{e}^{-r}\tau_2\right|\\&=\operatorname{sech}^{1/2}r\colon\exp\left\{-\frac{\tanh r}{4}[(a^\dagger+\mathrm{i}b^\dagger)^2-(a-\mathrm{i}b)^2]\right.\\&\quad\left.+\frac{1}{2}(a^\dagger+\mathrm{i}b^\dagger)(a-\mathrm{i}b)(\operatorname{sech}r-1)\right\}\colon\\&=\operatorname{sech}^{1/2}r\exp\left[-\frac{\tanh r}{4}(a^\dagger+\mathrm{i}b^\dagger)^2\right]\\&\quad\times\exp\left[\frac{1}{2}(a^\dagger+\mathrm{i}b^\dagger)(a-\mathrm{i}b)\ln\operatorname{sech}r\right]\exp\left[\frac{\tanh r}{4}(a-\mathrm{i}b)^2\right].\end{aligned}\tag{4-74}$$

这样, 可导出双模单边压缩态

$$S'(k)\,|00\rangle=\operatorname{sech}^{1/2}r\exp\left[-\frac{\tanh r}{4}(a^\dagger+\mathrm{i}b^\dagger)^2\right]|00\rangle.\tag{4-75}$$

当单模压缩态和真空态分别输入对称的光学分束器时, 可在输出端实现态 $S'(k)\,|00\rangle$. 类似地, 在态 $\langle\tau_1,\tau_2|$ 中作伸缩变换 $\tau_1\longrightarrow\mathrm{e}^{-r}\tau_1$, 也可构造出单边压缩算符 $S''(k)$, 此算符能把态 $|\tau_1,\tau_2\rangle$ 压缩为 $1/\sqrt{k}\,|\tau_1/k,\tau_2\rangle$, 即

$$\begin{aligned}S''(k)&=\exp\left[-\frac{\mathrm{i}r}{2}(P_a+Q_b)(Q_a-P_a)-\frac{r}{2}\right]\\&=\exp\left(-\frac{r}{2}\right)\int\frac{\mathrm{d}^2\tau}{\pi}\,|\tau\rangle\left\langle\mathrm{e}^{-r}\tau_1,\tau_2\right|\\&=\operatorname{sech}^{1/2}r\exp\left[-\frac{\tanh r}{4}(a^\dagger-\mathrm{i}b^\dagger)^2\right]\\&\quad\times\exp\left[\frac{1}{2}(a^\dagger-\mathrm{i}b^\dagger)(a+\mathrm{i}b)\ln\operatorname{sech}r\right]\exp\left[\frac{\tanh r}{4}(a+\mathrm{i}b)^2\right].\end{aligned}\tag{4-76}$$

4.2.3 维格纳算符的纠缠态 $|\tau\rangle$ 表示及其物理意义

对于具有纠缠的双粒子系统, 从量子纠缠的角度讨论其维格纳算符是十分必要的, 因为纠缠形式的维格纳算符及其边缘分布能反映出系统或态矢量的纠缠性质. 由态 $|\tau\rangle$ 引入如下算符积分

$$\Delta(\rho,\sigma)=\int\frac{\mathrm{d}^2\tau}{\pi^3}\,|\rho-\tau\rangle\langle\rho+\tau|\exp(\tau\sigma^*-\tau^*\sigma), \tag{4-77}$$

式中参数 ρ 和 σ 为复数, $\rho=\rho_1+\mathrm{i}\rho_2$, $\sigma=\sigma_1+\mathrm{i}\sigma_2$. 把式 (4-55) 代入式 (4-77), 并利用正规乘积算符内积分法对其进行积分, 得到维格纳算符 $\Delta(\rho,\sigma)$ 的正规乘积表示

$$\begin{aligned}\Delta(\rho,\sigma)=\pi^{-2}\colon&\exp[-(\rho^*-a^\dagger-\mathrm{i}b)(\rho-a+\mathrm{i}b^\dagger)\\&-(\sigma^*-a^\dagger+\mathrm{i}b)(\sigma-a-\mathrm{i}b^\dagger)]\colon,\end{aligned} \tag{4-78}$$

这就是双模维格纳算符的纠缠态 $|\tau\rangle$ 表示. 这是因为, 若取

$$\rho=\alpha-\mathrm{i}\beta^*,\qquad \sigma=\alpha+\mathrm{i}\beta^*, \tag{4-79}$$

可把式 (4-78) 改写为单模维格纳算符 $\Delta_a(\alpha,\alpha^*)$ 和 $\Delta_b(\beta,\beta^*)$ 的乘积形式[23], 即

$$\begin{aligned}\Delta(\rho,\sigma)&=\pi^{-2}\colon\exp[-2(\alpha^*-a^\dagger)(\alpha-a)-2(\beta^*-b^\dagger)(\beta-b)]\colon\\&=\Delta_a(\alpha,\alpha^*)\Delta_b(\beta,\beta^*).\end{aligned} \tag{4-80}$$

进一步, 对维格纳算符 $\Delta(\rho,\sigma)$ 分别执行 $\mathrm{d}^2\sigma$ 和 $\mathrm{d}^2\rho$ 积分, 可得到如下边缘分布:

$$\begin{aligned}\int\mathrm{d}^2\sigma\Delta(\rho,\sigma)&=\frac{1}{\pi}\colon\exp[-(\rho^*-a^\dagger-\mathrm{i}b)(\rho-a+\mathrm{i}b^\dagger)]\colon\\&=\frac{1}{\pi}\,|\tau\rangle\langle\tau|_{\tau=\rho},\end{aligned} \tag{4-81}$$

$$\begin{aligned}\int\mathrm{d}^2\rho\Delta(\rho,\sigma)&=\frac{1}{\pi}\colon\exp[-(\sigma^*-a^\dagger+\mathrm{i}b)(\sigma-a-\mathrm{i}b^\dagger)]\colon\\&=\frac{1}{\pi}\,|\varsigma\rangle\langle\varsigma|_{\varsigma=\sigma}.\end{aligned} \tag{4-82}$$

作为态 $|\tau\rangle$ 的共轭态, 纠缠态 $|\varsigma\rangle$ 为对易算符 Q_a+P_b 和 P_a+Q_b 的共同本征态, 即

$$(Q_a+P_b)\,|\varsigma\rangle=\sqrt{2}\varsigma_1\,|\varsigma\rangle\,,\qquad (P_a+Q_b)\,|\varsigma\rangle=\sqrt{2}\varsigma_2\,|\varsigma\rangle\,, \tag{4-83}$$

式中态 $|\varsigma\rangle$ 的具体形式为

$$|\varsigma\rangle=\exp\left(-\frac{|\varsigma|^2}{2}+\varsigma a^\dagger+\mathrm{i}\varsigma^*b^\dagger-\mathrm{i}a^\dagger b^\dagger\right)|00\rangle\,,\ \varsigma=\varsigma_1+\mathrm{i}\varsigma_2, \tag{4-84}$$

并满足

$$\int \frac{\mathrm{d}^2\varsigma}{\pi}\left|\varsigma\right\rangle\left\langle\varsigma\right| = 1, \quad \left\langle\varsigma'\right|\varsigma\rangle = \pi\delta(\varsigma-\varsigma')\delta(\varsigma^*-\varsigma'^*). \tag{4-85}$$

因此, 对于双粒子纠缠态 $|\phi\rangle$, 其维格纳函数的边缘分布分别为

$$\int \mathrm{d}^2\sigma \left\langle\phi\right|\Delta(\rho,\sigma)\left|\phi\right\rangle = \frac{1}{\pi}\left|\left\langle\tau\right|\phi\rangle\right|^2_{\tau=\rho}, \tag{4-86}$$

$$\int \mathrm{d}^2\rho \left\langle\phi\right|\Delta(\rho,\sigma)\left|\phi\right\rangle = \frac{1}{\pi}\left|\left\langle\varsigma\right|\phi\rangle\right|^2_{\varsigma=\sigma}, \tag{4-87}$$

式中 $|\langle\tau|\phi\rangle|^2_{\tau=\rho}$ 和 $|\langle\varsigma|\phi\rangle|^2_{\varsigma=\sigma}$ 正比于两粒子的联合可观测量的测量概率. 具体地说, $|\langle\tau|\phi\rangle|^2_{\tau=\rho}$ 代表在纠缠态 $|\phi\rangle$ 中两粒子处于联合观测量 Q_a-P_b 为 $\sqrt{2}\rho_1$ 以及 P_a-Q_b 为 $\sqrt{2}\rho_2$ 的概率; 而 $|\langle\varsigma|\phi\rangle|^2_{\varsigma=\sigma}$ 意味着在纠缠态 $|\phi\rangle$ 中发现两粒子处于联合观测量 Q_a+P_b 为 $\sqrt{2}\sigma_1$ 以及 P_a+Q_b 为 $\sqrt{2}\sigma_2$ 的概率. 可见, 根据纠缠态 $|\tau\rangle$ 表象中维格纳算符 $\Delta(\rho,\sigma)$ 推导出的边缘分布函数代表的是两粒子以纠缠形式存在的概率, 这是我们对于纠缠粒子维格纳函数的边缘分布赋予的新物理意义. 从这角度来说, 维格纳算符 $\Delta(\rho,\sigma)$ 可被称为纠缠的维格纳算符.

4.3 参量化纠缠态

4.3.1 态 $|\tau\rangle_{s,s'}$ 的具体表达式

基于 EPR 量子纠缠的基本思想[1], 并注意到算符对易关系 $[a^\dagger+\mathrm{i}b, a-\mathrm{i}b^\dagger]=0$, 构造正规乘积内积分为 1 的高斯型算符

$$\int \frac{\mathrm{d}^2\tau}{\pi} \colon \exp[-(\tau^*-a^\dagger-\mathrm{i}b)(\tau-a+\mathrm{i}b^\dagger)] \colon \equiv 1. \tag{4-88}$$

利用式 (2-7) 能把高斯型算符分解为

$$\colon \exp[-(\tau^*-a^\dagger-\mathrm{i}b)(\tau-a+\mathrm{i}b^\dagger)] \colon = \left|\tau\right\rangle\left\langle\tau\right|, \tag{4-89}$$

发现态 $|\tau\rangle$ 的具体表达式与式 (4-55) 完全相同. 类似地, 考虑到对易算符 $a^\dagger-\mathrm{i}b$ 和 $a+\mathrm{i}b^\dagger$, 也可找到它们的共同本征态 $|\varsigma\rangle$. 利用式 (4-55) 和式 (4-84), 可得到态 $\langle\tau|$ 和 $|\varsigma\rangle$ 的内积

$$\left\langle\tau\right|\varsigma\rangle = \frac{1}{2}\exp\left[\frac{1}{2}(\tau^*\varsigma-\tau\varsigma^*)\right], \tag{4-90}$$

它恰好为一个复的傅里叶变换核. 这样, 态 $|\varsigma\rangle$ 与态 $|\tau\rangle$ 具有如下傅里叶变换关系式

$$\int \frac{\mathrm{d}^2\varsigma}{2\pi}\left|\varsigma\right\rangle\exp\left[\frac{1}{2}(\tau\varsigma^*-\tau^*\varsigma)\right] = \left|\tau\right\rangle. \tag{4-91}$$

利用态 $|\tau\rangle$ 的表达式 (4-55) 和正规乘积算符内积分法, 这里引入一个新的连续变量参量化纠缠态表象. 首先, 在完备性关系 $\int \frac{\mathrm{d}^2\tau}{\pi}|\tau\rangle\langle\tau| = 1$ 中同时作代换 $a \to s^*a - s'b^\dagger$ 和 $b \to s^*b - s'a^\dagger$, 这里 s', s 为复参数且满足条件 $ss^* - s's'^* = 1$, 这样有

$$\begin{aligned}1 =& \int \frac{\mathrm{d}^2\tau}{\pi} :\ \exp\{-[\tau^* - (sa^\dagger - s'^*b) - \mathrm{i}(s^*b - s'a^\dagger)]\\&\times[\tau - (s^*a - s'b^\dagger) + \mathrm{i}(sb^\dagger - s'^*a)]\}:\\=& \int \frac{\mathrm{d}^2\tau}{|s - \mathrm{i}s'|^2\pi} :\ \exp\left\{-\frac{1}{|s - \mathrm{i}s'|^2}[\tau^* - (s - \mathrm{i}s')a^\dagger\right.\\&\left.+(s'^* - \mathrm{i}s^*)b][\tau - (s^* + \mathrm{i}s'^*)a + (s' + \mathrm{i}s)b^\dagger]\right\}:,\end{aligned} \tag{4-92}$$

在变量代换之后, 在上式第二步中出现了因子 $1/|s - \mathrm{i}s'|^2$, 它的作用是保证在指数展开过程中能凑得真空态投影算符的正规乘积表示 $|00\rangle\langle 00| =: \exp\left(-a^\dagger a - b^\dagger b\right):$. 通过把所有的产生算符都放到湮灭算符的左边, 并注意到等式

$$\frac{1}{|s - \mathrm{i}s'|^2} = \frac{s^* - \mathrm{i}s'^*}{2(s^* + \mathrm{i}s'^*)} + \frac{s + \mathrm{i}s'}{2(s - \mathrm{i}s')}, \tag{4-93}$$

我们能把式 (4-92) 改写为

$$\int \frac{\mathrm{d}^2\tau}{\pi}|\tau\rangle_{s,s'}\,{}_{s,s'}\langle\tau| = 1, \tag{4-94}$$

式中态 $|\tau\rangle_{s,s'}$ 的具体表达式为

$$\begin{aligned}|\tau\rangle_{s,s'} =& \frac{1}{s^* + \mathrm{i}s'^*}\exp\left[-\frac{s^* - \mathrm{i}s'^*}{2(s^* + \mathrm{i}s'^*)}|\tau|^2 + \frac{\tau a^\dagger}{s^* + \mathrm{i}s'^*}\right.\\&\left.-\frac{\tau^* b^\dagger}{s'^* - \mathrm{i}s^*} + \frac{s' + \mathrm{i}s}{s^* + \mathrm{i}s'^*}a^\dagger b^\dagger\right]|00\rangle,\end{aligned} \tag{4-95}$$

它服从如下本征方程

$$[(s^* + \mathrm{i}s'^*)a - (s' + \mathrm{i}s)b^\dagger]|\tau\rangle_{s,s'} = \tau|\tau\rangle_{s,s'}, \tag{4-96}$$

$$[(s - \mathrm{i}s')a^\dagger - (s'^* - \mathrm{i}s^*)b]|\tau\rangle_{s,s'} = \tau^*|\tau\rangle_{s,s'}. \tag{4-97}$$

进一步, 引入有关实参数 A, B, C, D 的关系式

$$\begin{aligned}s =& \frac{1}{2}[A + D - \mathrm{i}(B - C)],\\s' =& \frac{1}{2}[B + C + \mathrm{i}(A - D)],\end{aligned} \tag{4-98}$$

式中由 $ss^* - s's'^* = 1$ 保证 $AD - BC = 1$, 则态 $|\tau\rangle_{s,s'}$ 变成

$$|\tau\rangle_{s,s'} = \frac{1}{A+\mathrm{i}B}\exp\left[-\frac{D-\mathrm{i}C}{2(A+\mathrm{i}B)}|\tau|^2 + \frac{\tau a^\dagger}{A+\mathrm{i}B} - \frac{\tau^* b^\dagger}{B-\mathrm{i}A} + \frac{B+\mathrm{i}A}{A+\mathrm{i}B}a^\dagger b^\dagger\right]|00\rangle . \tag{4-99}$$

从而, 本征方程式 (4-96) 和 (4-97) 也被改写为

$$[A(Q_a - P_b) - B(P_a + Q_b)]\,|\tau\rangle_{s,s'} = \sqrt{2}\tau_1\,|\tau\rangle_{s,s'}\,, \tag{4-100}$$

$$[A(P_a - Q_b) + B(Q_a + P_b)]\,|\tau\rangle_{s,s'} = \sqrt{2}\tau_2\,|\tau\rangle_{s,s'}\,. \tag{4-101}$$

类似于式 (4-58), 态 $|\tau\rangle_{s,s'}$ 的正交归一关系为

$${}_{s,s'}\langle\tau'|\,\tau\rangle_{s,s'} = \pi\delta(\tau-\tau')\delta(\tau^*-\tau'^*). \tag{4-102}$$

由式 (4-94) 和 (4-102) 可知, 所有的态 $|\tau\rangle_{s,s'}$ 完备集合能构成一个正交归一的参量化纠缠态表象.

另一方面, 由式 (4-84) 中态 $|\varsigma\rangle$ 的表达式可构造与态 $|\tau\rangle_{s,s'}$ 共轭的参量化纠缠态 $|\varsigma\rangle_{s,s'}$, 其具体形式为

$$|\varsigma\rangle_{s,s'} = \frac{1}{s^*-\mathrm{i}s'^*}\exp\left[-\frac{s^*+\mathrm{i}s'^*}{2(s^*-\mathrm{i}s'^*)}|\varsigma|^2 + \frac{\varsigma a^\dagger}{s^*-\mathrm{i}s'^*} + \frac{\mathrm{i}\varsigma^* b^\dagger}{s^*-\mathrm{i}s'^*} - \frac{s+\mathrm{i}s'}{s^*-\mathrm{i}s'^*}\mathrm{i}a^\dagger b^\dagger\right]|00\rangle\,, \tag{4-103}$$

它服从本征方程

$$[(s-\mathrm{i}s')a^\dagger + \mathrm{i}(s^*+\mathrm{i}s'^*)b]\,|\varsigma\rangle_{s,s'} = \varsigma^*\,|\varsigma\rangle_{s,s'} \tag{4-104}$$

和拥有如下正交归一完备性

$$\begin{gathered}{}_{s,s'}\langle\varsigma'\,|\varsigma\rangle_{s,s'} = \pi\delta(\varsigma-\varsigma')\delta(\varsigma^*-\varsigma'^*),\\ \int\frac{\mathrm{d}^2\varsigma}{\pi}\,|\varsigma\rangle_{s,s'\,s,s'}\langle\varsigma| = 1.\end{gathered} \tag{4-105}$$

4.3.2 由态 $|\tau\rangle_{s,s'}$ 构造纠缠菲涅耳变换

参量化纠缠态 $|\tau\rangle_{s,s'}$ 表象能为找到一些新的幺正算符提供方便, 而且这些幺正算符能在纠缠态 $|\tau\rangle_{s,s'}$ 和一些已知态之间建立某种联系. 例如, 可以实现某种幺正算符, 它能把态 $|\tau\rangle$ 转换为态 $|\tau\rangle_{s,s'}$. 为了找到这种功能的幺正算符, 构造如下 ket-bra 型算符积分

$$U(s,s') \equiv \int\frac{\mathrm{d}^2\tau}{\pi}\,|\tau\rangle_{s,s'}\,\langle\tau|\,, \tag{4-106}$$

此算符满足

$$
\begin{aligned}
U(s,s')\left|\tau\right\rangle &= \int \frac{\mathrm{d}^2\tau'}{\pi}\left|\tau'\right\rangle_{s,s'}\ \left\langle\tau'\right|\tau\rangle \\
&= \int \mathrm{d}^2\tau'\left|\tau'\right\rangle_{s,s'}\delta^{(2)}(\tau'-\tau) = \left|\tau\right\rangle_{s,s'}.
\end{aligned} \tag{4-107}
$$

利用正规乘积算符内积分法去完成积分式 (4-106), 可得

$$
\begin{aligned}
U(s,s') &= \int \frac{\mathrm{d}^2\tau}{\pi}\left|\tau\right\rangle_{s,s'}\left\langle\tau\right| \\
&= \frac{1}{s^*+\mathrm{i}s'^*}\int\frac{\mathrm{d}^2\tau}{\pi}\exp\left[-\frac{s^*-\mathrm{i}s'^*}{2(s^*+\mathrm{i}s'^*)}|\tau|^2+\frac{\tau a^\dagger}{s^*+\mathrm{i}s'^*}\right. \\
&\quad \left.-\frac{\mathrm{i}\tau^* b^\dagger}{s^*+\mathrm{i}s'^*}+\frac{s-\mathrm{i}s'}{s^*+\mathrm{i}s'^*}\mathrm{i}a^\dagger b^\dagger\right]\left|00\right\rangle\left\langle 00\right|\exp\left[-\frac{|\tau|^2}{2}+\tau^* a+\mathrm{i}\tau b-\mathrm{i}ab\right] \\
&= \frac{1}{s^*+\mathrm{i}s'^*}\int\frac{\mathrm{d}^2\tau}{\pi}:\ \exp\left[-\frac{s^*|\tau|^2}{s^*+\mathrm{i}s'^*}+\frac{[a^\dagger+\mathrm{i}(s^*+\mathrm{i}s'^*)b]\tau}{s^*+\mathrm{i}s'^*}\right. \\
&\quad \left.+\frac{[(s^*+\mathrm{i}s'^*)a-\mathrm{i}b^\dagger]\tau^*}{s^*+\mathrm{i}s'^*}+\frac{s-\mathrm{i}s'}{s^*+\mathrm{i}s'^*}\mathrm{i}a^\dagger b^\dagger-\mathrm{i}ab-a^\dagger a-b^\dagger b\right]: \\
&= \exp\left(\frac{s'}{s^*}a^\dagger b^\dagger\right)\exp\left[(a^\dagger a+b^\dagger b+1)\ln\frac{1}{s^*}\right]\exp\left(-\frac{s'^*}{s^*}ab\right).
\end{aligned} \tag{4-108}
$$

由于 $U(s,s')$ 对应于经典的光学菲涅耳变换, 并且 $U(s,s')\left|00\right\rangle = \exp\left(\frac{s'}{s^*}a^\dagger b^\dagger\right)\left|00\right\rangle$ 为纠缠态, 因此算符 $U(s,s')$ 被称为纠缠菲涅耳算符. 实际上, 利用式 (4-55)、式 (4-99) 以及双模相干态的超完备性 $\int \frac{\mathrm{d}^2\alpha\mathrm{d}^2\beta}{\pi^2}\left|\alpha,\beta\right\rangle\left\langle\alpha,\beta\right| = 1$, 可得到如下矩阵元

$$
\begin{aligned}
\left\langle\tau'\right|U(s,s')\left|\tau\right\rangle &= \left\langle\tau'\right|\tau\rangle_{s,s'} = \int\frac{\mathrm{d}^2\alpha\mathrm{d}^2\beta}{\pi^2}\left\langle\tau'\right|\alpha,\beta\rangle\left\langle\alpha,\beta\right|\tau\rangle_{s,s'} \\
&= \frac{1}{s^*+\mathrm{i}s'^*}\int\frac{\mathrm{d}^2\alpha\mathrm{d}^2\beta}{\pi^2}\exp[-(|\alpha|^2+|\beta|^2) \\
&\quad +\tau'^*\alpha+\mathrm{i}\tau'\beta-\mathrm{i}\alpha\beta]\exp\left[-\frac{(s^*-\mathrm{i}s'^*)|\tau|^2}{2(s^*+\mathrm{i}s'^*)}-\frac{|\tau'|^2}{2}\right. \\
&\quad \left.+\frac{\tau\alpha^*}{s^*+\mathrm{i}s'^*}-\frac{\mathrm{i}\tau^*\beta^*}{s^*+\mathrm{i}s'^*}+\frac{s-\mathrm{i}s'}{s^*+\mathrm{i}s'^*}\mathrm{i}\alpha^*\beta^*\right] \\
&= \frac{1}{\mathrm{i}2B\pi}\exp\left[\frac{\mathrm{i}}{2B}(D|\tau|^2+A|\tau'|^2-\tau^*\tau'-\tau\tau'^*)\right] \\
&= \kappa_2^{(s,s')}(\rho,\tau).
\end{aligned} \tag{4-109}
$$

进一步, 利用态 $|\tau\rangle$ 的施密特分解式 (4-60), 可得如下内积

$$\begin{aligned}\langle\tau|\,y,p\rangle&=\mathrm{e}^{\mathrm{i}\tau_1\tau_2}\mathrm{e}^{-\mathrm{i}\sqrt{2}\tau_2 y}\delta(\sqrt{2}\tau_1+p-y),\\ \langle y',p'|\,\tau'\rangle&=\mathrm{e}^{-\mathrm{i}\tau_1'\tau_2'}\mathrm{e}^{\mathrm{i}\sqrt{2}\tau_2' y'}\delta(\sqrt{2}\tau_1'+p'-y'),\end{aligned}\tag{4-110}$$

式中 $|y,p\rangle\equiv|y\rangle_a\otimes|p\rangle_b$. 然后, 由式 (4-109) 得到矩阵元 $\langle y',p'|\,U(s,s')\,|y,p\rangle$, 即

$$\begin{aligned}&\langle y',p'|\,U(s,s')\,|y,p\rangle\\&=\int\frac{\mathrm{d}^2\tau'\mathrm{d}^2\tau}{\pi}\,\langle y',p'|\,\tau'\rangle\,\langle\tau\,|y,p\rangle\,\kappa_2^{(s,s')}(\tau',\tau)\\&=\frac{1}{\mathrm{i}4B\pi^2}\exp\left\{\frac{\mathrm{i}}{2B}\left[\frac{D}{2}(y-p)^2+\frac{A}{2}(y'-p')^2-(y-p)(y'-p')\right]\right\}\\&\quad\times\int\mathrm{d}\tau_2'\mathrm{d}\tau_2\exp\left[\mathrm{i}\tau_2'\left(\frac{y'+p'}{\sqrt{2}}\right)-\mathrm{i}\tau_2\left(\frac{y+p}{\sqrt{2}}\right)+\frac{\mathrm{i}}{2B}\left(D\tau_2^2+A\tau_2'^2-2\tau_2\tau_2'\right)\right]\\&=\left\{\frac{1}{\sqrt{\mathrm{i}2B\pi}}\exp\left[\frac{\mathrm{i}}{2B}(D\zeta^2+A\zeta'^2-2\zeta\zeta')\right]\right\}\\&\quad\times\left\{\frac{1}{\sqrt{-\mathrm{i}2C\pi}}\exp\left[\frac{\mathrm{i}}{-2C}(D\xi'^2+A\xi^2-2\xi\xi')\right]\right\},\end{aligned}\tag{4-111}$$

式中参数 ζ,ζ',ξ 和 ξ' 分别为

$$\zeta=\frac{y-p}{\sqrt{2}},\quad \zeta'=\frac{y'-p'}{\sqrt{2}},\quad \xi=\frac{y+p}{\sqrt{2}},\ \xi'=\frac{y'+p'}{\sqrt{2}}.\tag{4-112}$$

由式 (4-111) 可看出, 变换变量为坐标和动量的联合形式, 这完全不同于两个一维空间菲涅耳变换的直积形式[24, 25]. 这样, $\langle y',p'|\,U(s,s')\,|y,p\rangle$ 被称为纠缠菲涅耳变换.

4.3.3 由态 $|\tau\rangle_{s,s'}$ 寻找经典圆谐相关器的量子对应

在光学信息处理中, 基于圆谐相关器能导出一系列重要的模式识别方法, 其目的是减少或消除对外部参数的敏感性, 如尺度大小和旋转. 这里, 我们在量子光学范畴内根据纠缠态 $\left|\tau=\rho\mathrm{e}^{\mathrm{i}\psi}\right\rangle_{s,s'}$ 去研究经典圆谐相关器的量子对应并概述其本质.

把双模数差算符 $N=a^\dagger a-b^\dagger b$ 作用到 $\left|\tau=\rho\mathrm{e}^{\mathrm{i}\psi}\right\rangle_{s,s'}$ 上, 有

$$\begin{aligned}&(a^\dagger a-b^\dagger b)\left|\tau=\rho\mathrm{e}^{\mathrm{i}\psi}\right\rangle_{s,s'}\\&=\left(\frac{\tau a^\dagger}{s^*+\mathrm{i}s'^*}-\frac{\tau^* b^\dagger}{s'^*-\mathrm{i}s^*}\right)\left|\tau=\rho\mathrm{e}^{\mathrm{i}\psi}\right\rangle_{s,s'}\\&=-\mathrm{i}\frac{\partial}{\partial\psi}\left|\tau=\rho\mathrm{e}^{\mathrm{i}\psi}\right\rangle_{s,s'},\end{aligned}\tag{4-113}$$

表明数差算符 $N=a^\dagger a-b^\dagger b$ 的作用等同于纠缠态 $\left|\tau=\rho\mathrm{e}^{\mathrm{i}\psi}\right\rangle_{s,s'}$ 下的微分操作 $-\mathrm{i}\dfrac{\partial}{\partial\psi}$, 这是一个有趣的结果. 利用式 (4-113), 我们有

$$\begin{aligned}\mathrm{e}^{\mathrm{i}\beta(a^\dagger a-b^\dagger b)}\left|\tau=\rho\mathrm{e}^{\mathrm{i}\psi}\right\rangle_{s,s'}&=\mathrm{e}^{\beta\frac{\partial}{\partial\psi}}\left|\tau=\rho\mathrm{e}^{\mathrm{i}\psi}\right\rangle_{s,s'}\\&=\left|\tau=\rho\mathrm{e}^{\mathrm{i}(\psi+\beta)}\right\rangle_{s,s'},\end{aligned}\tag{4-114}$$

说明算符 $\mathrm{e}^{\mathrm{i}\beta(a^\dagger a-b^\dagger b)}$ 在纠缠态 $\left|\tau=\rho\mathrm{e}^{\mathrm{i}\psi}\right\rangle_{s,s'}$ 下为一旋转算符. 另一方面, 基于纠缠态 $\left|\tau=\rho\mathrm{e}^{\mathrm{i}\psi}\right\rangle_{s,s'}$, 并引入整数 q 来构造如下积分:

$$\frac{1}{2\pi}\int_0^{2\pi}\mathrm{d}\psi\mathrm{e}^{-\mathrm{i}q\psi}\left|\tau=\rho\mathrm{e}^{\mathrm{i}\psi}\right\rangle_{s,s'}\equiv|q,\rho\rangle_{s,s'},\tag{4-115}$$

此态被称为诱导纠缠态, 它具有如下完备正交归一性, 即

$$\begin{aligned}&\sum_{q=-\infty}^{\infty}\int_0^{\infty}\mathrm{d}\rho^2\,|q,\rho\rangle_{s,s'\,s,s'}\langle q,\rho|=1,\\&{}_{s,s'}\langle q,\rho\,|q',\rho'\rangle_{s,s'}=\frac{1}{2\rho}\delta_{q,q'}\delta(\rho-\rho').\end{aligned}\tag{4-116}$$

当把数差算符 N 和联合振幅算符

$$M=[(s^*+\mathrm{i}s'^*)a-(s'+\mathrm{i}s)b^\dagger][(s-\mathrm{i}s')a^\dagger-(s'^*-\mathrm{i}s^*)b]\tag{4-117}$$

分别作用到诱导纠缠态 $|q,\rho\rangle_{s,s'}$ 时, 我们有

$$N\,|q,\rho\rangle_{s,s'}=q\,|q,\rho\rangle_{s,s'},\quad M\,|q,\rho\rangle_{s,s'}=\rho^2\,|q,\rho\rangle_{s,s'}.\tag{4-118}$$

因为 $[N,M]=0$, 这表明态 $|q,\rho\rangle_{s,s'}$ 恰好为算符 N 和 M 的共同本征态. 式 (4-115) 表示的逆关系即为圆谐展开, 即

$$\left|\tau=\rho\mathrm{e}^{\mathrm{i}\psi}\right\rangle_{s,s'}=\sum_{q=-\infty}^{\infty}|q,\rho\rangle_{s,s'}\,\mathrm{e}^{\mathrm{i}q\psi}.\tag{4-119}$$

对于极坐标下任意二维函数 $f(\rho,\psi)$, 在纠缠态 ${}_{s,s'}\left\langle\tau=\rho\mathrm{e}^{\mathrm{i}\psi}\right|$ 中的展开式为

$$f(\rho,\psi)={}_{s,s'}\left\langle\tau=\rho\mathrm{e}^{\mathrm{i}\psi}\right|f\rangle.\tag{4-120}$$

现在, 利用式 (4-94)、(4-114) 和 (4-120), 我们计算态 $\langle f|$ 与旋转态 $\mathrm{e}^{\mathrm{i}\beta(a^\dagger a-b^\dagger b)}|f\rangle$ 的内积, 即

$$
\begin{aligned}
&\langle f|\, \mathrm{e}^{\mathrm{i}\beta(a^\dagger a-b^\dagger b)}\,|f\rangle \\
&=\frac{1}{\pi}\int_0^\infty \rho\mathrm{d}\rho\int_0^{2\pi}\mathrm{d}\psi\,\langle f|\,\tau=\rho\mathrm{e}^{\mathrm{i}\psi}\rangle_{s,s'\,s,s'}\left\langle \tau=\rho\mathrm{e}^{\mathrm{i}\psi}\right|\mathrm{e}^{\mathrm{i}\beta(a^\dagger a-b^\dagger b)}\,|f\rangle \\
&=\frac{1}{\pi}\int_0^\infty \rho\mathrm{d}\rho\int_0^{2\pi}\mathrm{d}\psi\,\langle f|\,\tau=\rho\mathrm{e}^{\mathrm{i}\psi}\rangle_{s,s'\,s,s'}\left\langle \tau'=\rho\mathrm{e}^{\mathrm{i}(\psi-\beta)}\right|\,f\rangle \\
&=\frac{1}{\pi}\int_0^\infty \rho\mathrm{d}\rho\int_0^{2\pi}\mathrm{d}\psi f^*(\rho,\psi)f(\rho,\psi-\beta)\equiv R_\beta,
\end{aligned}
\tag{4-121}
$$

上式表示互关系数 R_β 可由函数 $f^*(\rho,\psi)$ 和旋转函数 $f(\rho,\psi-\beta)$ 来决定. 利用式 (4-119), 可有

$$
\begin{aligned}
f(\rho,\psi)&=\sum_{q=-\infty}^{\infty}{}_{s,s'}\langle q,\rho|\,f\rangle\,\mathrm{e}^{-\mathrm{i}q\psi} \\
&=\sum_{q=-\infty}^{\infty}f_q(\rho)\mathrm{e}^{-\mathrm{i}q\psi},
\end{aligned}
\tag{4-122}
$$

式中 $f_q(\rho)={}_{s,s'}\langle q,\rho|\,f\rangle$, 即为态 $|f\rangle$ 在纠缠态 ${}_{s,s'}\langle q,\rho|$ 表象中的表示. 这样, 由式 (4-116) 和 (4-122), 可得到

$$
\begin{aligned}
|f\rangle&=\sum_{q=-\infty}^{\infty}\int_0^\infty \mathrm{d}\rho^2\,|q,\rho\rangle_{s,s'\,s,s'}\langle q,\rho|\,f\rangle \\
&=\sum_{q=-\infty}^{\infty}\int_0^\infty \mathrm{d}\rho^2\,|q,\rho\rangle_{s,s'}\,f_q(\rho).
\end{aligned}
\tag{4-123}
$$

所以, 我们能把 R_β 改写为

$$
\begin{aligned}
R_\beta&=\sum_{q'=-\infty}^{\infty}\int_0^\infty \mathrm{d}\rho^2{}_{s,s'}\langle q',\rho|\,f_{q'}^*(\rho)\mathrm{e}^{\mathrm{i}\beta(a^\dagger a-b^\dagger b)}\sum_{q=-\infty}^{\infty}\int_0^\infty \mathrm{d}\rho'^2\,|q,\rho'\rangle_{s,s'}\,f_q(\rho') \\
&=\sum_{q',q=-\infty}^{\infty}\int_0^\infty \mathrm{d}(\rho^2)\frac{1}{2\rho}f_{q'}^*(\rho)\mathrm{e}^{\mathrm{i}q\beta}\int_0^\infty \mathrm{d}(\rho'^2)f_q(\rho')\delta_{q,q'}\delta(\rho-\rho') \\
&=2\sum_{q=-\infty}^{\infty}\mathrm{e}^{\mathrm{i}q\beta}\int_0^\infty \rho\,|f_q(\rho)|^2\,\mathrm{d}\rho.
\end{aligned}
\tag{4-124}
$$

上式表明, 各圆谐分量的互关系数 R_β 不是固定的, 它与相移 $q\beta$ 有关. 到此为止, 我们研究了量子光学范畴内的圆谐相关器, 并在纠缠态表象中赋予互关系数 R_β 具体的物理意义, 即态 $\langle f|$ 与旋转态 $\mathrm{e}^{\mathrm{i}\beta(a^\dagger a-b^\dagger b)}\,|f\rangle$ 之间的内积.

4.3.4 $\left|\langle\phi\,|\tau\rangle_{s,s'}\right|^2$ 作为双模关联态 $|\phi\rangle$ 的层析图函数

众所周知, 光学层析成像是一项图像成像技术, 它通过多次扫描二维切片 (断层) 生成二维数据集, 从而实现获得三维物体的内部结构图像, 这样就能洞察物

体的内部. 然而, 量子层析成像技术是指通过建立维格纳函数的拉登变换, 然后利用层析成像中的反拉登变换去重构量子态的维格纳函数. 本小节证明, 投影算符 $|\tau\rangle_{s,s's,s'}\langle\tau|$ 恰恰是纠缠维格纳算符 $\Delta(\rho,\sigma)$ 的拉登变换, 从可测量的概率分布 $\left|\langle\phi\,|\tau\rangle_{s,s'}\right|^2$ 的逆拉登变换出发, 可重构双模关联态 $|\phi\rangle$ 的维格纳函数 $W_\phi(\rho,\sigma)$.

根据外尔量化规则, 能建立投影算符 $|\tau\rangle_{s,s's,s'}\langle\tau|$ 和它的经典对应 $h(\rho,\sigma;\tau)$ 之间的关系

$$|\tau\rangle_{s,s's,s'}\langle\tau| = \iint \mathrm{d}^2\rho\mathrm{d}^2\sigma h(\rho,\sigma;\tau)\Delta(\rho,\sigma), \tag{4-125}$$

由式 (4-125) 可知, 投影算符 $|\tau\rangle_{s,s's,s'}\langle\tau|$ 的经典对应 $h(\rho,\sigma;\tau)$ 为

$$\begin{aligned} h(\rho,\sigma;\tau) &= 4\pi^2\mathrm{Tr}[\Delta(\rho,\sigma)\,|\tau\rangle_{s,s's,s'}\langle\tau|] \\ &= 4\int\frac{\mathrm{d}^2\tau'}{\pi}\,{}_{s,s'}\langle\tau\,|\rho-\tau'\rangle\,\langle\rho+\tau'|\,\tau\rangle_{s,s'}\,\mathrm{e}^{\tau'\sigma^*-\tau'^*\sigma}. \end{aligned} \tag{4-126}$$

把式 (4-99) 代入式 (4-126) 并利用积分公式 (1-27), 得到

$$\begin{aligned} h(\rho,\sigma;\tau) &= 4\int\frac{\mathrm{d}^2\tau'}{\pi}\,{}_{s,s'}\langle\tau\,|\rho-\tau'\rangle\,\langle\rho+\tau'|\,\tau\rangle_{s,s'}\exp(\tau'\sigma^*-\tau'^*\sigma) \\ &= \int\frac{\mathrm{d}^2\tau'}{\pi B^2}\exp\left\{\frac{1}{\mathrm{i}2B}\Big[-D\,|\tau|^2 - A\,|\rho+\tau'|^2\right. \\ &\quad \left.+\tau^*(\rho+\tau')+\tau(\rho^*+\tau'^*)\Big]\right\}\exp(\tau'\sigma^*-\tau'^*\sigma) \\ &\quad \times\exp\left\{-\frac{1}{\mathrm{i}2B}\left[-D\,|\tau|^2 - A\,|\rho-\tau'|^2+\tau(\rho^*-\tau'^*)+\tau^*(\rho-\tau')\right]\right\} \\ &= \int\frac{\mathrm{d}^2\tau'}{\pi B^2}\exp\left\{\frac{1}{B}\left[(-\mathrm{i}A\rho+\mathrm{i}\tau+B\sigma)^*\tau' - (-\mathrm{i}A\rho+\mathrm{i}\tau+B\sigma)\tau'^*\right]\right\} \\ &= \pi\delta(A\rho_1-B\sigma_2-\tau_1)\delta(A\rho_2+B\sigma_1-\tau_2). \end{aligned} \tag{4-127}$$

结合式 (4-125) 和式 (4-127), 可得到

$$|\tau\rangle_{s,s's,s'}\langle\tau| = \pi\iint\mathrm{d}^2\rho\mathrm{d}^2\sigma\delta(A\rho_1-B\sigma_2-\tau_1)\delta(A\rho_2+B\sigma_1-\tau_2)\Delta(\rho,\sigma), \tag{4-128}$$

上式与拉登变换的标准定义比较可知, 纯态投影算符 $|\tau\rangle_{s,s's,s'}\langle\tau|$ 正好是维格纳算符 $\Delta(\rho,\sigma)$ 的拉登变换[26]. 对于任意的双模关联量子态 $|\phi\rangle$, 我们有

$$\left|\langle\phi\,|\tau\rangle_{s,s'}\right|^2 = \pi\iint\mathrm{d}^2\rho\mathrm{d}^2\sigma W_\phi(\rho,\sigma)\delta(A\rho_1-B\sigma_2-\tau_1)\delta(A\rho_2+B\sigma_1-\tau_2). \tag{4-129}$$

这样, 维格纳函数 $W_\phi(\rho,\sigma)$ 的拉登变换恰好为纠缠态 $|\tau\rangle_{s,s'}$ 表象中量子态 $|\phi\rangle$ 波函数的模方形式. 因此, 引入参量化纠缠态 $|\tau\rangle_{s,s'}$ 是有实际物理意义的. 例如, 由

式 (4-129) 可方便计算出双模压缩态 $S_2(r)\left|00\right\rangle$ 的层析图函数, 这是因为此层析图函数的振幅即为压缩态 $\left\langle 00\right| S_2^\dagger(r)$ 和纠缠态 $\left|\tau\right\rangle_{s,s'}$ 的内积

$$
\begin{aligned}
&\left\langle 00\right| S_2^\dagger(r)\left|\tau\right\rangle_{s,s'}\\
=&\iint\frac{\mathrm{d}^2\alpha\mathrm{d}^2\beta}{\pi^2}\left\langle 00\right|\exp(ab\tanh r)\left|\alpha,\beta\right\rangle\left\langle\alpha,\beta\right|\tau\rangle_{s,s'}\\
=&\frac{1}{s^*+\mathrm{i}s'^*}\exp\left[-\frac{s^*-\mathrm{i}s'^*}{2(s^*+\mathrm{i}s'^*)}|\tau|^2\right]\iint\frac{\mathrm{d}^2\alpha\mathrm{d}^2\beta}{\pi^2}\exp\left[-|\alpha|^2\right.\\
&\left.-|\beta|^2+\alpha\beta\tanh r+\frac{\tau\alpha^*}{s^*+\mathrm{i}s'^*}-\frac{\tau^*\beta^*}{s'^*-\mathrm{i}s^*}+\frac{s'+\mathrm{i}s}{s^*+\mathrm{i}s'^*}\alpha^*\beta^*\right]\\
=&\frac{1}{s^*+\mathrm{i}s'^*-(s+\mathrm{i}s')\tanh r}\exp\left\{\frac{s^{*2}-s'^{*2}+(|s+\mathrm{i}s'|^2-\mathrm{i}2)\tanh r}{2[s^*+\mathrm{i}s'^*-(s+\mathrm{i}s')\tanh r](s^*+\mathrm{i}s'^*)}|\tau|^2\right\}.
\end{aligned}
\tag{4-130}
$$

参 考 文 献

[1] Einstein A, Podolsky B, Rosen N. Can quantum-mechanical description of physical reality be considered complete?[J]. Physical Review, 1935, 47(10): 777-780.

[2] Fan H Y, Klauder J R. Eigenvectors of two particles' relative position and total momentum[J]. Physical Review A, 1994, 49(2): 704-707.

[3] Meng X G, Wang J S, Fan H Y. New bipartite coherent-entangled state in two-mode Fock space and its applications[J]. Optics Communications, 2011, 284(7): 2070-2074.

[4] Meng X G, Wang J S, Zhang X Y. A new bipartite entangled state describing the parametric down-conversion process and its applications in quantum optics[J]. Chinese Physics B, 2012, 21(10): 100305.

[5] Meng X G, Wang J S, Zhang X Y, Liang B L. New parameterized entangled state representation and its applications[J]. Journal of Physics B: Atomic, Molecular and Optical Physics, 2011, 44(16): 165506.

[6] 范洪义. 量子力学表象与变换论: 狄拉克符号法进展 [M]. 合肥: 中国科学技术大学出版社, 1997.

[7] 范洪义. 从量子力学到量子光学 —— 数理进展 [M]. 上海: 上海交通大学出版社, 2005.

[8] 狄拉克 (P. A. M. Dirac). 量子力学原理 [M]. 4 版. 北京: 科学出版社, 2008.

[9] 范洪义. 量子力学纠缠态表象及应用 [M]. 上海: 上海交通大学出版社, 2001.

[10] Preskill J. Quantum Information and Computation[M]. California: California Institute of Technology, 1998.

[11] Campos R A, Saleh B E A, Teich M C. Quantum-mechanical lossless beam splitter: SU(2) symmetry and photon statistics[J]. Physical Review A, 1989, 40(3): 1371-1384.

[12] Sudarshan E C G. Equivalence of semiclassical and quantum mechanical descriptions of statistical light beams[J]. Physical Review Letters, 1963, 10(7): 277-279.

[13] Dodonov V V, Malkin I A, Man'ko V I. Even and odd coherent states and excitations of a singular oscillator[J]. Physica, 1974, 72(3): 597-615 .

[14] Bužek V, Vidiella-Barranco A, Knight P L. Superpositions of coherent states: Squeezing and dissipation[J]. Physical Review A, 1992, 45(9): 6570-6585.

[15] Xu S M, Xu X L, Li H Q, Wang J S. New two-mode intermediate momentum-coordinate representation with quantum entanglement and its application[J]. Chinese Physics B, 2009, 18(6): 2129-2136.

[16] Klauder J R, Sudarshan E C G. Fundamentals of Quantum Optics[M]. New York: Benjamin, 1968.

[17] Mehta C L. Diagonal coherent-state representation of quantum operators[J]. Physical Review Letters, 1967, 18(18): 752-754.

[18] Schumaker B L, Caves C M. New formalism for two-photon quantum optics. II. mathematical foundation and compact notation[J]. Physical Review A, 1985, 31(5): 3093-3111.

[19] Wu L A, Kimble H J, Hall J L, Wu H. Generation of squeezed states by parametric down conversion[J]. Physical Review Letters, 1986, 57(20): 2520-2523.

[20] Mandel L, Wolf E. Optical Coherence and Quantum Optics[M]. Cambridge: Cambridge University Press, 1995.

[21] Fan H Y, Jiang N Q. Entangled state representation for describing both squeezing and entanglement involved in the parametric down-conversion process[J]. Physica Scripta, 2010, 82(5): 055403.

[22] Dodonov V V. 'Nonclassical' states in quantum optics: A 'squeezed' review of the first 75 years[J]. Journal of Optics B: Quantum and Semiclassical Optics, 2002, 4(1): R1-R33.

[23] Wigner E. On the quantum correction for thermodynamic equilibrium[J]. Physical Review, 1932, 40(5): 749-759.

[24] James D F V, Agarwal G S. The generalized Fresnel transform and its application to optics[J]. Optics Communications, 1996, 126(4-6): 207-212.

[25] Goodman J W. Introduction to Fourier Optics[M]. New York: McGraw-Hill, 1968.

[26] Radon J. On the determination of functions from their integral values along certain manifolds[J]. IEEE Transactions on Medical Imaging, 1986: 5(4): 170-175.

第 5 章　热场纠缠态及其在求解量子主方程中的应用

本章首先介绍连续变量热场纠缠态及其性质与应用 [1]. 然后, 利用热场纠缠态求解激光通道量子主方程, 并根据其解析解探查压缩粒子数态和压缩热态在激光通道中的退相干演化规律 [2]. 最后, 还推导出扩散非谐振子主方程的解析解以及维格纳函数的演化 [3].

5.1　热场纠缠态

在历史上, 为了把处于 $T \neq 0$ 下的统计系综平均值等价地转换为一个纯态下的期望值, Takahashi 和 Umezawa 首次引入了热场动力学理论 [4]. 对于自由玻色系统 $H = \omega a^\dagger a$ 来说, Takahashi 和 Umezawa 发现热真空态 $|0(\theta)\rangle$ 为

$$|0(\theta)\rangle = S(\theta)\left|0,\tilde{0}\right\rangle = \mathrm{sech}\theta\exp(a^\dagger\tilde{a}^\dagger\tanh\theta)\left|0,\tilde{0}\right\rangle. \tag{5-1}$$

可见, 它是通过热压缩算符 $S(\theta) = \exp[\theta(a^\dagger\tilde{a}^\dagger - a\tilde{a})]$ 作用到 $T = 0$ 下的真空态 $|0,\tilde{0}\rangle$ 而得到的. $\tilde{a}^\dagger$ 为与真实的光子产生算符 $a^\dagger$ 相伴而生的虚模的产生算符, 而 $\tilde{a}$ 能湮灭 $\left|\tilde{0}\right\rangle$ 且满足对易关系 $[\tilde{a},\tilde{a}^\dagger] = 1$ 和 $[\tilde{a}, a^\dagger] = 0$. 而参数 θ 与温度 T 有关, 即 $\tanh\theta = \exp(-\hbar\omega/2kT)$. 在超高温度下, $\hbar\omega \ll 2kT$, 这时 $\tanh\theta \to 1$, 这样热真空态退化成

$$|0(\theta)\rangle \to \exp(a^\dagger\tilde{a}^\dagger)\left|0,\tilde{0}\right\rangle = \sum_{m=0}^{\infty}|m,\tilde{m}\rangle, \tag{5-2}$$

式中 $|\tilde{m}\rangle = (m!)^{-1/2}\tilde{a}^{\dagger m}\left|\tilde{0}\right\rangle$. 实际上, 式 (5-2) 反映了量子系统与热环境之间的量子纠缠. 因此, 类似于建立物理空间中连续变量纠缠态 $|\eta\rangle$ 和 $|\zeta\rangle$ 表象, 这里引进一个新的连续变量纠缠态表象——热场纠缠态表象. 在双模福克空间中, 热纠缠态 $|\chi\rangle$ 表示为 [5]

$$\begin{aligned}|\chi\rangle &= \exp\left[-\frac{1}{2}|\chi|^2 + \chi a^\dagger - \chi^*\tilde{a}^\dagger + a^\dagger\tilde{a}^\dagger\right]|0\tilde{0}\rangle \\ &= D(\chi)|\chi = 0\rangle,\end{aligned} \tag{5-3}$$

式中 $D(\chi) = \exp(\chi a^\dagger - \chi^* a)$ 为平移算符, $\chi = \chi_1 + \mathrm{i}\chi_2$, $|\chi = 0\rangle = \exp(a^\dagger\tilde{a}^\dagger)\left|0,\tilde{0}\right\rangle$. 利用有序算符内积分法可证明, $|\chi\rangle$ 为算符 $(a - \tilde{a}^\dagger)$ 和 $(a^\dagger - \tilde{a})$ 的本征态, 且拥有正交归一性

$$\langle\chi|\,\chi'\rangle = \pi\delta(\chi_1 - \chi_1')\delta(\chi_2 - \chi_2') \tag{5-4}$$

和完备性

$$\int \frac{\mathrm{d}^2\chi}{\pi} |\chi\rangle\langle\chi| = 1,\ \mathrm{d}^2\chi = \mathrm{d}\chi_1\mathrm{d}\chi_2. \tag{5-5}$$

所以, 态 $|\chi\rangle$ 的完备集合能构成一个连续变量纠缠态表象. 虽然式 (5-3) 在形式上与式 (2-2) 完全相同, 但所包含的物理意义完全不同, 原因在于纠缠态 $|\chi\rangle$ 是量子系统和外界热环境之间发生相互纠缠的结果. 值得指出的是, 热压缩算符 $S(\theta) = \exp[\theta(a^\dagger\tilde{a}^\dagger - a\tilde{a})]$ 在纠缠态 $|\chi\rangle$ 表象中有其自然表示

$$S(\theta) = \mathrm{e}^{-\theta}\int \frac{\mathrm{d}^2\chi}{\pi} \left|\mathrm{e}^{-\theta}\chi\right\rangle\langle\chi|. \tag{5-6}$$

其证明过程如下:

$$\begin{aligned}
&\mathrm{e}^{-\theta}\int \frac{\mathrm{d}^2\chi}{\pi} \left|\mathrm{e}^{-\theta}\chi\right\rangle\langle\chi| \\
=&\mathrm{e}^{-\theta}\int \frac{\mathrm{d}^2\chi}{\pi} \colon \exp\left[-\frac{|\chi|^2}{2}(1+\mathrm{e}^{-2\theta}) + \chi(\mathrm{e}^{-\theta}a^\dagger - \tilde{a})\right. \\
&\left. -\chi^*(\mathrm{e}^{-\theta}\tilde{a}^\dagger - a) + a^\dagger\tilde{a}^\dagger + a\tilde{a} - a^\dagger a - \tilde{a}^\dagger\tilde{a}\right]\colon \\
=&\exp[\theta(a^\dagger\tilde{a}^\dagger - a\tilde{a})].
\end{aligned} \tag{5-7}$$

因此, 热压缩算符 $S(\theta)$ 还可把纠缠态 $|\chi\rangle$ 自然压缩为

$$S(\theta)|\chi\rangle = \mathrm{e}^{-\theta}\left|\mathrm{e}^{-\theta}\chi\right\rangle. \tag{5-8}$$

类似于式 (5-3), 我们引入另一个新的双模热场纠缠态 $|\xi\rangle$, 此态与态 $|\chi\rangle$ 具有正则共轭关系, 其定义式为

$$\begin{aligned}
|\xi\rangle =& \exp\left(-\frac{1}{2}|\xi|^2 + \xi a^\dagger - \xi^*\tilde{a}^\dagger + a^\dagger\tilde{a}^\dagger\right)|0\tilde{0}\rangle \\
=& D(\xi)|\xi=0\rangle = (-1)^{a^\dagger a}|\chi = -\xi\rangle,
\end{aligned} \tag{5-9}$$

它也具有如下完备正交性

$$\int \frac{\mathrm{d}^2\xi}{\pi}|\xi\rangle\langle\xi| = 1,\ \langle\xi'|\xi\rangle = \pi\delta(\xi-\xi')\delta(\xi^*-\xi'^*). \tag{5-10}$$

利用连续变量热场纠缠态, 可以从新的角度来研究开放系统的量子退相干问题, 即基于热场动力学理论, 利用有序算符内积分法以及由该方法构造的连续变量热场纠缠态将描述退相干通道的量子主方程转化为态矢量的演化方程, 从而求解得到密度算符在通道中的解析演化规律, 我们称这种新的研究退相干问题的方法为热场纠缠态法. 与传统处理退相干方法相比, 具有以下两点优势: ① 能给出密度算

符的解析演化公式, 并基于此式方便推导出光子数分布、维格纳函数等函数的时间演化规律; ② 由于热场纠缠态表象本身反映了量子系统与外界热环境之间的纠缠本性, 退相干问题可以纳入热场纠缠态表象中讨论, 能较直接地反映退相干的本质. 这将给我们进一步研究退相干通道中量子态的演化问题提供极大的方便.

5.2 激光通道量子主方程的求解

目前, 量子光场的退相干问题已成为物理学家一个重要的研究热点. 在光学理论中, 激光噪声是引起退相干的重要来源. 本节利用热场纠缠态来求解描述激光通道的量子主方程, 并给出解的克劳斯算符和表示以及维格纳函数随时间 t 的演化, 解析探查系统在激光通道的量子退相干问题.

5.2.1 描述激光通道量子主方程的解析解

在理论上, 最低阶近似下描述激光通道的密度算符主方程 [6]:

$$\begin{aligned}\frac{\mathrm{d}\rho(t)}{\mathrm{d}t}=&g\left[2a^{\dagger}\rho(t)a-aa^{\dagger}\rho(t)-\rho(t)aa^{\dagger}\right]\\&+\kappa\left[2a\rho(t)a^{\dagger}-a^{\dagger}a\rho(t)-\rho(t)a^{\dagger}a\right],\end{aligned}\tag{5-11}$$

式中参数 κ 和 g 分别为腔场的衰减系数和增益系数. 特殊地, $g=0$, 式 (5-11) 退化为描述振幅衰减通道的主方程, 即

$$\frac{\mathrm{d}\rho(t)}{\mathrm{d}t}=\kappa\left[2a\rho(t)a^{\dagger}-a^{\dagger}a\rho(t)-\rho(t)a^{\dagger}a\right].\tag{5-12}$$

而当 $g\rightarrow\kappa\bar{\mathrm{n}}$, $\kappa\rightarrow\kappa(\bar{\mathrm{n}}+1)$ 时, 式 (5-11) 变为有限温度下的密度算符主方程 [7]

$$\begin{aligned}\frac{\mathrm{d}\rho(t)}{\mathrm{d}t}=&\kappa\bar{\mathrm{n}}\left[2a^{\dagger}\rho(t)a-aa^{\dagger}\rho(t)-\rho(t)aa^{\dagger}\right]\\&+\kappa(\bar{\mathrm{n}}+1)\left[2a\rho(t)a^{\dagger}-a^{\dagger}a\rho(t)-\rho(t)a^{\dagger}a\right],\end{aligned}\tag{5-13}$$

其中 $\bar{\mathrm{n}}$ 为热库的平均光子数.

下面利用热场纠缠态所遵循的基本性质来求解描述激光通道的主方程 (5-11). 根据式 (5-3) 可知, 热场纠缠态 $|\chi=0\rangle\equiv|I\rangle$ 满足等式

$$a|I\rangle=\tilde{a}^{\dagger}|I\rangle,\quad a^{\dagger}|I\rangle=\tilde{a}|I\rangle,\quad a^{\dagger}a|I\rangle=\tilde{a}^{\dagger}\tilde{a}|I\rangle.\tag{5-14}$$

将式 (5-11) 两边作用到 $|I\rangle$ 上, 并注意到式 (5-14) 和 $|\rho(t)\rangle=\rho(t)|I\rangle$, 可得

$$\begin{aligned}\frac{\mathrm{d}}{\mathrm{d}t}|\rho(t)\rangle=&[g\left(2a^{\dagger}\tilde{a}^{\dagger}-aa^{\dagger}-\tilde{a}\tilde{a}^{\dagger}\right)\\&+\kappa\left(2a\tilde{a}-a^{\dagger}a-\tilde{a}^{\dagger}\tilde{a}\right)]|\rho(t)\rangle.\end{aligned}\tag{5-15}$$

假设 $\rho(0)$ 是初始时刻的密度算符, $|\rho(0)\rangle=\rho(0)|I\rangle$, 则方程 (5-11) 的标准解为

$$\begin{aligned}|\rho(t)\rangle=&\exp[gt\left(2a^{\dagger}\tilde{a}^{\dagger}-aa^{\dagger}-\tilde{a}\tilde{a}^{\dagger}\right)\\&+\kappa t\left(2a\tilde{a}-a^{\dagger}a-\tilde{a}^{\dagger}\tilde{a}\right)]|\rho(0)\rangle.\end{aligned}\tag{5-16}$$

为了求解式 (5-16) , 注意到

$$\begin{aligned}&gt\left(2a^{\dagger}\tilde{a}^{\dagger}-aa^{\dagger}-\tilde{a}\tilde{a}^{\dagger}\right)+\kappa t\left(2a\tilde{a}-a^{\dagger}a-\tilde{a}^{\dagger}\tilde{a}\right)\\=&t(\kappa+g)\left(\tilde{a}-a^{\dagger}\right)\left(a-\tilde{a}^{\dagger}\right)+t(\kappa-g)\left(a\tilde{a}-\tilde{a}^{\dagger}a^{\dagger}+1\right).\end{aligned}\tag{5-17}$$

将式 (5-17) 代入式 (5-16), 并利用对易关系

$$\left[a\tilde{a}-\tilde{a}^{\dagger}a^{\dagger},\left(a^{\dagger}-\tilde{a}\right)\left(a-\tilde{a}^{\dagger}\right)\right]=2\left[\left(a^{\dagger}-\tilde{a}\right)\left(a-\tilde{a}^{\dagger}\right)\right]\tag{5-18}$$

和算符恒等式

$$\mathrm{e}^{\lambda(A+\sigma B)}=\mathrm{e}^{\lambda A}\exp\left[\frac{\sigma B\left(1-\mathrm{e}^{-\lambda\tau}\right)}{\tau}\right],\tag{5-19}$$

其中算符 A,B 满足 $[A,B]=\tau B$, 可得

$$\begin{aligned}|\rho(t)\rangle=&\exp\left\{\left(a\tilde{a}-\tilde{a}^{\dagger}a^{\dagger}+1\right)(\kappa-g)t+\frac{\kappa+g}{2(\kappa-g)}\right.\\&\left.\times\left(1-\mathrm{e}^{2(\kappa-g)t}\right)\left(a^{\dagger}-\tilde{a}\right)\left(a-\tilde{a}^{\dagger}\right)\right\}|\rho(0)\rangle.\end{aligned}\tag{5-20}$$

因此, 在表象 $\langle\chi|$ 中密度算符 $\rho(t)$ 的演化规律为

$$\langle\chi|\rho(t)\rangle=\exp\left[-\frac{(\kappa+g)\left(1-\mathrm{e}^{-2(\kappa-g)t}\right)}{2(\kappa-g)}|\chi|^{2}\right]\langle\chi\mathrm{e}^{-(\kappa-g)t}|\rho(0)\rangle.\tag{5-21}$$

上式清晰地表明, 态矢量 $\left\langle\chi\mathrm{e}^{-(\kappa-g)t}\right|$ 中衰减因子 $\mathrm{e}^{-\kappa t}$ 和增益因子 e^{gt} 并存. 进一步, 利用正规乘积算符内积分法和纠缠态表象 $|\chi\rangle$ 的完备性关系, 可得

$$\begin{aligned}|\rho(t)\rangle=&\int\frac{\mathrm{d}^{2}\chi}{\pi}|\chi\rangle\langle\chi|\rho(t)\rangle\\=&\mathcal{T}_{3}\exp\left(g\mathcal{T}_{1}a^{\dagger}\tilde{a}^{\dagger}\right):\exp\left[\left(\mathcal{T}_{2}-1\right)\left(\tilde{a}^{\dagger}\tilde{a}+a^{\dagger}a\right)\right]:\exp\left(\kappa\mathcal{T}_{1}a\tilde{a}\right)|\rho(0)\rangle,\end{aligned}\tag{5-22}$$

式中

$$\begin{aligned}\mathcal{T}_{1}=&\frac{1-\mathrm{e}^{-2(\kappa-g)t}}{\kappa-g\mathrm{e}^{-2(\kappa-g)t}},\\\mathcal{T}_{2}=&\frac{(\kappa-g)\,\mathrm{e}^{-(\kappa-g)t}}{\kappa-g\mathrm{e}^{-2(\kappa-g)t}},\\\mathcal{T}_{3}=&1-g\mathcal{T}_{1}.\end{aligned}\tag{5-23}$$

利用算符恒等式 (1-20) 和 (5-14), 可将式 (5-22) 改写为

$$\begin{aligned}|\rho(t)\rangle &= \mathcal{T}_3 \exp\left(g\mathcal{T}_1 a^\dagger \tilde{a}^\dagger\right) \exp\left[\left(\tilde{a}^\dagger \tilde{a} + a^\dagger a\right) \ln \mathcal{T}_2\right] :\ \exp\left(\kappa \mathcal{T}_1 a\tilde{a}\right) \rho(0) |I\rangle \\ &= \mathcal{T}_3 \sum_{i,j=0}^{\infty} \frac{\kappa^i g^j}{i!j!} \mathcal{T}_1^{i+j} a^{\dagger j} \exp\left(a^\dagger a \ln \mathcal{T}_2\right) a^i \rho(0) a^{\dagger i} \exp\left(a^\dagger a \ln \mathcal{T}_2\right) a^j |I\rangle . \end{aligned} \tag{5-24}$$

因此, 密度算符 $\rho(t)$ 为

$$\rho(t) = \mathcal{T}_3 \sum_{i,j=0}^{\infty} \frac{\kappa^i g^j}{i!j!\mathcal{T}_2^{2j}} \mathcal{T}_1^{i+j} \exp\left(a^\dagger a \ln \mathcal{T}_2\right) a^{\dagger j} a^i \rho(0) a^{\dagger i} a^j \exp\left(a^\dagger a \ln \mathcal{T}_2\right), \tag{5-25}$$

其相应的无限维算符和表示为

$$\rho(t) = \sum_{i,j=0}^{\infty} M_{i,j} \rho(0) M_{i,j}^\dagger, \tag{5-26}$$

式中 $M_{i,j}$ 就是最低阶近似下激光过程中密度算符 $\rho(t)$ 所对应的克劳斯算符

$$M_{i,j} = \sqrt{\mathcal{T}_3 \frac{\kappa^i g^j}{i!j!\mathcal{T}_2^{2j}} \mathcal{T}_1^{i+j}} \exp\left(a^\dagger a \ln \mathcal{T}_2\right) a^{\dagger j} a^i. \tag{5-27}$$

5.2.2 克劳斯算符 $M_{i,j}$ 的归一化

下面我们来证明克劳斯算符 $M_{i,j}$ 的归一化问题. 利用算符公式

$$\mathrm{e}^{A+B} = \mathrm{e}^A \mathrm{e}^B \mathrm{e}^{-\frac{[A,B]}{2}} = \mathrm{e}^B \mathrm{e}^A \mathrm{e}^{-\frac{[B,A]}{2}}, \tag{5-28}$$

式中算符 A, B 满足 $[[A,B],A] = [[A,B],B] = 0$, 可得

$$\exp\left(2a^\dagger a \ln \mathcal{T}_2\right) a^{\dagger j} \exp\left(-2a^\dagger a \ln \mathcal{T}_2\right) = \mathcal{T}_2^{2j} a^{\dagger j}. \tag{5-29}$$

另一方面, 通过比较

$$\begin{aligned}\mathrm{e}^{t'a}\mathrm{e}^{ta^\dagger} &= \mathrm{e}^{ta^\dagger}\mathrm{e}^{t'a}\mathrm{e}^{tt'} =:\ \mathrm{e}^{t'a+ta^\dagger+tt'}: \\ &= \sum_{m,n=0}^{\infty} \frac{(-\mathrm{i}t)^m(-\mathrm{i}t')^n}{m!n!} : H_{m,n}(\mathrm{i}a^\dagger, \mathrm{i}a): \end{aligned} \tag{5-30}$$

和

$$\mathrm{e}^{t'a}\mathrm{e}^{ta^\dagger} = \sum_{m,n=0}^{\infty} \frac{t^m t'^n}{m!n!} a^n a^{\dagger m}, \tag{5-31}$$

可以给出算符恒等式

$$a^n a^{\dagger m} = (-\mathrm{i})^{m+n} : H_{m,n}\left(\mathrm{i}a^\dagger, \mathrm{i}a\right) : , \tag{5-32}$$

式中 $H_{m,n}(x,y)$ 是双变量埃尔米特多项式, 其产生函数为式 (2-54)[8]. 利用式 (5-29) 和式 (5-32) 可得

$$\sum_{i,j=0}^{\infty} M_{i,j}^{\dagger} M_{i,j} = \mathcal{T}_3 \sum_{i,j=0}^{\infty} \frac{\kappa^i g^j}{i!j!\mathcal{T}_2^{2i}} \mathcal{T}_1^{i+j} a^{\dagger i} (-1)^j \\ \times : H_{j,j}\left(\mathrm{i}a^{\dagger}, \mathrm{i}a\right) : a^i \exp\left(2a^{\dagger} a \ln \mathcal{T}_2\right). \tag{5-33}$$

进一步利用拉盖尔多项式 $L_m(xy)$ 与双变量埃尔米特多项式 $H_{m,m}(x,y)$ 之间的关系式

$$H_{m,m}(x,y) = (-1)^m m! L_m(xy) \tag{5-34}$$

以及拉盖尔多项式 $L_m(x)$ 的母函数 [9]

$$(1-z)^{-1} \exp\left(\frac{xz}{z-1}\right) = \sum_{m=0}^{\infty} L_m(x) z^m, \tag{5-35}$$

可得

$$\begin{aligned} &\sum_{i,j=0}^{\infty} M_{i,j}^{\dagger} M_{i,j} \\ &= \mathcal{T}_3 \sum_{i,j=0}^{\infty} \frac{\kappa^i g^j}{i! \mathcal{T}_2^{2i}} \mathcal{T}_1^{i+j} : a^{\dagger i} a^i L_j\left(-a^{\dagger} a\right) : \exp\left(2a^{\dagger} a \ln \mathcal{T}_2\right) \\ &= \mathcal{T}_3 \sum_{i=0}^{\infty} \frac{\kappa^i}{i! \mathcal{T}_2^{2i}} \mathcal{T}_1^i : a^{\dagger i} a^i \sum_{j=0}^{\infty} (g\mathcal{T}_1)^j L_j\left(-a^{\dagger} a\right) : \exp\left(2a^{\dagger} a \ln \mathcal{T}_2\right) \\ &= \frac{\mathcal{T}_3}{1-g\mathcal{T}_1} : \exp\left(\frac{\kappa \mathcal{T}_1 a^{\dagger} a}{\mathcal{T}_2^2}\right) \exp\left[\frac{g\mathcal{T}_1 a^{\dagger} a}{1-g\mathcal{T}_1}\right] : \exp\left(2a^{\dagger} a \ln \mathcal{T}_2\right). \end{aligned} \tag{5-36}$$

再考虑到式 (5-23) , 我们就验证了克劳斯算符的归一化条件

$$\sum_{i,j=0}^{\infty} M_{i,j}^{\dagger} M_{i,j} = 1. \tag{5-37}$$

5.2.3　激光通道中维格纳函数的演化

对于单模的量子系统, 由于相干态表象下的单模维格纳算符 $\Delta(\alpha,\alpha^*)$ 为

$$\Delta(\alpha,\alpha^*) = \frac{1}{\pi} D(2\alpha)(-1)^{a^{\dagger} a}, \tag{5-38}$$

式中 $D(2\alpha)$ 为平移算符, 则其维格纳函数可定义为

$$W(\alpha,\alpha^*) = \mathtt{Tr}\left[\Delta(\alpha,\alpha^*)\rho\right]. \tag{5-39}$$

利用热场动力学方法, 可将式 (5-39) 改写为

$$W(\alpha,\alpha^*)=\sum_{m,n=0}^{\infty}\langle n,\tilde{n}|\,\Delta(\alpha,\alpha^*)\,\rho\,|m,\tilde{m}\rangle$$
$$=\frac{1}{\pi}\langle\xi=2\alpha|\,\rho\rangle, \tag{5-40}$$

式中 $|\xi\rangle$ 与热场纠缠态 $|\chi\rangle$ 为正则共轭态, 其具体表达式见式 (5-9). 通过计算可知, 共轭纠缠态 $|\xi\rangle$ 和 $|\chi\rangle$ 的内积为

$$\langle\xi\,|\chi\rangle=\frac{1}{2}\exp\left[\frac{1}{2}\left(\xi^*\chi-\xi\chi^*\right)\right]. \tag{5-41}$$

利用式 (5-5), (5-39) 和 (5-41), 可得

$$W(\alpha,\alpha^*)=\int\frac{\mathrm{d}^2\chi}{\pi^2}\langle\xi=2\alpha|\,\chi\rangle\langle\chi|\,\rho\rangle$$
$$=\int\frac{\mathrm{d}^2\chi}{2\pi^2}\exp\left(\alpha^*\chi-\alpha\chi^*\right)\langle\chi|\,\rho\rangle. \tag{5-42}$$

这样, 由式 (5-42) 就可简单地计算出量子态 ρ 的维格纳函数.

若将内积 (5-21) 代入式 (5-42), 并利用数学积分公式 (1-29) 对变量 χ 进行积分, 可推导出最低阶近似下激光过程中维格纳函数随时间 t 的演化与初始时刻维格纳函数之间的关系式

$$W(\alpha,\alpha^*;t)=\int\frac{\mathrm{d}^2\chi}{2\pi^2}\exp\left(-\frac{A}{2}|\chi|^2+\alpha^*\chi-\alpha\chi^*\right)\left\langle\chi\mathrm{e}^{-(\kappa-g)t}\middle|\rho(0)\right\rangle$$
$$=\frac{2}{A}\int\frac{\mathrm{d}^2z}{\pi}\exp\left(-\frac{2}{A}\left|\alpha-z\mathrm{e}^{-(\kappa-g)t}\right|^2\right)W(z,z^*;0), \tag{5-43}$$

式中参数 A 为

$$A=\frac{(\kappa+g)\left[1-\mathrm{e}^{-2(\kappa-g)t}\right]}{\kappa-g}. \tag{5-44}$$

特殊地, 当 $g\to\kappa\bar{\mathrm{n}}$ 且 $\kappa\to\kappa(\bar{\mathrm{n}}+1)$ 时, $A\to(2\bar{\mathrm{n}}+1)\mathcal{T}$, 式 (5-43) 变成热通道中维格纳函数的解析演化表达式:

$$W(\alpha,\alpha^*;t)=\frac{2}{(2\bar{\mathrm{n}}+1)\mathcal{T}}\int\frac{\mathrm{d}^2z}{\pi}W(z,z^*;0)$$
$$\times\exp\left[-\frac{2}{(2\bar{\mathrm{n}}+1)\mathcal{T}}\left|\alpha-z\mathrm{e}^{-\kappa t}\right|^2\right]. \tag{5-45}$$

而当 $g=0$ 时, 式 (5-43) 退化成振幅衰减通道中维格纳函数的演化:

$$W(\alpha,\alpha^*;t)=\frac{2}{\mathcal{T}}\int\frac{\mathrm{d}^2z}{\pi}\exp\left(-\frac{2}{\mathcal{T}}\left|\alpha-z\mathrm{e}^{-\kappa t}\right|^2\right)W(z,z^*;0). \tag{5-46}$$

5.3 压缩粒子数态在激光过程中的退相干

当量子态经历激光通道时, 密度算符 $\rho(t)$ 的演化规律遵从量子主方程 (5-11), 相应的密度算符的无限维算符和表示式 (5-25) 给出了任何初始态在通道中的具体演化规律. 另一方面, 在有关压缩态的研究中, 对压缩粒子数态和压缩热态的探讨, 包括非经典性质 [10, 11], 纠缠和保真度的定量测量 [12, 13] 以及相位估计的检测 [14, 15] 受得极大的关注. 尤其是, 这些态的非经典性可由量子统计描述的具体特征来刻画, 如反聚束效应、光子统计的振荡行为和维格纳函数的部分负性等. 本节以及下一节集中讨论压缩粒子数态和压缩热态在激光通道中的解析演化规律, 从而讨论退相干效应对它们的非经典性质的影响.

5.3.1 密度算符的正规乘积表示

理论上, 压缩粒子数态通常通过单模压缩算符 $S_1(r)=\mathrm{e}^{r(a^2-a^{\dagger 2})/2}$ 作用到粒子数态 $\rho_n=|n\rangle\langle n|$ 上而得到, 因此相应的密度算符表示为

$$\rho_{sn}=S_1(r)\rho_n S_1^{-1}(r). \tag{5-47}$$

在实验上, 当粒子数态 $|n\rangle$ 输入压缩产生装置 (如参量放大器) 时, 其输出态为压缩粒子数态. 为了推导出压缩粒子数态在激光过程中的解析演化规律, 首先给出算符 $\mathrm{e}^{r(a^2-a^{\dagger 2})/2}a^{\dagger n}$ 的正规乘积形式. 为此, 把相干态 $|z\rangle$ 的完备性关系插入这个算符, 这样我们有

$$\begin{aligned}\mathrm{e}^{r(a^2-a^{\dagger 2})/2}a^{\dagger n}&=\mathrm{e}^{r(a^2-a^{\dagger 2})/2}\int\frac{\mathrm{d}^2 z}{\pi}|z\rangle\langle z|a^{\dagger n}\\&=\mathrm{sech}^{1/2}r\int\frac{\mathrm{d}^2 z}{\pi}z^{*n}\colon\exp\left\{-|z|^2+za^\dagger\,\mathrm{sech}r\right.\\&\quad\left.+z^*a+\frac{z^2}{2}\tanh r-\frac{a^{\dagger 2}}{2}\tanh r-a^\dagger a\right\}\colon,\end{aligned} \tag{5-48}$$

使用数学积分公式 (3-19) 来执行积分 (5-48), 得到

$$\begin{aligned}&\mathrm{e}^{r(a^2-a^{\dagger 2})/2}a^{\dagger n}\\&=\mathrm{sech}^{1/2}r\colon\exp\left[\frac{\tanh r}{2}(a^2-a^{\dagger 2})+(\mathrm{sech}r-1)a^\dagger a\right]\\&\quad\times\sum_{k=0}^{[n/2]}\frac{n!}{k!(n-2k)!}\left(\frac{\tanh r}{2}\right)^k(a^\dagger\,\mathrm{sech}r+a\tanh r)^{n-2k}\colon.\end{aligned} \tag{5-49}$$

把式 (5-49) 作用到真空态 $|0\rangle$ 并利用单变量埃尔米特多项式的产生函数公式 (3-37), 得到

$$S_1(r)|n\rangle=\sqrt{\frac{\mathrm{sech}r(-\tanh r)^n}{2^n n!}}H_n\left(\frac{a^\dagger}{\sqrt{-\sinh 2r}}\right)\exp\left(-\frac{\tanh r}{2}a^{\dagger 2}\right)|0\rangle. \tag{5-50}$$

实际上, 压缩粒子数态能被看作是埃尔米特多项式激发的压缩真空态. 这样, 利用式 (5-50) 和真空态投影算符的正规乘积形式 $|0\rangle\langle 0|=:\exp(-a^\dagger a):$, 容易得到 ρ_{sn} 的正规乘积, 即

$$\begin{aligned}\rho_{sn}=&\frac{\mathrm{sech}r(-\tanh r)^n}{2^n n!}:H_n\left(\frac{a^\dagger}{\sqrt{-\sinh 2r}}\right)H_n\left(\frac{a}{\sqrt{-\sinh 2r}}\right)\\&\times\exp\left[-\frac{\tanh r}{2}(a^{\dagger 2}+a^2)-a^\dagger a\right]:.\end{aligned} \tag{5-51}$$

5.3.2 密度算符的解析演化

当把 ρ_{sn} 输入激光通道时, 由式 (5-25) 可得

$$\begin{aligned}\rho_{sn}(t)=&\frac{(1-gT_1)\,\mathrm{sech}r(-\tanh r)^n}{2^n n!}\sum_{i,j=0}\frac{\kappa^i g^j}{i!j!}T_1^{i+j}\\&\times a^{\dagger j}\mathrm{e}^{a^\dagger a\ln T_2}a^i:H_n\left(\frac{a^\dagger}{\sqrt{-\sinh 2r}}\right)H_n\left(\frac{a}{\sqrt{-\sinh 2r}}\right)\\&\times\exp\left[-\frac{\tanh r}{2}(a^{\dagger 2}+a^2)-a^\dagger a\right]:a^{\dagger i}\mathrm{e}^{a^\dagger a\ln T_2}a^j.\end{aligned} \tag{5-52}$$

把相干态 $|\alpha\rangle$ 和 $|\beta\rangle$ 的完备性关系代入式 (5-52), 得到

$$\begin{aligned}\rho_{sn}(t)=&A\sum_{i,j=0}\frac{\kappa^i g^j}{i!j!}T_1^{i+j}a^{\dagger j}:\int\frac{\mathrm{d}^2\alpha\mathrm{d}^2\beta}{\pi^2}\alpha^i\\&\times H_n\left(\frac{\alpha^*}{\sqrt{-\sinh 2r}}\right)H_n\left(\frac{\beta}{\sqrt{-\sinh 2r}}\right)\exp\Bigg[-|\alpha|^2-|\beta|^2\\&-\frac{\tanh r}{2}(\alpha^{*2}+\beta^2)+\alpha T_2a^\dagger+\beta^*T_2a-a^\dagger a\Bigg]:\beta^{*i}a^j,\end{aligned} \tag{5-53}$$

式中参数 A 为

$$A=\frac{(1-gT_1)(-\tanh r)^n\,\mathrm{sech}r}{2^n n!}. \tag{5-54}$$

利用单变量埃尔米特多项式的产生函数 (3-37), 可把式 (5-53) 写为

$$\begin{aligned}\rho_{sn}(t)=&A\frac{\partial^{2n}}{\partial\tau^n\partial s^n}:\int\frac{\mathrm{d}^2\alpha\mathrm{d}^2\beta}{\pi^2}\exp\left(\frac{2\alpha^*\tau}{\sqrt{-\sinh 2r}}-\tau^2\right.\\&\left.+\frac{2\beta s}{\sqrt{-\sinh 2r}}-s^2\right)\exp\Bigg[-|\alpha|^2-|\beta|^2-\frac{\tanh r}{2}(\alpha^{*2}+\beta^2)\\&+\alpha T_2a^\dagger+\beta^*T_2a+\kappa T_1\alpha\beta^*+(gT_1-1)a^\dagger a\Bigg]\Bigg|_{s=t=0}:.\end{aligned} \tag{5-55}$$

进一步, 利用数学积分公式 (1-29) 去完成积分 (5-55), 可得

$$\begin{aligned}\rho_{sn}(t)=&A\sqrt{B}\colon \frac{\partial^{2n}}{\partial\tau^n\partial s^n}\exp\left[D\tau-C^2\tau^2\right]\\&\times\exp\left[\left(D^\dagger-\frac{4B\kappa T_1\tau}{\sinh 2r}\right)s-C^2s^2\right]\Bigg|_{s=t=0}\\&\times\exp\left[-\frac{BT_2^2\tanh r}{2}(a^{\dagger 2}+a^2)+(B\kappa T_1T_2^2\tanh^2 r+gT_1-1)a^\dagger a\right]\colon,\end{aligned}\tag{5-56}$$

式中

$$\begin{aligned}B&=(1-\kappa^2T_1^2\tanh^2 r)^{-1},\\C&=\sqrt{B(1-\kappa^2T_1^2)},\\D&=\frac{2BT_2(a^\dagger-\kappa T_1a\tanh r)}{\sqrt{-\sinh 2r}}.\end{aligned}\tag{5-57}$$

进一步, 利用式 (3-37) 和微分关系式 (3-38), 并注意到算符恒等式

$$\mathrm{e}^{a^\dagger a\ln T_2}|z\rangle=\mathrm{e}^{-\frac{|z|^2}{2}}\mathrm{e}^{zT_2a^\dagger}|0\rangle,\tag{5-58}$$

可推导出激光通道中 ρ_{sn} 的时间演化公式

$$\begin{aligned}\rho_{sn}(t)=&A\sqrt{B}C^{2n}\sum_{l=0}^{n}\frac{(n!)^2}{l![(n-l)!]^2}\left(-\frac{4B\kappa T_1}{C^2\sinh 2r}\right)^l\\&\times\colon H_{n-l}\left[\frac{BT_2(a^\dagger-\kappa T_1a\tanh r)}{C\sqrt{-\sinh 2r}}\right]\\&H_{n-l}\left[\frac{BT_2\left(a-\kappa T_1a^\dagger\tanh r\right)}{C\sqrt{-\sinh 2r}}\right]\mathrm{e}^{\Omega}\colon,\end{aligned}\tag{5-59}$$

式中

$$\mathrm{e}^{\Omega}=\colon\exp\left[-\frac{BT_2^2\tanh r}{2}(a^{\dagger 2}+a^2)+(B\kappa T_1T_2^2\tanh^2 r+gT_1-1)a^\dagger a\right]\colon.\tag{5-60}$$

式 (5-59) 表明, 通过激光通道之后, 作为纯态的压缩粒子数态演化为一个与埃尔米特多项式相关的混合态.

下面, 让我们分析一些特殊的情况. 当 $g=0$ 时, $T_1=(1-\mathrm{e}^{-2\kappa t})/\kappa$, $T_2=\mathrm{e}^{-\kappa t}$, B 变成 $[1-(1-\mathrm{e}^{-2\kappa t})^2\tanh^2 r]^{-1}\equiv E$, 式 (5-59) 变成振幅耗散通道中压缩粒子数态的演化, 它代表一个与通道的耗散系数 κ 有关的混合态. 对于 $r=0$ 的情况, $B=1$, $C=\sqrt{1-\kappa^2T_1^2}$, 式 (5-59) 退化成激光通道中粒子数态 $|n\rangle$ 的演化规律, 即

$$\rho_n(t)=\kappa^nT_1^n(1-gT_1)\colon L_n\left(\frac{-T_2^2a^\dagger a}{\kappa T_1}\right)\exp\left[(gT_1-1)a^\dagger a\right]\colon.\tag{5-61}$$

再注意到算符恒等式 (1-20), 则可把式 (5-61) 改写为

$$\rho_n(t)=\sum_{l=0}^{n}\frac{(1-gT_1)n!\kappa^l T_1^l T_2^{2(n-l)}}{l![(n-l)!]^2}a^{\dagger n-l}\exp\left[a^\dagger a\ln(gT_1)\right]a^{n-l}. \tag{5-62}$$

通过比较 $\rho_n(t)$ 和式 (1-105) 中的热态密度算符发现, 经过激光通道后, 粒子数态 $|n\rangle$ 演化成光子增加热态的叠加态 [16]. 进一步, 在式 (5-62) 中取 $g=0$, 得到粒子数态 $|n\rangle$ 在振幅耗散通道中的解析演化规律

$$\rho_n(t;g=0)=\sum_{l=0}^{n}\begin{pmatrix} n\\ l\end{pmatrix}(1-\mathrm{e}^{-2\kappa t})^{n-l}\left(\mathrm{e}^{-2\kappa t}\right)^l|l\rangle\langle l|, \tag{5-63}$$

上式表示粒子数态在经过振幅耗散通道后变成一个参数为 $\mathrm{e}^{-2\kappa t}$ 的二项式混合态 [17]. 而对于 $n=0$, 压缩粒子数态退化成压缩真空态, 这样式 (5-59) 变成

$$\begin{aligned}\rho_{sv}(t)=&\frac{(1-gT_1)\sqrt{B}}{\cosh r}\colon\exp\left[-\frac{BT_2^2\tanh r}{2}(a^{\dagger 2}+a^2)\right.\\&\left.+(B\kappa T_1T_2^2\tanh^2 r+gT_1-1)a^\dagger a\right]\colon.\end{aligned} \tag{5-64}$$

另一方面, 在初始时刻 $t=0$,

$$\begin{aligned}&T_1=0,\quad T_2=1,\\&A=\frac{(-\tanh r)^n\,\mathrm{sech}r}{2^n n!},\\&B=E=C=1,\end{aligned} \tag{5-65}$$

式 (5-59) 如期退化为密度算符 ρ_{sn}. 对于极限情况 $t\to\infty$, 注意到

$$\begin{aligned}&T_1\to\frac{1}{\kappa},\quad T_2\to 0,\\&A\to\frac{(1-g/\kappa)(-\tanh r)^n\,\mathrm{sech}r}{2^n n!},\\&B\to\cosh^2 r,\quad C\to 0,\end{aligned} \tag{5-66}$$

这样 $\rho_{sn}(t)$ 退化成

$$\rho_{sn}(\infty)=\left(1-\frac{g}{\kappa}\right)\exp\left[a^\dagger a\ln\left(\frac{g}{\kappa}\right)\right], \tag{5-67}$$

这对应着一个平均光子数为 $g/(\kappa-g)$ 的热场. 上述结果表明, 经过与激光通道长时间的相互作用, 压缩粒子数态失去了它的非经典性和非高斯性, 最终变成了高度经典的高斯型热场, 这恰恰是激光通道中噪声引起的退相干作用的结果.

5.3.3 维格纳函数的解析演化

在这一节, 我们利用 $\rho_{sn}(t)$ 的正规乘积 (5-59) 去推导出激光通道中压缩粒子数态的维格纳函数的解析演化规律. 维格纳函数的部分负性是表征量子态是否展现非经典性的重要信号 [18]. 因此, 值得去研究任何量子态的维格纳函数. 利用式 (1-125) 中维格纳算符的相干态表示 [19], 则压缩粒子数态的维格纳函数表示为

$$W_{sn}(z,t)=\mathrm{Tr}[\rho_{sn}(t)\Delta(z,z^*)]. \tag{5-68}$$

把式 (5-59) 代入式 (5-68), 得到

$$\begin{aligned}W_{sn}(z,t)=&h_1\exp(2|z|^2)\sum_{l=0}^{n}h_2\int\frac{\mathrm{d}^2z'}{\pi^2}\langle -z'|:H_{n-l}\left[h_3a^\dagger+h_4a\right]\\&\times H_{n-l}\left[h_3a+h_4a^\dagger\right]\exp[h_5(a^{\dagger 2}+a^2)+h_6a^\dagger a]:|z'\rangle\exp[2(zz'^*-z^*z')]\\=&h_1\exp(2|z|^2)\sum_{l=0}^{n}h_2\int\frac{\mathrm{d}^2z'}{\pi^2}H_{n-l}\left[-h_3z'^*+h_4z'\right]H_{n-l}\left[h_3z'-h_4z'^*\right]\\&\times\exp[h_5(z'^{*2}+z'^2)-(h_6+2)|z'|^2+2(zz'^*-z^*z')],\end{aligned} \tag{5-69}$$

式中

$$\begin{aligned}h_1&=A\sqrt{B}C^{2n},\qquad h_2=\frac{(n!)^2 2^{2l}B^l\kappa^l T_1^l}{l![(n-l)!]^2C^{2l}(-\sinh 2r)^l},\\h_3&=\frac{BT_2}{C\sqrt{-\sinh 2r}},\qquad h_4=-\frac{B\kappa T_1T_2\tanh r}{C\sqrt{-\sinh 2r}},\\h_5&=-\frac{BT_2^2\tanh r}{2},\qquad h_6=B\kappa T_1T_2^2\tanh^2 r+gT_1-1.\end{aligned} \tag{5-70}$$

进一步利用单变量埃尔米特多项式的产生函数 (3-37) 和数学积分公式 (1-99), $W_{sn}(z,t)$ 被改写为

$$\begin{aligned}W_{sn}(z,t)=&h_1\exp(2|z|^2)\sum_{l=0}^{n}h_2\frac{\partial^{2(n-l)}}{\partial\tau^{n-l}\partial s^{n-l}}\\&\times\int\frac{\mathrm{d}^2z'}{\pi^2}\exp\left[2(h_3s+h_4\tau)z'-2(h_4s+h_3\tau)z'^*-\tau^2-s^2\right]\big|_{s=t=0}\\&\times\exp[-(h_6+2)|z'|^2+h_5(z'^{*2}+z'^2)+2(zz'^*-z^*z')]\\=&h_1\sum_{l=0}^{n}\frac{h_2}{g_1}\exp\left\{\frac{4h_5}{g_1^2}(z^{*2}+z^2)+\left[2-\frac{4(h_6+2)}{g_1^2}\right]|z|^2\right\}\\&\times\frac{\partial^{2(n-l)}}{\partial\tau^{n-l}\partial s^{n-l}}\exp[-(1-g_2)(\tau^2+s^2)+g_3s\tau+g_4\tau+g_4^*s]\big|_{s=t=0},\end{aligned} \tag{5-71}$$

式中

$$
\begin{aligned}
g_1 &= [(h_6+2)^2 - 4h_5^2]^{1/2}, \\
g_2 &= \frac{4}{g_1^2}[h_5^2(h_3^2+h_4^2) - h_3h_4(h_6+2)], \\
g_3 &= \frac{4}{g_1^2}[4h_3h_4h_5 - (h_6+2)(h_3^2+h_4^2)], \\
g_4 &= \frac{4}{g_1^2}\left\{[(h_6+2)h_4 - 2h_3h_5]z + [(h_6+2)h_3 - 2h_4h_5]z^*\right\}.
\end{aligned} \tag{5-72}
$$

利用得到式 (5-59) 的同样办法, 最终推导出如下解析演化表达式

$$
\begin{aligned}
W_{sn}(z,t) =& \frac{A\sqrt{B}C^{2n}}{\pi g_1}\sum_{l=0}^{n}\sum_{k=0}^{n-l}\frac{(n!)^2 2^{2l}B^l\kappa^l T_1^l}{l!k![(n-l-k)!]^2} \\
&\times \frac{(1-g_2)^{n-l-k}g_3^k}{C^{2l}(-\sinh 2r)^l}\left|H_{n-l-k}\left(\frac{g_4}{2\sqrt{1-g_2}}\right)\right|^2 \\
&\times \exp\left\{\frac{4h_5}{g_1^2}(z^{*2}+z^2) + \left[2 - \frac{4(h_6+2)}{g_1^2}\right]|z|^2\right\}.
\end{aligned} \tag{5-73}
$$

上式表示激光通道中压缩粒子数态维格纳函数的演化规律. 显然, 由于存在埃尔米特多项式的模方形式 $\left|H_{n-l-k}[g_4/(2\sqrt{1-g_2})]\right|^2$, 此维格纳函数具有非高斯结构.

特殊地, 在式 (5-73) 中取 $g=0$, 我们能得到振幅阻尼通道中压缩粒子数态维格纳函数的时间演化规律. 当 $r=0$ 时,

$$
\begin{aligned}
&h_3 = \frac{T_2}{\sqrt{(\kappa^2T_1^2-1)\sinh 2r}}, \quad h_4 = h_5 = g_2 = 0, \\
&h_6 = gT_1 - 1, \qquad g_1 = gT_1 + 1, \\
&g_3 = -\frac{4h_3^2}{gT_1+1}, \qquad g_4 = \frac{4h_3z^*}{gT_1+1},
\end{aligned} \tag{5-74}
$$

这样式 (5-73) 退化成

$$
\begin{aligned}
W_n(z,t) =& \sum_{l=0}^{n}\sum_{k=0}^{n-l}\frac{n!(1-gT_1)\kappa^l T_1^l(-1)^k T_2^{2(n-l)}2^{2(n-l-k)}}{\pi l!k![(n-l-k)!]^2(gT_1+1)^{2(n-l)-k+1}} \\
&\times |z|^{2(n-l-k)}\exp\left\{\left[2 - \frac{4}{gT_1+1}\right]|z|^2\right\},
\end{aligned} \tag{5-75}
$$

上式表示激光通道中粒子数态的维格纳函数的解析演化. 而当 $n=0$, 得到压缩真空态的维格纳函数在激光通道中的演化

$$
W_{sv}(z,t) = \frac{(1-gT_1)\sqrt{B}}{\pi g_1\cosh r}\exp\left\{\frac{4h_5}{g_1^2}(z^{*2}+z^2) + \left[2 - \frac{4(h_6+2)}{g_1^2}\right]|z|^2\right\}. \tag{5-76}
$$

此外, 对于 $t=0$ 的情况, 有

$$\begin{aligned}
&h_3=\frac{1}{\sqrt{-\sinh 2r}},\quad h_4=0,\quad h_5=-\frac{1}{2}\tanh r,\\
&h_6=-1,\quad g_1=\mathrm{sech}r,\quad g_2=-\frac{1}{g_3}=h_5 \\
&g_4=2\sqrt{2}\left(\frac{z^*}{\sqrt{-\tanh r}}-z\sqrt{-\tanh r}\right)\cosh r,
\end{aligned}\tag{5-77}$$

这样式 (5-73) 变成压缩粒子数态的维格纳函数, 即

$$\begin{aligned}
W_{sn}(z,0)=&\frac{n!(-\tanh r)^n}{\pi 2^{2n}}\sum_{k=0}^{n}\frac{2^{3k/2}(2+\tanh r)^{n-k/2}}{k![(n-k)!]^2\tanh^k r}\\
&\times\left|H_{n-k}\left[\frac{2(z^*+z\tanh r)\cosh r}{\sqrt{-(2+\tanh r)\tanh r}}\right]\right|^2\\
&\times\exp[-(z^{*2}+z^2)\sinh 2r-2\left|z\right|^2\cosh 2r],
\end{aligned}\tag{5-78}$$

上式与文献 [10] 的结论 (4.11) 完全一致. 对于极限情况 $t\to\infty$, $h_6=g/\kappa-1$, $g_1=g/\kappa+1$, 而其他的参数都为零, 这样

$$W_{sn}(z,\infty)=\frac{\kappa-g}{\pi(\kappa+g)}\exp\left[-\frac{2(\kappa-g)}{\kappa+g}\left|z\right|^2\right],\tag{5-79}$$

此函数为高斯型的分布函数, 它完全独立于参数 n 和 r, 对应于热态 $\rho_{sn}(\infty)$ 的维格纳函数. 总结以上结论可知, 激光通道中的噪声使得压缩粒子数态的非高斯维格纳函数的部分负性全部消失, 并转化为热态的维格纳函数 (正定的高斯分布), 这意味着激光噪声导致压缩粒子数态的非经典性质全部丢失.

在图 5-1 中, 画出了在给定 $g=1$ 的情况下, 对于 n,r,κ 和 t 的不同取值, 激光通道中压缩粒子数态的维格纳函数. 当 $n=0$ 时, 图 5-1(a) 对应着激光通道中压缩真空态的维格纳函数, 它恰恰是被压缩操作沿 Rez 方向拉伸的高斯分布. 对于 $n\neq 0$ 的情况, 能清晰地看到两主峰之间的量子干涉结构, 而且量子干涉的频率会随着 n 的增大而增大. 此外, 维格纳函数在相空间中总是展现出负值区域, 而且随着 n 的增大, 负值区域的面积和体积会逐渐增大. 这意味着具有较大 n 的压缩粒子数态具有更长的退相干时间. 然而, 对于 $r=0$, 图 5-1(b) 描述的是激光通道中粒子数态 (这里取 $n=3$) 的维格纳函数, 此分布带有明显的非高斯性和部分负性. 通过比较图 5-1(c) 和图 5-1(e) 清晰可见, 随着时间 t 的增加, 维格纳函数的负值区域逐渐消失, 当 $t\to\infty$ 时, 在整个相空间中维格纳函数为正定的高斯分布, 这恰恰代表着压缩粒子数态的非经典性质的全部消失. 此结论从相空间的角度验证了上面的

解析结果. 此外, 维格纳函数的负值区域和量子干涉现象会随着 κ 的增加而慢慢消失, 意味着 κ 值的增加也能导致压缩粒子数态非经典性质的丢失 [图 5-1(c) 和 (f)].

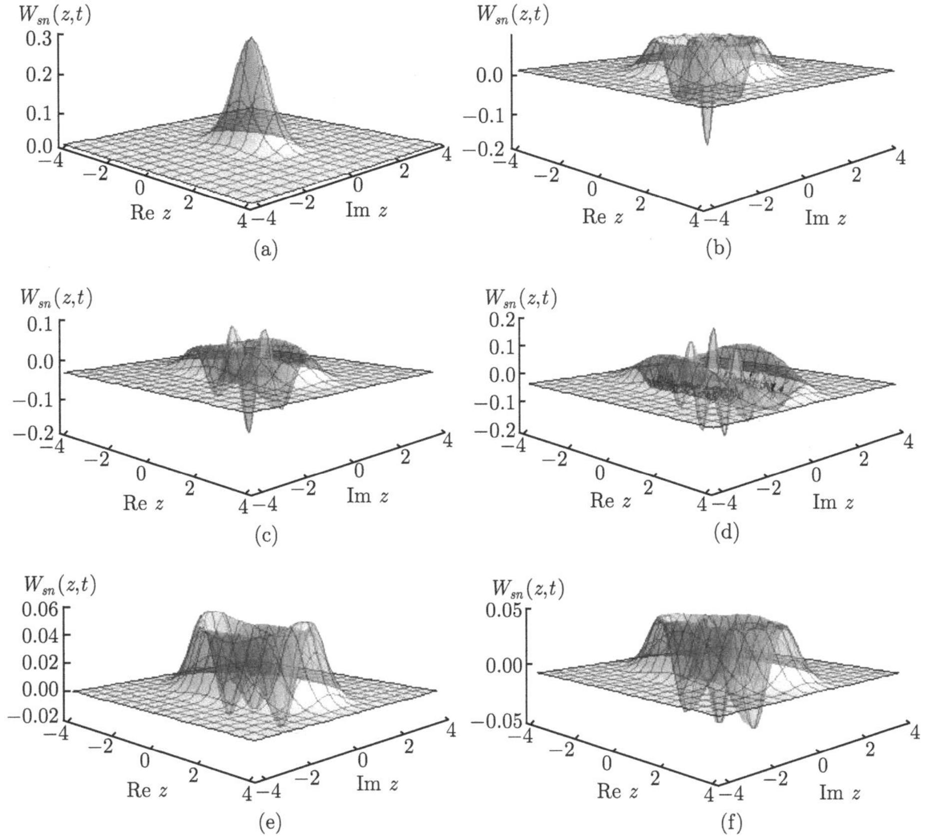

图 5-1 在给定 $g=1$ 的情况下, 对于参数 n, r, κ, t 的不同取值, 压缩粒子数态的维格纳函数

(a) $n=0$, $r=0.3$, $\kappa=2$, $t=0.01$; (b) $n=3$, $r=0$, $\kappa=2$, $t=0.01$; (c) $n=3$, $r=0.3$, $\kappa=2$, $t=0.01$; (d) $n=6$, $r=0.3$, $\kappa=2$, $t=0.01$; (e) $n=3$, $r=0.3$, $\kappa=2$, $t=0.08$; (f) $n=3$, $r=0.3$, $\kappa=12$, $t=0.01$

5.4 激光过程中压缩热态的退相干

5.4.1 密度算符的反正规乘积表示

类似于 ρ_{sn} 的定义, 压缩热态 (混合态) 的密度算符被定义为

$$\rho_{st} = S_1(r)\rho_{th}S_1^{-1}(r), \tag{5-80}$$

式中 ρ_{th} 为单模热态的密度算符 (1-105). 把 ρ_{th} 代入外尔编序公式 (1-65), 并利用算符恒等式 (1-37) 和数学积分公式 (1-29), 得到

$$\rho_{th}=\frac{2(1-\mathrm{e}^{\lambda})}{\mathrm{e}^{\lambda}+1}\ \vdots\ \exp\left[\frac{\mathrm{e}^{\lambda}-1}{\mathrm{e}^{\lambda}+1}(Q^2+P^2)\right]\ \vdots, \tag{5-81}$$

注意到压缩算符 $S_1(r)$ 作用下坐标算符 Q 和动量算符 P 遵守的博戈留波夫变换

$$S_1(r)QS_1^{-1}(r)=\mathrm{e}^{r}Q,\quad S_1(r)PS_1^{-1}(r)=\mathrm{e}^{-r}P, \tag{5-82}$$

再利用相似变换下外尔编序具有的不变性, 我们得到 ρ_{st} 的外尔编序形式, 即

$$\rho_{st}=\frac{2(1-\mathrm{e}^{\lambda})}{\mathrm{e}^{\lambda}+1}\ \vdots\ \exp\left[\frac{\mathrm{e}^{\lambda}-1}{\mathrm{e}^{\lambda}+1}(\mathrm{e}^{2r}Q^2+\mathrm{e}^{-2r}P^2)\right]\ \vdots. \tag{5-83}$$

进一步, 在式 (5-83) 中通过作代换 $Q\to q$ 和 $P\to p$, 可得到 ρ_{st} 的经典外尔对应函数

$$f_{st}(q,p)=\frac{2(1-\mathrm{e}^{\lambda})}{\mathrm{e}^{\lambda}+1}\exp\left[\frac{\mathrm{e}^{\lambda}-1}{\mathrm{e}^{\lambda}+1}(\mathrm{e}^{2r}q^2+\mathrm{e}^{-2r}p^2)\right]. \tag{5-84}$$

这样把经典对应函数 $f_{st}(q,p)$ 和维格纳算符 $\Delta(q,p)$ 的正规乘积 (1-121) 代入外尔量子化规则 [20]

$$\rho_{st}=\iint_{-\infty}^{\infty}\mathrm{d}q\mathrm{d}pf_{st}(q,p)\Delta(q,p), \tag{5-85}$$

得到 ρ_{st} 的正规乘积, 即

$$\rho_{st}=2\sqrt{fh}\colon\exp\left[\frac{f-h}{2}(a^2+a^{\dagger 2})-(f+h)aa^{\dagger}\right]\colon, \tag{5-86}$$

这里

$$f=\frac{1}{(2\overline{n}+1)\mathrm{e}^{2r}+1},\qquad h=\frac{1}{(2\overline{n}+1)\mathrm{e}^{-2r}+1}, \tag{5-87}$$

式中 $\overline{n}=(\mathrm{e}^{\lambda}-1)^{-1}$ 为单模热场的平均光子数 [21]. 利用式 (5-86) 发现, ρ_{st} 实际上为一个典型的高斯非经典态, 即

$$\rho_{st}=2\sqrt{fh}\exp\left(\frac{f-h}{2}a^{\dagger 2}\right)\exp\left\{aa^{\dagger}\ln[1-(f+h)]\right\}\exp\left(\frac{f-h}{2}a^2\right). \tag{5-88}$$

根据式 (5-25), 我们发现初始态 ρ_{st} 的反正规乘积形式能为推导激光通道中压缩热态的解析演化提供很多方便. 因此, 把式 (5-86) 代入计算算符反正规乘积的公式 (1-35) 进行积分, 可得

$$\rho_{st} = A_1 \vdots \exp\left[A_2(a^2 + a^{\dagger 2}) + A_3 a^\dagger a\right] \vdots, \tag{5-89}$$

式中参数 A_1, A_2 和 A_3 分别为

$$\begin{aligned} A_1 &= \frac{1}{\sqrt{\overline{n}^2 - (2\overline{n}+1)\sinh^2 r}}, \\ A_2 &= \frac{-(2\overline{n}+1)\sinh 2r}{4[\overline{n}^2 - (2\overline{n}+1)\sinh^2 r]}, \\ A_3 &= \frac{1-(2\overline{n}+1)\cosh 2r}{2[\overline{n}^2 - (2\overline{n}+1)\sinh^2 r]}. \end{aligned} \tag{5-90}$$

5.4.2 压缩热态的解析演化

下面, 我们考察压缩热态作为初始态在激光通道中的演化规律. 把式 (5-89) 代入式 (5-25) 得到

$$\begin{aligned} \rho_{st}(t) = {} & A_1(1-gT_1)\sum_{i,j=0}\frac{\kappa^i g^j}{i!j!}T_1^{i+j}a^{\dagger j}\mathrm{e}^{a^\dagger a \ln T_2} \\ & \vdots a^i \exp\left[A_2(a^2+a^{\dagger 2}) + A_3 a^\dagger a\right] a^{\dagger i} \vdots \mathrm{e}^{a^\dagger a \ln T_2} a^j. \end{aligned} \tag{5-91}$$

把相干态的完备性关系 $\int \frac{\mathrm{d}^2 z}{\pi}|z\rangle\langle z| = 1$ 插入式 (5-91)[22, 23], 并使用算符恒等式 (5-58) 以及数学积分公式 (3-32), 我们能得到激光通道中压缩热态的含时密度算符 $\rho_{st}(t)$, 即

$$\rho_{st}(t) = \frac{A_1(1-gT_1)}{\sqrt{F^2-4A_2^2}} \colon \exp\left[(G-1)\,a^\dagger a + H(a^2+a^{\dagger 2})\right] \colon, \tag{5-92}$$

式中

$$\begin{aligned} F &= 1 - A_3 - \kappa T_1, \\ G &= \frac{FT_2^2}{(F^2-4A_2^2)+gT_1}, \\ H &= \frac{A_2 T_2^2}{F^2-4A_2^2}. \end{aligned} \tag{5-93}$$

根据式 (1-20), 能把式 (5-92) 重新写为

$$\rho_{st}(t) = \frac{A_1(1-gT_1)}{\sqrt{F^2-4A_2^2}}\exp(Ha^{\dagger 2})\exp\left(a^\dagger a \ln G\right)\exp(Ha^2). \tag{5-94}$$

上式表明, 当把压缩热态作为初始态输入激光通道时, 输出态为一个与激光增益系数 g 和衰减系数 κ 有关的压缩热态场, 这一点与压缩粒子数态在激光通道中的演

化不同. 而且, 由于 $\rho_{st}(t)$ 的正规乘积表达式比 $\rho_{sn}(t)$ 的更简洁, 因此利用式 (5-92) 来研究激光通道中压缩热态的退相干行为更为方便. 特殊地, 当 $g=0$ 时,

$$\begin{aligned}&F=\mathrm{e}^{-2\kappa t}-A_3,\quad H=A_2L\mathrm{e}^{-2\kappa t},\\&G=L(\mathrm{e}^{-2\kappa t}-A_3)\mathrm{e}^{-2\kappa t},\quad L=\frac{1}{(\mathrm{e}^{-2\kappa t}-A_3)^2-4A_2^2},\end{aligned}\tag{5-95}$$

可由式 (5-92) 推导出振幅耗散过程中压缩热态的演化公式

$$\begin{aligned}\rho_{st}(t;g=0)=&A_1\sqrt{L}\exp(A_2L\mathrm{e}^{-2\kappa t}a^{\dagger 2})\\&\times\exp\{a^{\dagger}a\ln[L(\mathrm{e}^{-2\kappa t}-A_3)\mathrm{e}^{-2\kappa t}]\}\exp(A_2L\mathrm{e}^{-2\kappa t}a^2),\end{aligned}\tag{5-96}$$

式中 $\rho_{st}(t;g=0)$ 为光子数衰减的压缩热场. 当 $r=0$ 时,

$$\begin{aligned}&A_1=\frac{1}{\overline{n}}=-A_3,\quad A_2=0,\quad H=0,\\&G=\frac{\overline{n}T_2^2}{[\overline{n}(1-\kappa T_1)+1]+gT_1},\quad F=\frac{\overline{n}(1-\kappa T_1)+1}{\overline{n}},\end{aligned}\tag{5-97}$$

这样容易得到激光通道中 ρ_{th} 随时间的演化公式,

$$\rho_{th}(t)=\frac{1-gT_1}{\overline{n}(1-\kappa T_1)+1}\exp\left\{a^{\dagger}a\ln\left[\frac{\overline{n}T_2^2}{\overline{n}(1-\kappa T_1)+1}+gT_1\right]\right\}.\tag{5-98}$$

对于 $\overline{n}=0$, 压缩粒子数态也变成压缩真空态, 在这种情况下式 (5-92) 退化成式 (5-64). 当 $t=0$, $\rho_{st}(t)$ 如期退化为 ρ_{st}. 实际上, 此结果的正确性可把 $t=0$ 代入式 (5-59) 来验证. 而当 $t\to\infty$, 注意到

$$F\to -A_3,\quad G\to g/\kappa,\quad H\to 0,\tag{5-99}$$

则 $\rho_{st}(t\to\infty)$ 退化成 $\rho_{sn}(\infty)$, 对应于平均光子数为 $g/(\kappa-g)$ 的单模热场.

类似地, 通过研究压缩热态的维格纳函数来讨论它在激光通道中的退相干行为. 把 $\rho_{st}(t)$ 的正规乘积形式代入式 (5-68) 并利用数学积分公式 (1-29), 可得到

$$\begin{aligned}W_{st}(z,t)=&\frac{A_1(1-gT_1)}{\pi\sqrt{(F^2-4A_2^2)[(G+1)^2-4H^2]}}\\&\times\exp\left\{\left[-\frac{4(G+1)}{(G+1)^2-4H^2}+2\right]|z|^2+\frac{4H(z^2+z^{*2})}{(G+1)^2-4H^2}\right\}.\end{aligned}\tag{5-100}$$

显然, 压缩热态的维格纳函数 $W_{st}(z,t)$ 在此通道中演化时始终保持高斯分布. 进一步, 当 $\overline{n}=0$, 式 (5-100) 变成压缩真空态的维格纳函数 (5-76); 当 $t=0$, 式 (5-100)

退化成压缩热态的维格纳函数, 此结果与文献 [10] 的式 (4.13) 相一致; 然而, 对于 $t\to\infty$, 一定存在 $W_{st}(z,\infty)=W_{sn}(z,\infty)$.

在图 5-2 中, 利用数值计算画出了压缩热态的维格纳函数 $W_{st}(z,t)$ 随一些合理参数的变化关系. 通过分析发现, 压缩热态的维格纳函数总是正的, 而且在相空间的中心位置 $(z=z^*=0)$ 总是高斯分布的最大值. 随着 t(或 κ) 的增大, 压缩热态的维格纳函数会逐渐丢失它的压缩特性, 最终演化为类似于 $W_{st}(z,\infty)$ 的形状, 即像山丘一样的波包形状.

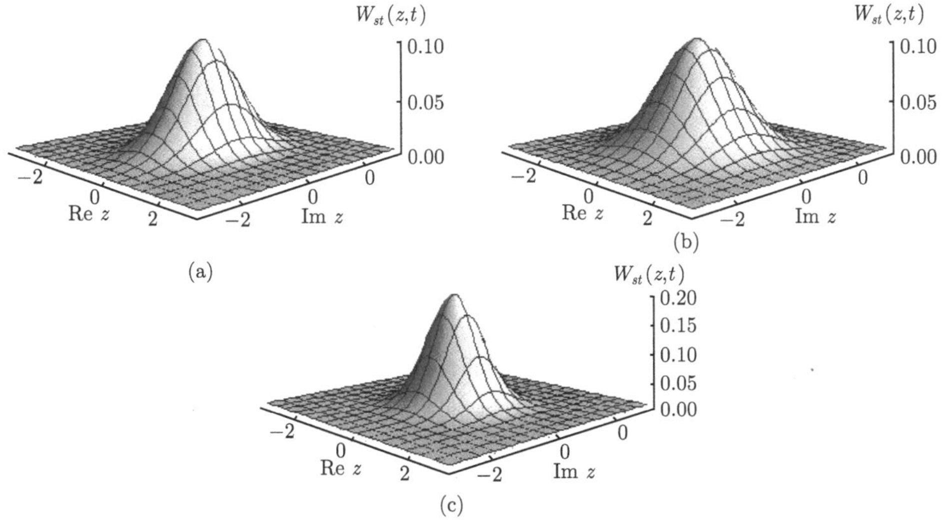

图 5-2　在给定 $r=0.5$, $\bar{n}=1$ 和 $g=1$ 的情况下, 对于参数 κ, t 的不同取值, 压缩热态的维格纳函数

(a) $\kappa=2$, $t=0.01$; (b) $\kappa=2$, $t=5$; (c) $\kappa=200$, $t=0.01$

现在我们对 5.3 节和 5.4 节中压缩粒子数态和压缩热态在激光通道中的退相干行为进行简单比较. 在经历激光通道的过程中, 初始的纯态——压缩粒子数态演化为带有埃尔米特多项式的混合态, 然而初始的混合态——压缩热态仍旧保持压缩热态的形式. 从相空间的角度来说, 两个态的维格纳函数都展现出压缩特征; 然而, 激光噪声破坏了压缩粒子数态的维格纳函数原有的非高斯性并进一步导致更为复杂的负值区域和更为显著的振荡特征 (图 5-1), 但始终不能改变压缩热态的高斯性. 经过足够长的时间, 压缩粒子数态和压缩热态都会丢失它们的非经典性, 且由于激光增益因子 g 的存在, 两个态最终演化为平均光子数为 $g/(\kappa-g)$ 的经典热场. 这与量子态在振幅耗散过程的退相干行为不同, 因为在振幅耗散过程中光子衰减能把这两个态演化为单模真空态.

5.5 求解扩散非谐振子的量子主方程

5.5.1 描述扩散非谐振子的量子主方程

作为最重要的非线性模型之一, 非谐振子模型不是线性的, 却依赖于平移量的幅度. 过去的二十年间, 非谐振子模型在量子场论和原子分子物理学得到广泛的应用, 并使它成为主要的研究对象 [24, 25]. 另一方面, 为了处理非谐振子模型, 人们采用了很多不同的有效方法. 如态依赖的对角化方法, 格林函数的运动方程法和有效算符方法.

最近, 扩散非谐振子 (即为非谐振子与平衡热库的耦合系统) 引起人们的强烈关注 [26−28]. 理论上, 当非线性强度较小且热库自由度耦合较弱时, 在相互作用表象中描述扩散非谐振子的量子主方程为

$$\begin{aligned}\frac{\mathrm{d}}{\mathrm{d}t}\rho(t)=&-\mathrm{i}\varkappa\left[(a^{\dagger}a)^{2},\rho(t)\right]+k(\bar{\mathrm{n}}+1)\\&\times\left[2a\rho\left(t\right)a^{\dagger}-a^{\dagger}a\rho\left(t\right)-\rho\left(t\right)a^{\dagger}a\right]\\&+k\bar{\mathrm{n}}\left[2a^{\dagger}\rho\left(t\right)a-aa^{\dagger}\rho\left(t\right)-\rho\left(t\right)aa^{\dagger}\right],\end{aligned}\tag{5-101}$$

式中 $\rho(t)$ 为系统随时间 t 演化的密度算符, a $(a^{\dagger})$ 为湮灭 (产生) 算符, $\bar{\mathrm{n}}$ 为热库 ω 模的平均热光子数 (ω 为谐振子的自然频率), k 为衰减常数, 且 $\varkappa$ 为与媒质非线性极化率 $\chi^{(3)}$ 有关的非线性常数. 本节利用热场纠缠态去求解扩散非谐振子的主方程, 并推导出密度算符和维格纳函数的解析演化公式. 值得注意的是, 当参量 $\bar{\mathrm{n}}$ 和 k 取一些特殊值时, 式 (5-101) 能被简化为量子光学中已有的主方程, 因此描述扩散非谐振子的主方程更具有一般性. 例如, 对于扩散的极限情况, 即衰减参数 $k\rightarrow 0$, 同时取热平均光子数 $\bar{\mathrm{n}}\rightarrow\infty$, 这样能保证 $\kappa=k\bar{\mathrm{n}}$ 为有限, 则主方程 (5-101) 简化为

$$\begin{aligned}\frac{\mathrm{d}}{\mathrm{d}t}\rho(t)=&-\mathrm{i}\varkappa\left[(a^{\dagger}a)^{2},\rho(t)\right]+2\kappa\left[a\rho\left(t\right)a^{\dagger}\right.\\&\left.+a^{\dagger}\rho\left(t\right)a-a^{\dagger}a\rho\left(t\right)-\rho\left(t\right)a^{\dagger}a-\rho\left(t\right)\right].\end{aligned}\tag{5-102}$$

利用 Baker-Campbell-Hausdorff 公式展开演化算符 [29], Peixoto de Faria 求解了主方程 (5-102) 并推导出了扩散非谐振子的经典力学和量子力学标准解 [26]. 另外, 当 $\bar{\mathrm{n}}\rightarrow 0$ 且 k 为有限值时, 式 (5-101) 退化成描述充满克尔介质耗散腔的主方程

$$\frac{\mathrm{d}}{\mathrm{d}t}\rho(t)=-\mathrm{i}\varkappa\left[(a^{\dagger}a)^{2},\rho(t)\right]+k\left[2a\rho\left(t\right)a^{\dagger}-a^{\dagger}a\rho\left(t\right)-\rho\left(t\right)a^{\dagger}a\right].\tag{5-103}$$

因此, 利用热场纠缠态表象去求解扩散非谐振子的密度算符和维格纳函数的解析演化规律是非常有意义的.

5.5.2 扩散非谐振子主方程的解析解

本小节利用热场纠缠态 (5-3) 及其满足的本征方程来推导出扩散非谐振子初始态 $\rho(0)$ 的演化规律. 把态 $|I\rangle$ 作用到式 (5-101) 的两边, 得到

$$\begin{aligned}&\frac{\mathrm{d}}{\mathrm{d}t}|\rho(t)\rangle\\&=\left\{-\mathrm{i}\varkappa\left[(a^\dagger a)^2,\rho(t)\right]+k(\bar{n}+1)[2a\rho(t)a^\dagger-a^\dagger a\rho(t)\right.\\&\quad\left.-\rho(t)a^\dagger a]+k\bar{n}\left[2a^\dagger\rho(t)a-aa^\dagger\rho(t)-\rho(t)aa^\dagger\right]\right\}|I\rangle\\&=\left\{-\mathrm{i}\varkappa\left[(a^\dagger a)^2-(\tilde{a}^\dagger\tilde{a})^2\right]+k(\bar{n}+1)[2a\tilde{a}-a^\dagger a-\tilde{a}^\dagger\tilde{a}]\right.\\&\quad\left.+k\bar{n}[2a^\dagger\tilde{a}^\dagger-aa^\dagger-\tilde{a}\tilde{a}^\dagger]\right\}|\rho(t)\rangle.\end{aligned}\tag{5-104}$$

因此, 方程 (5-101) 的标准解为

$$\begin{aligned}|\rho(t)\rangle=&\exp\left\{-\mathrm{i}\varkappa t\left[(a^\dagger a)^2-(\tilde{a}^\dagger\tilde{a})^2\right]+k(\bar{n}+1)t[2a\tilde{a}\right.\\&\left.-a^\dagger a-\tilde{a}^\dagger\tilde{a}]+k\bar{n}t[2a^\dagger\tilde{a}^\dagger-aa^\dagger-\tilde{a}\tilde{a}^\dagger]\right\}|\rho(0)\rangle.\end{aligned}\tag{5-105}$$

通过定义如下算符

$$\begin{aligned}&K_+=a^\dagger\tilde{a}^\dagger,\quad K_-=a\tilde{a},\\&K_z=\frac{1}{2}(a^\dagger a+\tilde{a}^\dagger\tilde{a}+1),\quad K_0=a^\dagger a-\tilde{a}^\dagger\tilde{a},\end{aligned}\tag{5-106}$$

式中算符 K_+, K_- 和 K_z 遵循 SU(1,1) 李代数 $[K_-,K_+]=2K_z$ 和 $[K_z,K_\pm]=\pm K_\pm$, 而 K_0 为卡西米尔算符, 并与 SU(1,1) 李代数的生成元 $K_\pm$ 和 K_z 对易, 可把式 (5-105) 改写为

$$\begin{aligned}|\rho(t)\rangle=&\exp\left\{-\mathrm{i}\varkappa t\left[K_0(2K_z-1)\right]+k(\bar{n}+1)t\right.\\&\left.\times[2K_--2K_z+1]+k\bar{n}t[2K_+-2K_z+1]\right\}|\rho(0)\rangle\\=&\exp[\mathrm{i}\varkappa tK_0+k(2\bar{n}+1)t]\\&\times\exp\left\{\gamma_+K_++\gamma_zK_z+\gamma_-K_-\right\}|\rho(0)\rangle,\end{aligned}\tag{5-107}$$

式中

$$\begin{aligned}&\gamma_+=2k\bar{n}t,\quad\gamma_-=2k(\bar{n}+1)t,\\&\gamma_z=-2t[\mathrm{i}\varkappa K_0+k(2\bar{n}+1)].\end{aligned}\tag{5-108}$$

利用 SU(1,1) 李代数的分解纠缠定理, 可得

$$\begin{aligned}|\rho(t)\rangle=&\exp[\mathrm{i}\varkappa tK_0+k(2\bar{n}+1)t]\exp(\Gamma_+K_+)\\&\times\exp[(2\ln\sqrt{\Gamma_z})K_z]\exp(\Gamma_-K_-)|\rho(0)\rangle,\end{aligned}\tag{5-109}$$

式中

$$\Gamma_{\pm}=\frac{2\gamma_{\pm}\sinh\phi}{2\phi\cosh\phi-\gamma_z\sinh\phi},$$
$$\sqrt{\Gamma_z}=\frac{2\phi}{2\phi\cosh\phi-\gamma_z\sinh\phi},\tag{5-110}$$
$$\phi^2=\frac{\gamma_z^2}{4}-\gamma_+\gamma_-.$$

为了把态 $|I\rangle$ 从式 (5-109) 中剥离出来, 我们把扩展空间中福克态的完备性关系

$$\sum_{m,\tilde{n}=0}^{\infty}|m,\tilde{n}\rangle\langle m,\tilde{n}|=1\tag{5-111}$$

代入式 (5-109), 并注意到 $a^{\dagger j}|n\rangle=\sqrt{\frac{(n+j)!}{n!}}|n+j\rangle$, 可得到

$$\begin{aligned}|\rho(t)\rangle=&\sum_{j,m,n=0}^{\infty}\frac{\Gamma_-^j(m,n)}{j!}\exp[\mathrm{i}\varkappa tK_0+k(2\bar{\mathrm{n}}+1)t]\\&\times\sqrt{\Gamma_z^{m+n+1}(m,n)}\sum_{i=0}^{\infty}\frac{\Gamma_+^i}{i!}a^{\dagger i}\tilde{a}^{\dagger i}|m,\tilde{n}\rangle\langle m,\tilde{n}|a^j\rho(0)a^{\dagger j}|I\rangle\\=&\sum_{i,j,m,n=0}^{\infty}\sqrt{\frac{(m+i)!(n+i)!}{m!n!}\Gamma_z^{m+n+1}(m,n)}\\&\times\frac{\Gamma_+^i(m,n)\Gamma_-^j(m,n)}{i!j!}\exp[\mathrm{i}\varkappa(m-n)t+k(2\bar{\mathrm{n}}+1)t]\\&|m+i,\tilde{n}+i\rangle\langle m,\tilde{n}|a^j\rho(0)a^{\dagger j}|I\rangle,\end{aligned}\tag{5-112}$$

式中

$$\begin{aligned}&\Gamma_+(m,n)=2k\bar{\mathrm{n}}t\Omega(m,n)\sinh\phi(m,n),\\&\sqrt{\Gamma_z(m,n)}=\Omega(m,n)\phi(m,n),\\&\Gamma_-(m,n)=2kt(\bar{\mathrm{n}}+1)\Omega(m,n)\sinh\phi(m,n),\\&\Omega(m,n)=[\phi(m,n)\cosh\phi(m,n)\\&\qquad+t[\mathrm{i}\varkappa(m-n)+k(2\bar{\mathrm{n}}+1)]\sinh\phi(m,n)]^{-1},\\&\phi(m,n)=t[-\varkappa^2(m-n)^2+\mathrm{i}2\varkappa k(2\bar{\mathrm{n}}+1)(m-n)+k^2]^{1/2}.\end{aligned}\tag{5-113}$$

利用关系式

$$\langle \tilde{n} | I \rangle = |n\rangle, \quad \langle n | I \rangle = |\tilde{n}\rangle, \tag{5-114}$$

可得到

$$\begin{aligned}\langle m, \tilde{n} | a^j \rho(0) a^{\dagger j} | I \rangle &= \langle m | a^j \rho(0) a^{\dagger j} \langle \tilde{n} | I \rangle \\ &= \langle m | a^j \rho(0) a^{\dagger j} | n \rangle.\end{aligned} \tag{5-115}$$

因此, 式 (5-112) 变成

$$\begin{aligned}|\rho(t)\rangle = &\sum_{i,j,m,n=0}^{\infty} \sqrt{\frac{(m+i)!(n+i)!}{m!n!}\Gamma_z^{m+n+1}(m,n)} \\ &\times \frac{\Gamma_+^i(m,n)\Gamma_-^j(m,n)}{i!j!} \exp[\mathrm{i}\varkappa(m-n)t + k(2\bar{\mathrm{n}}+1)t] \\ &|m+i, \tilde{n}+i\rangle \langle m| a^j \rho(0) a^{\dagger j} |n\rangle.\end{aligned} \tag{5-116}$$

进一步, 再利用式 (5-114), 把式 (5-116) 改写为

$$\begin{aligned}|\rho(t)\rangle = &\sum_{i,j,m,n=0}^{\infty} \sqrt{\frac{(m+i)!(n+i)!}{m!n!}} \frac{\Gamma_+^i(m,n)\Gamma_-^j(m,n)}{i!j!} \\ &\times \sqrt{\Gamma_z^{m+n+1}(m,n)} \exp[\mathrm{i}\varkappa(m-n)t + k(2\bar{\mathrm{n}}+1)t] \\ &\times \langle m| a^j \rho(0) a^{\dagger j} |n\rangle |m+i\rangle \langle n+i| I\rangle.\end{aligned} \tag{5-117}$$

当把态 $|I\rangle$ 从 (5-117) 两端剥离之后, 可得到主方程 (5-101) 的标准解

$$\begin{aligned}\rho(t) = &\sum_{i,j,m,n=0}^{\infty} \frac{\Gamma_+^i(m,n)\Gamma_-^j(m,n)}{i!j!} \sqrt{\Gamma_z^{m+n+1}(m,n)} \\ &\times \exp[\mathrm{i}\varkappa t(m-n) + k(2\bar{\mathrm{n}}+1)t] a^{\dagger i} |m\rangle \langle m| a^j \rho(0) a^{\dagger j} |n\rangle \langle n| a^i.\end{aligned} \tag{5-118}$$

上式恰恰为密度算符 $\rho(t)$ 的无限维算符和表示, 它代表初始态 $\rho(0)$ 如何演化为终态 $\rho(t)$. 因此, 一旦给定扩散非谐振子的初始态 $\rho(0)$, 由式 (5-118) 很容易导出演化密度算符 $\rho(t)$. 进一步, 标准解 (5-118) 能被写为

$$\rho(t) = \sum_{i,j,m,n=0}^{\infty} M_{m,n,i,j} \rho(0) \mathfrak{M}_{m,n,i,j}^{\dagger}, \tag{5-119}$$

式中算符 $M_{m,n,i,j}$ 和 $\mathfrak{M}^{\dagger}_{m,n,i,j}$ 分别为

$$M_{m,n,i,j}=\sqrt{\frac{\Gamma_+^i(m,n)\Gamma_-^j(m,n)\Gamma_z^{1/2}(m,n)}{i!j!}}\exp\left[k\left(\bar{\mathrm{n}}+\frac{1}{2}\right)t\right]$$
$$\times\exp[m(\mathrm{i}\varkappa t+\ln\sqrt{\Gamma_z(m,n)})]a^{\dagger i}\left|m\right\rangle\left\langle m\right|a^j, \tag{5-120}$$

和

$$\mathfrak{M}^{\dagger}_{m,n,i,j}=\left\{\sqrt{\frac{\Gamma_+^i(m,n)\Gamma_-^j(m,n)\Gamma_z^{1/2}(m,n)}{i!j!}}\exp\left[k\left(\bar{\mathrm{n}}+\frac{1}{2}\right)t\right]\right.$$
$$\left.\times\exp[n(\mathrm{i}\varkappa t+\ln\sqrt{\Gamma_z(m,n)})]a^{\dagger i}\left|n\right\rangle\left\langle n\right|a^j\right\}^{\dagger}. \tag{5-121}$$

由以上表达式可知, 算符 $M_{m,n,i,j}$ 和 $\mathfrak{M}^{\dagger}_{m,n,i,j}$ 不是互为厄米共轭关系. 然而, 它们仍然满足归一化条件, 即

$$\sum_{i,j,m,n=0}^{\infty}M_{m,n,i,j}\mathfrak{M}^{\dagger}_{m,n,i,j}=1, \tag{5-122}$$

上式说明, 在一般意义上, $M_{m,n,i,j}$ 和 $\mathfrak{M}^{\dagger}_{m,n,i,j}$ 具有保迹操作, 因此算符 $M_{m,n,i,j}$ 和 $\mathfrak{M}^{\dagger}_{m,n,i,j}$ 为推广的克劳斯算符. 特殊地, 在 $k\to 0$ 且 $\bar{\mathrm{n}}\to\infty$ 时, $\kappa=k\bar{\mathrm{n}}$ 为有限值, 这时取

$$\Lambda=\mathrm{i}\varkappa(m-n)+2\kappa,\quad \Delta=[\Lambda^2-4\kappa^2]^{1/2}, \tag{5-123}$$

且

$$\Gamma(t)=\frac{2\kappa\sinh\Delta t}{\Delta\cosh\Delta t+\Lambda\sinh\Delta t},$$
$$\Gamma_0(t)=\frac{\Delta}{\Delta\cosh\Delta t+\Lambda\sinh\Delta t}. \tag{5-124}$$

这样, 我们有

$$\rho(t)=\sum_{i,j,m,n=0}^{\infty}\frac{\sqrt{(m+i)!(n+i)!(m+j)!(n+j)!}}{m!n!i!j!}$$
$$\times\Gamma^{i+j}(t)\Gamma_0^{m+n+1}(t)\exp[\mathrm{i}\varkappa(m-n)t+2\kappa t]$$
$$\times\left\langle m+j\right|\rho(0)\left|n+j\right\rangle\left|m+i\right\rangle\left\langle n+i\right|, \tag{5-125}$$

此结论与扩散极限下非谐振子密度算符的演化规律完全一致 [26]. 此外, 当 $\bar{\mathrm{n}}=0$ 且 k 保持有限, 式 (5-118) 变成密度算符在充满克尔介质耗散腔中的演化公式, 即

$$\rho(t)=\sum_{j,m,n=0}^{\infty}\frac{\Pi^j(t)}{j!}\exp[-\mathrm{i}\varkappa(m^2-n^2)t$$
$$-(m+n)kt]\left|m\right\rangle\left\langle m\right|a^j\rho(0)a^{\dagger j}\left|n\right\rangle\left\langle n\right|, \tag{5-126}$$

式中

$$\Pi(t)=\frac{k\{1-\mathrm{e}^{-2[\mathrm{i}\varkappa(m-n)+k]t}\}}{\mathrm{i}\varkappa(m-n)+k}. \tag{5-127}$$

5.5.3 扩散非谐振子维格纳函数的演化

在相位空间中, 维格纳函数是研究光场量子态的非经典效应 (如量子压缩、量子干涉和纠缠等) 的一个有力工具. 本小节利用两个互相共轭热场纠缠态 $|\chi\rangle$ 和 $|\xi\rangle$ 去推导出扩散非谐振子维格纳函数的演化表达式. 为了实现此目标, 首先在热场纠缠表象中给出维格纳函数的新表示. 根据式 (1-129)、(5-3) 和 (5-9), 可得到维格纳函数的热场纠缠态表示, 即

$$\begin{aligned}W(\alpha,\alpha^*)&=\sum_{m,n=0}^{\infty}\langle n,\tilde{n}|\,\Delta(\alpha,\alpha^*)\rho\,|m,\tilde{m}\rangle\\&=\frac{1}{\pi}\langle I|\,D(2\alpha)(-1)^{a^\dagger a}\rho\,|I\rangle\\&=\frac{1}{\pi}\langle\chi=-2\alpha|\,(-1)^{a^\dagger a}\,|\rho\rangle\\&=\frac{1}{\pi}\langle\xi=2\alpha\,|\rho\rangle.\end{aligned} \tag{5-128}$$

式 (5-128) 为热场动力学理论中计算维格纳函数的公式, 它被简化为扩展福克空间中两个纯态的内积, 即 $\langle\xi=2\alpha\,|\rho\rangle$. 这是一种计算维格纳函数的新方法, 能为研究维格纳函数的时间演化提供方便. 把完备性关系式 (5-10) 代入内积 $\langle\xi=2\alpha|\,\rho(t)\rangle$, 得到扩散非谐振子维格纳函数的时间演化积分公式, 即

$$W(\alpha,\alpha^*,t)=4\int\frac{\mathrm{d}^2\beta}{\pi}K(\alpha,\beta^*,t)W(\beta,\beta^*,0). \tag{5-129}$$

式中 $W(\beta,\beta^*,0)$ 为初始时刻的维格纳函数

$$W(\beta,\beta^*,0)=\frac{1}{\pi}\langle\xi=2\beta\,|\rho\,(0)\rangle, \tag{5-130}$$

而且

$$\begin{aligned}K(\alpha,\beta^*,t)=&\langle\xi=2\alpha|\exp[\mathrm{i}\varkappa tK_0+k(2\bar{\mathrm{n}}+1)t]\exp(\Gamma_+K_+)\\&\times\exp[(2\ln\sqrt{\Gamma_z})K_z]\exp(\Gamma_-K_-)\,|\xi'=2\beta\rangle.\end{aligned} \tag{5-131}$$

把扩展空间中福克态的完备性关系 (5-111) 插入上式, 并根据式 (5-106), 可把 $K(\alpha,\beta^*,t)$ 写为

$$\begin{aligned}K(\alpha,\beta^*,t)=&\sum_{m,n=0}^{\infty}\sqrt{\Gamma_z^{m+n+1}(m,n)}\exp[\mathrm{i}\varkappa t(m-n)\\&+k(2\bar{\mathrm{n}}+1)t]\,\langle\xi=2\alpha|\exp[\Gamma_+(m,n)a^\dagger\tilde{a}^\dagger]\\&|m,\tilde{n}\rangle\,\langle m,\tilde{n}|\exp[\Gamma_-(m,n)a\tilde{a}]\,|\xi'=2\beta\rangle.\end{aligned} \tag{5-132}$$

为了方便得到式 (5-132) 中的密度矩阵元, 利用双变量埃尔米特多项式的产生函数 (2-54), 在双模福克空间中把纠缠态 $|\xi\rangle$ 展开为

$$|\xi\rangle = \mathrm{e}^{-|\xi|^2/2} \sum_{m,n=0}^{\infty} \frac{1}{\sqrt{m!n!}} H_{m,n}\left(\xi, \xi^*\right) |m, \tilde{n}\rangle, \tag{5-133}$$

式中 $|m, \tilde{n}\rangle = \dfrac{a^{\dagger m}\tilde{a}^{\dagger n}}{\sqrt{m!n!}} |0, \tilde{0}\rangle$ 为双模福克态. 这样, 利用式 (5-133) 可得到内积

$$\langle\xi| m, \tilde{n}\rangle = \frac{1}{\sqrt{m!n!}} H_{m,n}\left(\xi^*, \xi\right) \ \mathrm{e}^{-|\xi|^2/2}. \tag{5-134}$$

那么, 利用式 (5-132) 和 (5-134), 可得到

$$\begin{aligned}
K(\alpha, \beta^*, t) = & \sum_{m,n=0}^{\infty} \sqrt{\Gamma_z^{m+n+1}(m,n)} \exp[\mathrm{i}\varkappa t(m-n) \\
& +k(2\bar{\mathrm{n}}+1)t] \sum_{k,l=0}^{\infty} \frac{\Gamma_+^k(m,n)\Gamma_-^l(m,n)}{k!l!} \langle\xi = 2\alpha| \\
& a^{\dagger k}\tilde{a}^{\dagger k} |m, \tilde{n}\rangle \langle m, \tilde{n}| a^l \tilde{a}^l |\xi' = 2\beta\rangle \\
= & \sum_{m,n=0}^{\infty} \sqrt{\Gamma_z^{m+n+1}(m,n)} \exp[\mathrm{i}\varkappa t(m-n) \\
& +k(2\bar{\mathrm{n}}+1)t] \sum_{k,l=0}^{\infty} \frac{\Gamma_+^k(m,n)\Gamma_-^l(m,n)}{k!l!m!n!} \mathrm{e}^{-2(|\alpha|^2+|\beta|^2)} \\
& \times H_{m+k,n+k}(2\alpha^*, 2\alpha) H_{m+l,n+l}(2\beta, 2\beta^*).
\end{aligned} \tag{5-135}$$

进一步, 利用有关双变量埃尔米特多项式的求和公式

$$\begin{aligned}
& \sum_{l=0}^{\infty} \frac{x^l}{l!} H_{m+l,n+l}(y,z) \\
= & \frac{\mathrm{e}^{\frac{xyz}{x+1}}}{(x+1)^{(m+n+2)/2}} H_{m,n}\left(\frac{y}{\sqrt{x+1}}, \frac{z}{\sqrt{x+1}}\right),
\end{aligned} \tag{5-136}$$

式 (5-135) 变成

$$\begin{aligned}
& K(\alpha, \beta^*, t) \\
= & \sum_{m,n=0}^{\infty} \frac{\sqrt{\Gamma_z^{m+n+1}(m,n)}}{m!n!\sqrt{\{[\Gamma_+(m,n)+1][\Gamma_-(m,n)+1]\}^{(m+n+2)}}}
\end{aligned}$$

$$\times \exp[\mathrm{i}\varkappa t(m-n)+k(2\bar{\mathrm{n}}+1)t]$$
$$\times \exp\left\{2\frac{\Gamma_+(m,n)-1}{\Gamma_+(m,n)+1}|\alpha|^2+2\frac{\Gamma_-(m,n)-1}{\Gamma_-(m,n)+1}|\beta|^2\right\}$$
$$\times H_{m,n}\left[\frac{2\alpha^*}{\sqrt{\Gamma_+(m,n)+1}},\ \frac{2\alpha}{\sqrt{\Gamma_+(m,n)+1}}\right]$$
$$\times H_{m,n}\left[\frac{2\beta}{\sqrt{\Gamma_-(m,n)+1}},\frac{2\beta^*}{\sqrt{\Gamma_-(m,n)+1}}\right]. \tag{5-137}$$

最后, 把上式中的因子 $K(\alpha,\beta^*,t)$ 代入式 (5-129) 可得到扩散非谐振子维格纳函数 $W(\alpha,\alpha^*,t)$ 随时间演化的解析表达式. 显然, 当 $k\to 0$ 且 $\bar{\mathrm{n}}\to\infty$, 此时 $\kappa=k\bar{\mathrm{n}}$ 取有限值, 式 (5-129) 变成扩散极限下非谐振子维格纳函数的时间演化

$$W(\alpha,\alpha^*,t)$$
$$=\sum_{m,n=0}^{\infty}\frac{4\Gamma_0^{m+n+1}(t)}{m!n![\Gamma(t)+1]^{(m+n+2)}}\exp\left[\mathrm{i}\varkappa t(m-n)+2\kappa t\right.$$
$$\left.+2\frac{\Gamma(t)-1}{\Gamma(t)+1}|\alpha|^2\right]H_{m,n}\left[\frac{2\alpha^*}{\sqrt{\Gamma(t)+1}},\frac{2\alpha}{\sqrt{\Gamma(t)+1}}\right]$$
$$\times\int\frac{\mathrm{d}^2\beta}{\pi}\exp\left\{2\frac{\Gamma(t)-1}{\Gamma(t)+1}|\beta|^2\right\}$$
$$\times H_{m,n}\left[\frac{2\beta}{\sqrt{\Gamma(t)+1}}\frac{2\beta^*}{\sqrt{\Gamma(t)+1}}\right]W(\beta,\beta^*,0). \tag{5-138}$$

然而, 当 $\bar{\mathrm{n}}\to 0$ 且 k 取有限值时, 式 (5-138) 变成

$$W(\alpha,\alpha^*,t)$$
$$=\sum_{m,n=0}^{\infty}\frac{4H_{m,n}(2\alpha^*,2\alpha)}{m!n![\Pi(t)+1]^{(m+n+2)/2}}\exp[-\mathrm{i}\varkappa t(m^2-n^2)$$
$$-k(m+n)t-2|\alpha|^2]\int\frac{\mathrm{d}^2\beta}{\pi}\exp\left\{2\frac{\Pi(t)-1}{\Pi(t)+1}|\beta|^2\right\}$$
$$\times H_{m,n}\left[\frac{2\beta}{\sqrt{\Pi(t)+1}},\frac{2\beta^*}{\sqrt{\Pi(t)+1}}\right]W(\beta,\beta^*,0), \tag{5-139}$$

上式表示维格纳函数在充满克尔介质耗散腔中的演化.

下面给出维格纳函数演化公式 (5-139) 的具体应用. 当相干态 $|z\rangle$ 作为初始态时, 其维格纳函数为

$$W(\beta,\beta^*)=\frac{1}{\pi}\exp\left(-2\left|\beta-z\right|^2\right). \tag{5-140}$$

这样, 把 $W(\beta,\beta^*)$ 代入式 (5-139), 并考虑到式 (2-54) 以及数学积分公式 (1-29) , 我们易得到初始相干态维格纳函数的演化公式, 即

$$\begin{aligned}W(\alpha,\alpha^*,t)=&\sum_{m,n=0}^{\infty}\frac{\sqrt{\Gamma_z^{m+n+1}(m,n)}}{\pi m!n!\sqrt{[\Gamma_+(m,n)+1]^{m+n+2}}}\\&\times\exp[\mathrm{i}\varkappa t(m-n)+k(2\bar{n}+1)t]\exp\left[2\frac{\Gamma_+(m,n)-1}{\Gamma_+(m,n)+1}|\alpha|^2\right]\\&\times H_{m,n}\left[\frac{2\alpha^*}{\sqrt{\Gamma_+(m,n)+1}},\frac{2\alpha}{\sqrt{\Gamma_+(m,n)+1}}\right]\\&\times z^m z^{*n}\exp\left\{[\Gamma_-(m,n)-1]|z|^2\right\}.\end{aligned} \tag{5-141}$$

上面的计算表明, 在给定初始量子态的条件下, 利用式 (5-139) 能方便导出相应维格纳函数的演化公式. 特殊地, 当 $t=0, \Gamma_z(m,n)=1, \Gamma_+(m,n)=\Gamma_-(m,n)=0$, 这样式 (5-141) 变成

$$W(\alpha,\alpha^*,0)=\frac{\mathrm{e}^{-2|\alpha|^2-|z|^2}}{\pi}\sum_{m,n=0}^{\infty}\frac{z^m z^{*n}}{m!n!}H_{m,n}(2\alpha^*,2\alpha). \tag{5-142}$$

进一步利用双变量埃尔米特多项式的产生函数 (2-16), 发现式 (5-142) 正好回到初始相干态的维格纳函数. 另外, 利用维格纳函数的演化公式还可导出扩散非谐振子光子数分布随时间演化的规律. 根据热场动力学理论, 光子数分布 $p(s,t)=\mathrm{Tr}[\rho(t)\left|s\right\rangle\left\langle s\right|]$ 能被转化成如下矩阵元形式

$$p(s,t)=\sum_{m=0}^{\infty}\left\langle s,\tilde{s}\right|\rho(t)\left|m,\tilde{m}\right\rangle=\left\langle s,\tilde{s}\right|\rho(t)\rangle, \tag{5-143}$$

把态 $|\xi\rangle$ 的完备性关系 (5-10) 代入式 (5-143) 得到

$$p(s,t)=\int\frac{\mathrm{d}^2\xi}{\pi}\left\langle s,\tilde{s}\right|\xi\rangle\left\langle\xi\right|\rho(t)\rangle. \tag{5-144}$$

由式 (5-144) 可见, $\frac{1}{\pi}\left\langle\xi\right|\rho(t)\rangle$ 为密度算符 $\rho(t)$ 的维格纳函数 $W(\alpha,\alpha^*,t)$, 并且 $\frac{1}{\pi}\left\langle s,\tilde{s}\right|\xi\rangle$ 恰恰是粒子数态的维格纳函数, 即

$$W_{|s\rangle\langle s|}(\alpha,\alpha^*)=\frac{(-1)^s}{\pi}\mathrm{e}^{-2|\alpha|^2}L_s(4|\alpha|^2). \tag{5-145}$$

因此, 态 $\rho(t)$ 的光子数分布和维格纳函数满足关系

$$p(s,t)=4\int \mathrm{d}^2\alpha(-1)^s\mathrm{e}^{-2|\alpha|^2}L_s(4|\alpha|^2)W(\alpha,\alpha^*,t). \tag{5-146}$$

把式 (5-138) 代入式 (5-146) 并执行此积分, 可得到扩散非谐振子光子数分布随时间时演化公式

$$\begin{aligned}&p(s,t)\\&=\sum_{m,n=0}^{\infty}\frac{4(-1)^{(3m+n)/2}s!\sqrt{\Gamma_z^{m+n+1}(m,n)\Gamma_+^{(2s-n-m)}(m,n)}}{m!n!(s-m)!\sqrt{[\Gamma_-(m,n)+1]^{(m+n+2)}}}\\&\times\exp[\mathrm{i}\varkappa t(m-n)+k(2\bar{\mathrm{n}}+1)t]\int\mathrm{d}^2\beta\exp\left\{2\frac{\Gamma_-(m,n)-1}{\Gamma_-(m,n)+1}|\beta|^2\right\}\\&\times H_{m,n}\left[\frac{2\beta}{\sqrt{\Gamma_-(m,n)+1}},\frac{2\beta^*}{\sqrt{\Gamma_-(m,n)+1}}\right]W(\beta,\beta^*,0).\end{aligned} \tag{5-147}$$

上式表明, 若初始维格纳函数 $W(\beta,\beta^*,0)$ 已知, 由式 (5-147) 易得到光子数分布的演化规律.

参 考 文 献

[1] 范洪义, 胡利云. 开放系统量子退相干的纠缠态表象论 [M]. 上海: 上海交通大学出版社, 2010.

[2] Meng X G, Wang Z, Fan H Y, Wang J S. Squeezed number state and squeezed thermal state: Decoherence analysis and nonclassical properties in the laser channel[J]. Journal of Optical Society of America B, 2012, 29(7): 1835-1843.

[3] Meng X G, Wang J S, Liang B L. New approach for deriving the exact time evolution of the density operator for a diffusive anharmonic oscillator and its Wigner distribution function[J]. Chinese Physics B, 2013, 22(3): 030307.

[4] Takahashi Y, Umezawa H. Thermo field dynamics[J]. International Journal of Modern Physics B, 1996, 10(13-14): 1755-1805.

[5] Fan H Y, Hu L Y. Operator-sum representation of density operators as solution to master equations obtained via the entangled states approach[J]. Modern Physics Letters B, 2008, 22(25): 2435-2468.

[6] Cresser D J, Hager J, Leuchs G, Rateike M, Walther H. Dissipative Systems in Quantum Optics[M]. Berlin: Springer-Verlag, 1982.

[7] Carmichael H J. Statistical Methods in Quantum Optics 1: Master Equations and Fokker-Planck Equations[M]. Berlin: Springer-Verlag, 1999.
[8] Wünsche A. Hermite and Laguerre 2D polynomials[J]. Journal of Computational & Applied Mathematics, 2001, 133(1-2): 665-678.
[9] 范洪义. 研究生用量子力学教材补遗 [M]. 合肥: 中国科学技术大学出版社, 2012.
[10] Kim M S, de Oliveira F A M, Knight P L. Properties of squeezed number states and squeezed thermal states[J]. Physical Review A, 1989, 40(5): 2494-2053.
[11] Marian P, Marian T A, Scutaru H. Quantifying nonclassicality of one-mode Gaussian states of the radiation field[J]. Physical Review Letters, 2002, 88(15): 153601.
[12] Marian P, Marian T A, Scutaru H. Bures distance as a measure of entanglement for two-mode squeezed thermal states[J]. Physical Review A, 2003, 68(6): 062309.
[13] Wang X B, Oh C H, Kwek L C. Bures fidelity of displaced squeezed thermal states[J]. Physical Review A, 1998, 58(5): 4186-4190.
[14] Aspachs M, Calsamiglia J, Munoz-Tapia R, Bagan E. Phase estimation for thermal Gaussian states[J]. Physical Review A, 2009, 79(3): 033834.
[15] Chizhov A V, Gantsogt T, Murzakhmetovt B K. Phase distributions of squeezed number states and squeezed thermal states[J]. Quantum Optics Journal of the European Optical Society Part B, 1993, 5(2): 85-93.
[16] Kiesel T, Vogel W, Bellini M, Zavatta A. Nonclassicality quasiprobability of single photon-added thermal states[J]. Physical Review A, 2011, 83(3): 032116.
[17] Fan H Y, Ren G. Evolution of number state to density operator of binomial distribution in the amplitude dissipative channel[J]. Chinese Physics Letters, 2010, 27(5): 050302.
[18] Kenfack A, Zyczkowski K. Negativity of the Wigner function as an indicator of nonclassicality[J]. Journal of Optics B: Quantum and Semiclassical Optics, 2004, 6(10): 396-404.
[19] Fan H Y, Zaidi H R. Application of IWOP technique to the generalized Weyl correspondence[J]. Physics Letters A, 1987, 124(6-7): 303-307.
[20] Weyl H. The Classical Groups[M]. Princeton: Princeton University Press, 1953.
[21] Louisell W H. Quantum Statistical Properties of Radiation[M]. New York: Wiley, 1973.
[22] Glauber R J. The quantum theory of optical coherence[J]. Physical Review, 1963, 131(6): 2529-2539.
[23] Glauber R J. Coherent and incoherent states of the radiation field[J]. Physical Review, 1963, 131(6): 2766-2788.
[24] Tanaś R, Miranowicz A, Kielich S. Squeezing and its graphical representations in the anharmonic oscillator model[J]. Physical Review A, 1991, 43(7): 4014-4021.
[25] Chung N N, Chew L Y. Energy eigenvalues and squeezing properties of general systems of coupled quantum anharmonic oscillators[J]. Physical Review A, 2007, 76(3): 032113.

[26] Peixoto de Faria J G. Time evolution of the classical and quantum mechanical versions of diffusive anharmonic oscillator: An example of Lie algebraic techniques[J]. European Physical Journal D, 2007, 42(1): 153-162.

[27] Daniel D J, Milburn G J. Destruction of quantum coherence in a nonlinear oscillator via attenuation and amplification[J]. Physical Review A, 1989, 39(9): 4628-4640.

[28] Oliveira A C, Peixoto de Faria J G, Nemes M C. Quantum-classical transition of the open quartic oscillator: The role of the environment[J]. Physical Review E, 2006, 73(4Pt2): 046207.

[29] Chaturvedi S, Srinivasan V. Class of exactly solvable master equations describing coupled nonlinear oscillators[J]. Physical Review A, 1991, 43(7): 4054-4057.

第 6 章　平移热态及其叠加态在振幅衰减通道中的量子统计特性

在 3.4 节, 平移热态 $\rho(V,d)$ 被定义为由高斯热噪声 $\mathbb{P}(V,d;\alpha)$ 调制的相干态 $|\alpha\rangle$, 并利用有序算符内积分法和数学积分公式 (1-29) 把态 $\rho(V,d)$ 的积分形式改写为正规乘积表示, 发现态 $\rho(V,d)$ 为介于混合热态 $\rho(V,0)=\dfrac{2}{V+1}\mathrm{e}^{a^\dagger a\ln\left(\frac{V-1}{V+1}\right)}$ 和纯相干态 $\rho(V\to 1,d)=|d\rangle\langle d|$ 之间的高斯型混合热态 [1−3]. 本章利用有序算符内积分法和热场纠缠态表象, 给出描述振幅衰减通道量子主方程的解析解, 并由此探讨平移热态的密度算符、光子数分布、维格纳函数以及熵在振幅衰减通道中的演化 [4]. 然后, 理论上构造出平移热态的叠加态, 并考察它的非经典性质、维格纳函数及其在振幅衰减通道中随时间 t 的演化规律.

6.1　描述振幅衰减通道量子主方程的解

对于任何的开放系统, 在系统与环境相互作用的过程中, 噪声总是与基本的力学过程相伴随的. 在各种真实的环境中, 振幅衰减是引起系统非经典性衰退的重要原因. 在相互作用表象中, 含时的密度算符 $\rho(t)$ 满足量子主方程 [5, 6]

$$\frac{\mathrm{d}}{\mathrm{d}t}\rho(t)=\kappa(2a\rho(t)a^\dagger-a^\dagger a\rho(t)-\rho(t)a^\dagger a),\tag{6-1}$$

表示能量从系统向零温环境进行传输, κ 为腔的衰减率. 为了求解振幅衰减通道的量子主方程, 我们首先回顾描述系统 (实模) 和热库 (虚模) 相互纠缠的热场纠缠态 [7, 8], 即 $|\chi\rangle=D(\chi)|\chi=0\rangle$, 式中 $|\chi=0\rangle=\exp(a^\dagger\tilde{a}^\dagger)|0,\tilde{0}\rangle\equiv|I\rangle$, $D(\chi)=\exp(\chi a^\dagger-\chi^* a)$ 为平移算符, $\tilde{a}^\dagger$ 为与实模光子产生算符 $a^\dagger$ 相伴而生的虚模的产生算符. 根据式 (5-14) 中关于态 $|I\rangle$ 的特点可得到一组重要的对应关系, 即在态 $|I\rangle$ 下, 在实空间中的玻色算符和虚空间的玻色算符存在如下互换关系:

$$a\Leftrightarrow\tilde{a}^\dagger,\quad a^\dagger\Leftrightarrow\tilde{a},\quad a^\dagger a\Leftrightarrow\tilde{a}^\dagger\tilde{a}.\tag{6-2}$$

以上互换关系表明, 若将一个密度算符主方程作用到 $|I\rangle$ 上, 则对于该主方程中所包含的形如 $a\rho(t)a^\dagger$、$a^\dagger a\rho(t)$ 和 $\rho(t)a^\dagger a$ 等算符来说, $\rho(t)$ 右边的所有实模的产生算符 $a^\dagger$ 和湮灭算符 a 可以分别转换为虚模的湮灭算符 $\tilde{a}$ 和产生算符 $\tilde{a}^\dagger$, 并都能移

到 $\rho(t)$ 的左边 (实模空间和虚模空间相互独立, 则实模算符与虚模算符是对易的). 这一点对于转化密度算符主方程为普通函数方程以及直接求解该主方程都起到至关重要的作用. 下面以求解振幅衰减通道主方程 (6-1) 为例进行详细说明. 当把式 (6-1) 两边作用到 $|I\rangle$ 上, 并令 $|\rho(t)\rangle = \rho(t)|I\rangle$, 则有

$$\frac{\mathrm{d}}{\mathrm{d}t}|\rho(t)\rangle = \kappa\left(2a\rho(t)a^{\dagger} - a^{\dagger}a\rho(t) - \rho(t)a^{\dagger}a\right)|I\rangle. \tag{6-3}$$

再利用式 (6-2) 中的互换关系, 可将式 (6-3) 改写为

$$\frac{\mathrm{d}}{\mathrm{d}t}|\rho(t)\rangle = \kappa\left(2a\tilde{a} - a^{\dagger}a - \tilde{a}^{\dagger}\tilde{a}\right)|\rho(t)\rangle. \tag{6-4}$$

因此, 式 (6-4) 的标准解为

$$|\rho(t)\rangle = \exp\left[\kappa t\left(2a\tilde{a} - a^{\dagger}a - \tilde{a}^{\dagger}\tilde{a}\right)\right]|\rho(0)\rangle, \tag{6-5}$$

式中 $\rho(0)$ 为初始量子态的密度算符. 注意到上式中的算符满足如下对易关系

$$\left[a\tilde{a}, a^{\dagger}a\right] = \left[a\tilde{a}, \tilde{a}^{\dagger}\tilde{a}\right] = \tilde{a}a \tag{6-6}$$

和

$$\left[\frac{a^{\dagger}a + \tilde{a}^{\dagger}\tilde{a}}{2}, a\tilde{a}\right] = -\tilde{a}a, \tag{6-7}$$

并使用算符恒等式 (5-19), 我们有

$$\mathrm{e}^{\kappa t\left(2a\tilde{a} - a^{\dagger}a - \tilde{a}^{\dagger}\tilde{a}\right)} = \mathrm{e}^{-\kappa t\left(a^{\dagger}a + \tilde{a}^{\dagger}\tilde{a}\right)}\mathrm{e}^{\mathcal{T}a\tilde{a}}, \tag{6-8}$$

式中 $\mathcal{T} = 1 - \mathrm{e}^{-2\kappa t}$. 所以, 将式 (6-8) 代入式 (6-5), 有

$$\begin{aligned}
|\rho(t)\rangle &= \mathrm{e}^{-\kappa t\left(a^{\dagger}a + \tilde{a}^{\dagger}\tilde{a}\right)}\sum_{n=0}^{\infty}\frac{\mathcal{T}^n}{n!}a^n\tilde{a}^n|\rho(0)\rangle \\
&= \mathrm{e}^{-\kappa t a^{\dagger}a}\sum_{n=0}^{\infty}\frac{\mathcal{T}^n}{n!}a^n\rho(0)a^{\dagger n}\mathrm{e}^{-\kappa t\tilde{a}^{\dagger}\tilde{a}}|I\rangle \\
&= \sum_{n=0}^{\infty}\frac{\mathcal{T}^n}{n!}\mathrm{e}^{-\kappa t a^{\dagger}a}a^n\rho(0)a^{\dagger n}\mathrm{e}^{-\kappa t a^{\dagger}a}|I\rangle.
\end{aligned} \tag{6-9}$$

若将式 (6-9) 左右两边同时去掉 $|I\rangle$, 则易得到密度算符 $\rho(t)$ 的无限维算符和表示

$$\begin{aligned}
\rho(t) &= \sum_{n=0}^{\infty}\frac{\mathcal{T}^n}{n!}\mathrm{e}^{-\kappa t a^{\dagger}a}a^n\rho(0)a^{\dagger n}\mathrm{e}^{-\kappa t a^{\dagger}a} \\
&= \sum_{n=0}^{\infty}\mathcal{M}_n\rho(0)\mathcal{M}_n^{\dagger},
\end{aligned} \tag{6-10}$$

式中 $\mathcal{M}_n$ 为密度算符 $\rho(t)$ 所对应的克劳斯算符

$$\mathcal{M}_n \equiv \sqrt{\frac{\mathcal{T}^n}{n!}}\mathrm{e}^{-\kappa t a^\dagger a}a^n,\quad \mathcal{M}_n^\dagger \equiv \sqrt{\frac{\mathcal{T}^n}{n!}}a^{\dagger n}\mathrm{e}^{-\kappa t a^\dagger a}. \tag{6-11}$$

式 (6-10) 即为描述振幅衰减通道量子主方程的解. 实际上, 此式也可在式 (5-25) 中令 $g=0$ 来得到. 下面利用算符恒等式 (1-20) 以及

$$\mathrm{e}^{\lambda a^\dagger a}a\mathrm{e}^{-\lambda a^\dagger a} = \mathrm{e}^{-\lambda}a \tag{6-12}$$

来证明克劳斯算符 $\mathcal{M}_n$ 的归一化问题, 即

$$\begin{aligned}\sum_{n=0}^{\infty}\mathcal{M}_n^\dagger\mathcal{M}_n &= \sum_{n=0}^{\infty}\frac{\mathcal{T}^n}{n!}a^{\dagger n}\mathrm{e}^{-2\kappa t a^\dagger a}a^n\\ &= \sum_{n=0}^{\infty}\frac{\mathcal{T}^n}{n!}\mathrm{e}^{2n\kappa t}:a^{\dagger n}a^n:\mathrm{e}^{-2\kappa t a^\dagger a}\\ &= :\mathrm{e}^{\mathcal{T}\mathrm{e}^{2\kappa t}a^\dagger a}:\mathrm{e}^{-2\kappa t a^\dagger a}\\ &= :\mathrm{e}^{\left(\mathrm{e}^{2\kappa t}-1\right)a^\dagger a}:\mathrm{e}^{-2\kappa t a^\dagger a} = 1.\end{aligned} \tag{6-13}$$

所以,

$$\mathrm{Tr}[\rho(t)] = \mathrm{Tr}\left[\sum_{n=0}^{\infty}\mathcal{M}_n^\dagger\rho(0)\mathcal{M}_n\right] = \mathrm{Tr}[\rho(0)]. \tag{6-14}$$

可见, 克劳斯算符 $\mathcal{M}_n$ 是一个保迹的量子操作.

6.2 振幅衰减通道中平移热态的量子统计特性

6.2.1 密度算符的演化

为了便于计算, 首先根据密度算符 $\rho(t)$ 的克劳斯算符 $\mathcal{M}_n$ 表示给出密度算符 $\rho(V,d)$ 在振幅衰减通道中随时间 t 的演化规律. 考虑到式 (6-10) 中密度算符 $\rho(0)$ 的左侧为玻色湮灭算符 a^n, 而其右侧为玻色产生算符 $a^{\dagger n}$, 故引入 $\rho(V,d)$ 的反正规乘积有利于简化计算 $\rho(V,d)$ 在振幅衰减通道中的演化公式. 把式 (3-44) 代入反正规乘积计算公式 (1-35) [9, 10], 并利用内积 $\langle-\alpha|\alpha\rangle = \mathrm{e}^{-2|\alpha|^2}$, 我们有

$$\begin{aligned}\rho(V,d) =& \frac{2}{V+1}\int_{-\infty}^{\infty}\frac{\mathrm{d}^2\alpha}{\pi}\langle-\alpha|:\mathrm{e}^{-\frac{2}{V+1}(|d|^2-da^\dagger-d^*a+a^\dagger a)}:|\alpha\rangle\\ &\vdots\exp\left(|\alpha|^2+\alpha^*a-\alpha a^\dagger+a^\dagger a\right)\vdots\\ =& \frac{2}{V+1}\mathrm{e}^{-\frac{2|d|^2}{V+1}}\vdots\int_{-\infty}^{\infty}\frac{\mathrm{d}^2\alpha}{\pi}\exp\left[-\frac{V-1}{V+1}|\alpha|^2\right.\\ &\left.+\left(\frac{2d^*}{V+1}-a^\dagger\right)\alpha-\left(\frac{2d}{V+1}-a\right)\alpha^*+a^\dagger a\right]\vdots.\end{aligned} \tag{6-15}$$

利用数学积分公式 (1-29) 完成对 $\mathrm{d}^2\alpha$ 的积分, 得到 $\rho(V,d)$ 的反正规乘积表示

$$\rho(V,d)=\frac{2}{V-1}\mathrm{e}^{-\frac{2|d|^2}{V-1}}\vdots\exp\left[\frac{2}{V-1}(da^\dagger+d^*a-a^\dagger a)\right]\vdots. \tag{6-16}$$

把上式中的 $\rho(V,d)$ 作为初始态代入式 (6-10), 得到

$$\begin{aligned}\rho(V,d;t)=&\frac{2\mathrm{e}^{-\frac{2|d|^2}{V-1}}}{V-1}\sum_{n=0}^{\infty}\frac{\mathcal{T}^n}{n!}\mathrm{e}^{-\kappa ta^\dagger a}a^n\\&\times\vdots\exp\left[\frac{2}{V-1}(da^\dagger+d^*a-a^\dagger a)\right]\vdots a^{\dagger n}\mathrm{e}^{-\kappa ta^\dagger a}.\end{aligned} \tag{6-17}$$

再把相干态的完备性关系 $\int\frac{\mathrm{d}^2z}{\pi}|z\rangle\langle z|=1$ 插入式 (6-17), 并使用算符恒等式

$$\mathrm{e}^{-\kappa ta^\dagger a}|z\rangle=\mathrm{e}^{-|z|^2/2}\mathrm{e}^{za^\dagger\mathrm{e}^{-\kappa t}}|0\rangle, \tag{6-18}$$

我们有

$$\begin{aligned}\rho(V,d;t)=&\frac{2\mathrm{e}^{-\frac{2|d|^2}{V-1}}}{V-1}\sum_{n=0}^{\infty}\frac{\mathcal{T}^n}{n!}\int\frac{\mathrm{d}^2z}{\pi}|z|^{2n}\\&\times:\exp\left[\frac{2}{V-1}\left(dz^*+d^*z-|z|^2\right)\right.\\&\left.-|z|^2+za^\dagger\mathrm{e}^{-\kappa t}+z^*a\mathrm{e}^{-\kappa t}-a^\dagger a\right]:.\end{aligned} \tag{6-19}$$

进一步, 利用数学积分公式 (3-32) 对上式进行积分, 得到

$$\begin{aligned}\rho(V,d;t)=&\frac{2\mathrm{e}^{-\frac{2|d|^2}{V-1}}}{V-1}\sum_{n=0}^{\infty}\frac{\mathcal{T}^n}{n!}:\mathrm{e}^{\frac{V-1}{V+1}\left(\frac{2d^*}{V-1}+a^\dagger\mathrm{e}^{-\kappa t}\right)\left(\frac{2d}{V-1}+a\mathrm{e}^{-\kappa t}\right)-a^\dagger a}\\&\times\sum_{l=0}^{n}\frac{(n!)^2\left(\frac{2d^*}{V-1}+a^\dagger\mathrm{e}^{-\kappa t}\right)^{n-l}\left(\frac{2d}{V-1}+a\mathrm{e}^{-\kappa t}\right)^{n-l}}{l![(n-l)!]^2\left(\frac{V+1}{V-1}\right)^{2n-l+1}}:.\end{aligned} \tag{6-20}$$

再利用拉盖尔多项式的产生函数 (3-33) 以及求和公式

$$\sum_{n=0}^{\infty}z^nL_n(y)=\frac{1}{1-z}\mathrm{e}^{-yz/(1-z)}, \tag{6-21}$$

可将式 (6-20) 改写为

$$\rho(V,d;t)=f:\exp\left[-f(|d|^2\mathrm{e}^{-2\kappa t}-d^*\mathrm{e}^{-\kappa t}a-d\mathrm{e}^{-\kappa t}a^\dagger+a^\dagger a)\right]:, \tag{6-22}$$

式中参数 $f=2/[2+(V-1)\mathrm{e}^{-2\kappa t}]$. 上式表明, 平移热态 $\rho(V,d)$ 在振幅衰减通道中始终是参数 d 和 V 按指数 $\mathrm{e}^{-\kappa t}$ 衰减的混合热态. 当 $V\to 1$, 式 (6-22) 对应初始相干态 $|d\rangle$ 在振幅衰减通道中的演化. 在初始时刻 $\kappa t=0$, $\rho(V,d;t)$ 变成平移热态的正规乘积形式 (3-44). 在极限情况 $\kappa t\to\infty$, $\rho(V,d;t)$ 退化为真空态. 进一步, 利用算符恒等式 (1-20), 我们有

$$\begin{aligned}\rho(V,d;t)=&f\mathrm{e}^{-f|d|^2\mathrm{e}^{-2\kappa t}}\exp\left(fd\mathrm{e}^{-\kappa t}a^\dagger\right)\\&\times\exp[a^\dagger a\ln(1-f)]\exp\left(fd^*\mathrm{e}^{-\kappa t}a\right).\end{aligned}\tag{6-23}$$

由式 (6-23) 可见, 由于振幅阻尼噪声的存在, 平移热态 $\rho(V,d)$ 演化为一个光子增加热态的叠加态.

6.2.2 光子数的演化

利用式 (6-23), 平移热态 $\rho(V,d)$ 的光子数在衰减通道中随时间 t 的演化可表示为

$$\begin{aligned}n(V,d;t)=&\mathrm{Tr}[\rho(V,d;t)a^\dagger a]\\=&f\mathrm{e}^{-f|d|^2\mathrm{e}^{-2\kappa t}}\mathrm{Tr}[\exp\left(fd\mathrm{e}^{-\kappa t}a^\dagger\right)\\&\times\exp[a^\dagger a\ln(1-f)]\exp\left(fd^*\mathrm{e}^{-\kappa t}a\right)a^\dagger a].\end{aligned}\tag{6-24}$$

利用算符恒等式

$$\mathrm{e}^{\eta a}a^{\dagger i}\mathrm{e}^{-\eta a}=(a^\dagger+\eta)^i,\tag{6-25}$$

$$\mathrm{e}^{a^\dagger a\ln\xi}a^{\dagger i}\mathrm{e}^{-a^\dagger a\ln\xi}=\xi^i a^{\dagger i},\tag{6-26}$$

我们能把光子数的演化公式 $n(V,d;t)$ 改写为

$$\begin{aligned}&n(V,d;t)\\=&f\mathrm{e}^{-f|d|^2\mathrm{e}^{-2\kappa t}}\mathrm{Tr}[\exp\left(fd\mathrm{e}^{-\kappa t}a^\dagger\right)[(1-f)a^\dagger+fd^*\mathrm{e}^{-\kappa t}]\\&\times\exp[a^\dagger a\ln(1-f)]\exp\left(fd^*\mathrm{e}^{-\kappa t}a\right)a]\\=&f\mathrm{e}^{-f|d|^2\mathrm{e}^{-2\kappa t}}\int\frac{\mathrm{d}^2z}{\pi}\langle z|:[(1-f)a^\dagger+fd^*\mathrm{e}^{-\kappa t}]a\\&\times\exp\left(fd\mathrm{e}^{-\kappa t}a^\dagger-fa^\dagger a+fd^*\mathrm{e}^{-\kappa t}a\right):|z\rangle.\end{aligned}\tag{6-27}$$

进一步, 利用数学积分公式 (1-29), 可得

$$\begin{aligned}n(V,d;t)=&f\mathrm{e}^{-f|d|^2\mathrm{e}^{-2\kappa t}}\int\frac{\mathrm{d}^2z}{\pi}[(1-f)|z|^2+fd^*\mathrm{e}^{-\kappa t}z]\\&\times\exp\left(-f|z|^2+fd^*\mathrm{e}^{-\kappa t}z+fd\mathrm{e}^{-\kappa t}z^*\right)\\=&\left(\frac{V-1}{2}+|d|^2\right)\mathrm{e}^{-2\kappa t}.\end{aligned}\tag{6-28}$$

上式表明, 态 $\rho(V,d)$ 的光子数在振幅衰减通道中是按照 $\mathrm{e}^{-2\kappa t}$ 指数衰减的. 特别地, 当 $d=0$ 时,

$$n(V,0;t)=\bar{n}\mathrm{e}^{-2\kappa t}, \tag{6-29}$$

表示热场 $\frac{2}{V+1}\mathrm{e}^{a^{\dagger}a\ln\left(\frac{V-1}{V+1}\right)}$ 的光子数在振幅衰减通道中的演化, 其中 $\bar{n}=\frac{V-1}{2}$ 为热场的平均光子数. 而当 $V\to 1$ 时,

$$n(V\to 1,d;t)=|d|^2\,\mathrm{e}^{-2\kappa t}, \tag{6-30}$$

表示相干态 $|d\rangle$ 的光子数在振幅衰减通道中的演化.

6.2.3 维格纳函数的演化

考虑到维格纳算符的相干态表示

$$\Delta(z,z^*)=\int\frac{\mathrm{d}^2z'}{\pi^2}\,|z+z'\rangle\,\langle z-z'|\,\mathrm{e}^{zz'^*-z'z^*}, \tag{6-31}$$

式中 $|z\rangle$ 为相干态 [11, 12], 且不同相干态的内积为 $\langle z'|\,z\rangle=\exp\left[-\frac{1}{2}(|z|^2+|z'|^2)+z'^*z\right]$, 并利用式 (6-22), 则态 $\rho(V,d;t)$ 的维格纳函数为

$$\begin{aligned}W(V,d;z,t)=&\,\mathrm{Tr}[\rho(V,d;t)\Delta(z,z^*)]\\=&\,f\int\frac{\mathrm{d}^2z'}{\pi^2}\,\langle z-z'|:\,\exp\left[-f(|d|^2\,\mathrm{e}^{-2\kappa t}-d^*\mathrm{e}^{-\kappa t}a\right.\\&\left.-d\mathrm{e}^{-\kappa t}a^{\dagger}+a^{\dagger}a)\right]:\,|z+z'\rangle\,\mathrm{e}^{zz'^*-z'z^*}\\=&\,f\int\frac{\mathrm{d}^2z'}{\pi^2}\exp[-f\,|d|^2\,\mathrm{e}^{-2\kappa t}+fd^*\mathrm{e}^{-\kappa t}(z+z')\\&+fd\mathrm{e}^{-\kappa t}(z^*-z'^*)-f(z+z')(z^*-z'^*)-2\,|z'|^2].\end{aligned} \tag{6-32}$$

再利用数学积分公式 (1-29) 对式 (6-32) 执行积分, 可有

$$\begin{aligned}W(V,d;z,t)=&\,\frac{1}{\pi[1+(V-1)\mathrm{e}^{-2\kappa t}]}\exp\left[-\frac{2}{1+(V-1)\mathrm{e}^{-2\kappa t}}\right.\\&\left.\times(|z|^2+|d|^2\,\mathrm{e}^{-2\kappa t}-d^*\mathrm{e}^{-\kappa t}z-d\mathrm{e}^{-\kappa t}z^*)\right].\end{aligned} \tag{6-33}$$

一方面, 当 $d=0$ 时,

$$W(V,0;z,t)=\frac{1}{\pi[1+(V-1)\mathrm{e}^{-2\kappa t}]}\exp\left[-\frac{2}{1+(V-1)\mathrm{e}^{-2\kappa t}}\,|z|^2\right], \tag{6-34}$$

这就是密度算符为 $\frac{2}{V+1}\mathrm{e}^{a^{\dagger}a\ln\left(\frac{V-1}{V+1}\right)}$ 的热场的维格纳函数在衰减通道中的演化. 然

而, 当 $V\to 1$ 时, $W(V\to 1,d;z,t)$ 退化为相干态 $|d\rangle$ 的维格纳函数在衰减通道中的演化规律, 即

$$W(1,d;z,t)=\frac{1}{\pi}\exp\left[-2(|z|^2+|d|^2\,\mathrm{e}^{-2\kappa t}-d^*\mathrm{e}^{-\kappa t}z-d\mathrm{e}^{-\kappa t}z^*)\right]. \tag{6-35}$$

另一方面, 当 $t\to\infty$ 时, $W(V,d;z,t\to\infty)=\dfrac{1}{\pi}\mathrm{e}^{-2|z|^2}$, 对应于真空态的维格纳函数.

6.2.4 熵的演化

在量子信息理论框架中, 作为香农熵的量子推广, 冯 · 诺依曼熵被广泛应用到纠缠测量中. 对于给定系统的密度算符 ρ, 其冯 · 诺依曼熵定义为 [13]

$$\mathcal{S}(\rho)=-\mathrm{Tr}(\rho\ln\rho). \tag{6-36}$$

由上式清晰可见, 若已知密度算符 ρ 的自然指数表示, 则容易计算熵 $\mathcal{S}(\rho)$. 利用算符公式

$$\exp A\exp B=\exp\left(A+\frac{\mu B+\nu}{1-\mathrm{e}^{-\mu}}-\frac{\nu}{\mu}\right), \tag{6-37}$$

公式成立要求 $[A,B]=\mu B+\nu$, 则式 (6-23) 中的三个自然指数表示能被改写成单个指数的形式, 即

$$\begin{aligned}\rho(V,d;t)=&f\exp[|d|^2\,\mathrm{e}^{-2\kappa t}\ln(1-f)]\\&\times\exp\left\{[a^\dagger a-(da^\dagger+d^*a)\mathrm{e}^{-\kappa t}]\ln(1-f)\right\}.\end{aligned} \tag{6-38}$$

这样, $\rho(V,d;t)$ 的自然对数为

$$\begin{aligned}\ln\rho(V,d;t)=&\ln f+|d|^2\,\mathrm{e}^{-2\kappa t}\ln(1-f)\\&+[a^\dagger a-(da^\dagger+d^*a)\mathrm{e}^{-\kappa t}]\ln(1-f).\end{aligned} \tag{6-39}$$

把式 (6-39) 代入式 (6-36), 可得 $\rho(V,d;t)$ 的熵为

$$\begin{aligned}\mathcal{S}(\rho(V,d;t))=&-\mathrm{Tr}[\rho(V,d;t)\ln\rho(V,d;t)]\\=&-\ln f-|d|^2\,\mathrm{e}^{-2\kappa t}\ln(1-f)-f\mathrm{e}^{-f|d|^2\mathrm{e}^{-2\kappa t}}\ln(1-f)\\&\times\mathrm{Tr}\left\{\mathrm{e}^{fd\mathrm{e}^{-\kappa t}a^\dagger}\mathrm{e}^{a^\dagger a\ln(1-f)}\mathrm{e}^{fd^*\mathrm{e}^{-\kappa t}a}[a^\dagger a-(da^\dagger+d^*a)\mathrm{e}^{-\kappa t}]\right\}.\end{aligned} \tag{6-40}$$

为了得到熵 $\mathcal{S}(\rho(V,d;t))$, 先计算如下求迹部分

$$\begin{aligned}
&\operatorname{Tr}\left\{\mathrm{e}^{fd\mathrm{e}^{-\kappa t}a^{\dagger}}\mathrm{e}^{a^{\dagger}a\ln(1-f)}\mathrm{e}^{fd^{*}\mathrm{e}^{-\kappa t}a}[a^{\dagger}a-(da^{\dagger}+d^{*}a)\mathrm{e}^{-\kappa t}]\right\}\\
=&\operatorname{Tr}\{\mathrm{e}^{fd\mathrm{e}^{-\kappa t}a^{\dagger}}[(1-f)a^{\dagger}+fd^{*}\mathrm{e}^{-\kappa t}]\mathrm{e}^{a^{\dagger}a\ln(1-f)}\mathrm{e}^{fd^{*}\mathrm{e}^{-\kappa t}a}\\
&\times(a-d\mathrm{e}^{-\kappa t})-\mathrm{e}^{-\kappa t}d^{*}\mathrm{e}^{fd\mathrm{e}^{-\kappa t}a^{\dagger}}\mathrm{e}^{a^{\dagger}a\ln(1-f)}\mathrm{e}^{fd^{*}\mathrm{e}^{-\kappa t}a}a\}\\
=&\operatorname{Tr}\left\{:\mathrm{e}^{fd\mathrm{e}^{-\kappa t}a^{\dagger}}\mathrm{e}^{-fa^{\dagger}a}\mathrm{e}^{fd^{*}\mathrm{e}^{-\kappa t}a}\left[(1-f)[a^{\dagger}a\right.\right.\\
&\left.\left.-(da^{\dagger}+d^{*}a)\mathrm{e}^{-\kappa t}]-f\left|d\right|^{2}\mathrm{e}^{-2\kappa t}\right]:\right\}\\
=&\int\frac{\mathrm{d}^{2}\alpha'}{\pi}\langle\alpha'|:\mathrm{e}^{fd\mathrm{e}^{-\kappa t}a^{\dagger}}\mathrm{e}^{-fa^{\dagger}a}\mathrm{e}^{fd^{*}\mathrm{e}^{-\kappa t}a}\{(1-f)[a^{\dagger}a\\
&-(da^{\dagger}+d^{*}a)\mathrm{e}^{-\kappa t}]-f\left|d\right|^{2}\mathrm{e}^{-2\kappa t}\}:|\alpha'\rangle\\
=&\int\frac{\mathrm{d}^{2}\alpha'}{\pi}\left[(1-f)[\left|\alpha'\right|^{2}-(d\alpha'^{*}+d^{*}\alpha')\mathrm{e}^{-\kappa t}]-f\left|d\right|^{2}\mathrm{e}^{-2\kappa t}\right]\\
&\times\exp\left(-f\left|\alpha'\right|^{2}+fd^{*}\mathrm{e}^{-\kappa t}\alpha'+fd\mathrm{e}^{-\kappa t}\alpha'^{*}\right)\\
=&\frac{1}{f}\left(1-f-\left|d\right|^{2}\mathrm{e}^{-2\kappa t}\right)\mathrm{e}^{f\left|d\right|^{2}\mathrm{e}^{-2\kappa t}}.
\end{aligned}\tag{6-41}$$

这样, 把式 (6-41) 代入式 (6-40), 我们有

$$\begin{aligned}
\mathcal{S}(\rho(V,d;t))=&-\ln\frac{2}{2+(V-1)\mathrm{e}^{-2\kappa t}}\\
&-\frac{V-1}{2}\mathrm{e}^{-2\kappa t}\ln\frac{(V-1)\mathrm{e}^{-2\kappa t}}{2+(V-1)\mathrm{e}^{-2\kappa t}}.
\end{aligned}\tag{6-42}$$

上式表明, 振幅衰减通道中平移热态的熵演化只是与参数 V 有关, 且按照 $\mathrm{e}^{-2\kappa t}$ 指数衰减. 特殊地, 当 $\kappa t=0$ 时, 我们发现

$$\mathcal{S}(\rho(V,d;0))=-\ln\frac{2}{V+1}-\frac{V-1}{2}\ln\frac{V-1}{V+1},\tag{6-43}$$

对应于初始平移热态 $\rho(V,d)$ 的熵, 也只是与参数 V 相关. 而在极限情况 $\kappa t\to\infty$, $\mathcal{S}(\rho(V,d;t\to\infty))\to0$. 这是容易理解的, 因为在 $\kappa t\to\infty$ 时, $\rho(V,d;t)$ 退化为真空态.

6.3 平移热叠加态的性质及其在振幅衰减通道中的演化

6.3.1 平移热叠加态

相干态是一个最接近经典的量子力学态, 但其相干叠加态通常展现出很强的非经典性质, 而且在量子信息过程中有一些具体应用. 在弱克尔非线性介质中, 可以

产生相干叠加态 [14]. 然而, 由于弱克尔非线性介质的存在, 在产生相干叠加态的过程中必然伴随着噪声引起的退相干效应. 类似于相干叠加态, 本小节理论上构造出平移热态 $\rho(V,d)$ 的叠加态并给出其正规乘积表示. 其详细的产生方案介绍如下: 在非线性强度为 λ 的交叉克尔非线性介质中, 当把 b 模的平移热态 $\rho_b(V,d)$ 与 a 模的两能级系统基态 $|0\rangle_a$ 和激发态 $|1\rangle_a$ 的叠加态 $(|0\rangle_a+|1\rangle_a)/\sqrt{2}$ 进行相互作用, 其中相互作用用哈密顿量为 $\mathcal{H}=\lambda a^\dagger a b^\dagger b$ ($a^\dagger, b^\dagger$ 分别为 a 模和 b 模的产生算符), 则其输出态为 [1]:

$$\begin{aligned}\rho_{\text{out}}(V,d)=&\frac{1}{2}\int \mathrm{d}^2\alpha\mathbb{P}(V,d;\alpha)\left[|0,\alpha\rangle\langle 0,\alpha|+\left|1,\alpha\mathrm{e}^{\mathrm{i}\phi}\right\rangle\langle 0,\alpha|\right.\\&\left.+|0,\alpha\rangle\left\langle 1,\alpha\mathrm{e}^{\mathrm{i}\phi}\right|+\left|1,\alpha\mathrm{e}^{\mathrm{i}\phi}\right\rangle\left\langle 1,\alpha\mathrm{e}^{\mathrm{i}\phi}\right|\right],\end{aligned}\tag{6-44}$$

式中 $\phi=\lambda t$ 为与相互作用时间 t 有关的相位角. 当对 a 模进行叠加态 $(|0\rangle_a+|1\rangle_a)/\sqrt{2}$ 测量, 并通过控制相互作用时间 t 使得在测量之后的态中 $\phi=\pi$, 则输出态恰好是具有显著非经典特性的平移热叠加态, 其归一化形式为

$$\rho_\pm(V,d)=\mathcal{D}[\rho(V,d)+\rho(V,-d)\pm\sigma(V,d)],\tag{6-45}$$

式中归一化因子

$$\mathcal{D}=\left(2\pm\frac{2}{V}\mathrm{e}^{-\frac{2}{V}|d|^2}\right)^{-1}\tag{6-46}$$

且 $\sigma(V,d)$ 为相干项, 其具体表示为

$$\sigma(V,d)=\int \mathrm{d}^2\alpha\mathbb{P}(V,d;\alpha)|\alpha\rangle\langle-\alpha|+\text{H.c.}.\tag{6-47}$$

同样地, 我们有

$$\begin{aligned}&\int \mathrm{d}^2\alpha\mathbb{P}(V,d;\alpha)|\alpha\rangle\langle-\alpha|\\=&\frac{2}{V+1}:\exp\left[-\frac{2}{V+1}(|d|^2-da^\dagger+d^*a+Va^\dagger a)\right]:\\\equiv&\rho'(V,d),\end{aligned}\tag{6-48}$$

且有 $\text{H.c.}\equiv\rho'(V,-d)$. 考虑到 $\sigma(V,d)=0$ 时, $\rho_\pm(V,d)$ 变成了两个高斯型平移热态的叠加, 所以可断定平移热叠加态 $\rho_\pm(V,d)$ 的非经典性完全是由相干项 $\sigma(V,d)$ 贡献的. 根据式 (1-6) 中的性质 (5) 可知, 两个正规乘积算符之和仍保持正规乘积形式, 即 $:W:+:V:=:W+V:$, 故由式 (3-44)、(6-45) 和 (6-48) 得到平移热叠加态 $\rho_\pm(V,d)$ 的正规乘积表示

$$\begin{aligned}\rho_\pm(V,d)=&\frac{4\mathcal{D}\mathrm{e}^{-2d^2/(V+1)}}{V+1}:\left[\mathrm{e}^{-\frac{2a^\dagger a}{V+1}}\cosh\left[\frac{2(d^*a+da^\dagger)}{V+1}\right]\right.\\&\left.\pm\mathrm{e}^{-\frac{2Va^\dagger a}{V+1}}\cosh\left[\frac{2(d^*a-da^\dagger)}{V+1}\right]\right]:.\end{aligned}\tag{6-49}$$

当 $V \to 1$ 时, $\rho_{\pm}(V,d)$ 退化为两个纯相干态的叠加, 即

$$\rho_{\pm}(V \to 1, d) = \left(2 \pm 2\mathrm{e}^{-2|d|^2}\right)^{-1} |\phi\rangle\langle\phi|, \tag{6-50}$$

式中 $|\phi\rangle = |d\rangle \pm |-d\rangle$. 物理上, 借助已有的实验方案可以实现具有较小振幅 d 的理想相干叠加态 $\rho_{\pm}(V \to 1, d)$[15, 16] . 而当 $d=0$ 时,

$$\rho_{\pm}(V,0) = \frac{2V}{(V+1)(V\pm 1)} \colon \left(\mathrm{e}^{-\frac{2a^\dagger a}{V+1}} \pm \mathrm{e}^{-\frac{2Va^\dagger a}{V+1}}\right) \colon . \tag{6-51}$$

6.3.2 可观察的非经典效应

本小节考察由相干项 $\sigma(V,d)$ 引起的可观察非经典效应, 如正交压缩、亚泊松分布等. 由式 (1-109) 知道, 由正交算符 $X_\theta = a\mathrm{e}^{-\mathrm{i}\theta} + a^\dagger \mathrm{e}^{\mathrm{i}\theta}$ 所定义的压缩度 $\mathcal{S} \in [-1, 0)$ 表征光场能出现压缩效应, 且 $\mathcal{S}$ 值的大小代表光场被压缩的程度 [17, 18]. 对于态 $\rho_{\pm}(V,d)$, 存在如下期望值

$$\mathrm{Tr}(\rho_{\pm}(V,d)a^\dagger) = 0, \tag{6-52}$$

$$\mathrm{Tr}(\rho_{\pm}(V,d)a^{\dagger 2}) = \frac{2\mathcal{D}d^2(V^3 \pm \mathrm{e}^{-2|d|^2/V})}{V^3} \tag{6-53}$$

和

$$\mathrm{Tr}(\rho_{\pm}(V,d)a^\dagger a) = \frac{\mathcal{D}\{V^3(2|d|^2 + V - 1) \mp [2|d|^2 + V(V-1)]\mathrm{e}^{-2|d|^2/V}\}}{V^3}. \tag{6-54}$$

把以上三个式子代入压缩度 $\mathcal{S}$ 公式 (1-109), 则态 $\rho_+(V,d)$ 的压缩度 $\mathcal{S}_+$ 随参数 d 和 V 的变化情况如图 6-1 所示 (不失一般性, 参数 d 取实数). 根据图 6-1 可见, 对于较小的 V 值, 态 $\rho_+(V,d)$ 在 d 的对称取值区域内能清晰展现出压缩效应; 而且, 参数 d 的对称取值区域会随着 V 的增加而减小. 另一方面, 对于参数 V 的给定值,

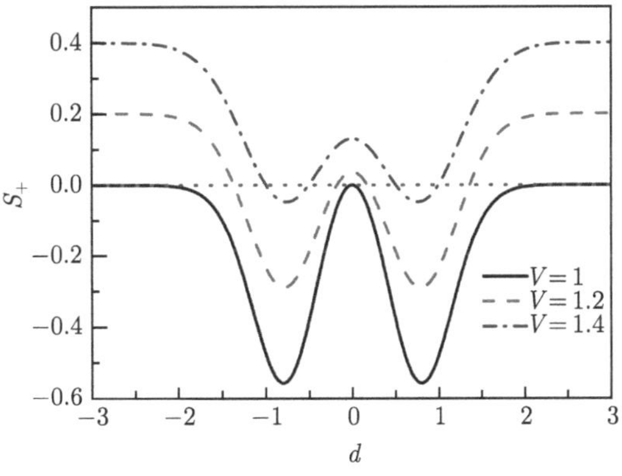

图 6-1 态 $\rho_+(V,d)$ 的压缩度 $\mathcal{S}_+$ 随参数 d 和 V 的变化关系

压缩度 S_+ 会随着参数 d 的增加而先增加后减小; 但是对于给定的 d, 压缩度 S_+ 只是随着 V 的增加而减小. 然而, 对于任何的 V 和 d 值, 态 $\rho_-(V,d)$ 从来都不会产生压缩.

下面, 为了进一步刻画态 $\rho_\pm(V,d)$ 的非经典性质, 我们利用 Mandel Q-因子

$$Q_\pm = \frac{\mathrm{Tr}(\rho_\pm(V,d)a^{\dagger 2}a^2) - \left[\mathrm{Tr}(\rho_\pm(V,d)a^\dagger a)\right]^2}{\mathrm{Tr}(\rho_\pm(V,d)a^\dagger a)} \tag{6-55}$$

去探查态 $\rho_\pm(V,d)$ 的亚泊松分布 [19, 20]. 当 $Q_\pm \in [-1,0)$ 时, 说明态 $\rho_\pm(V,d)$ 具有亚泊松分布. 把态 $\rho_\pm(V,d)$ 的如下期望值

$$\begin{aligned}\mathrm{Tr}(\rho_\pm(V,d)a^{\dagger 2}a^2) = \mathcal{D}\Bigg[&(2|d|^2+V-1)^2 - 2|d|^4 \\ &\pm \frac{(2|d|^2+V^2-V)^2 - 2|d|^4}{V^5 \mathrm{e}^{2|d|^2/V}}\Bigg]\end{aligned} \tag{6-56}$$

以及 $\mathrm{Tr}(\rho_\pm(V,d)a^\dagger a)$ 代入式 (6-55), 并在图 6-2 中画出态 $\rho_-(V,d)$ 的 Mandel Q_- 因子随参数 d 和 V 的变化曲线. 由图 6-2 可见, 对于某些 d 和 V, Mandel Q_- 因子总是能在 $[-1,0)$ 范围内取一些负值, 并且 Q_- 的负值总是会随着参数 d 的增加而先增加后减小, 但是随着 V 的增加总是在减小. 然而, 态 $\rho_+(V,d)$ 始终不会展现亚泊松分布.

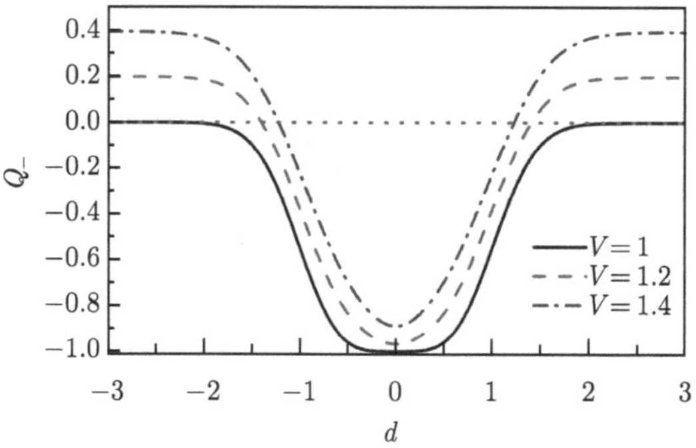

图 6-2 态 $\rho_-(V,d)$ 的 Mandel Q_-因子随参数 d 和 V 的变化曲线

综上可知, 平移热叠加态 $\rho_\pm(V,d)$ 的正交压缩特性和亚泊松分布与纯相干叠加态的相类似 [21]. 具体地说, 态 $\rho_+(V,d)$ 能展现压缩, 不具有亚泊松分布; 而态 $\rho_-(V,d)$ 恰好相反, 仅能有亚泊松分布而不会展现压缩; 而且, 态 $\rho_\pm(V,d)$ 的非经典效应仅仅在热噪声 V 较小时被清晰观察到.

6.3.3 维格纳函数分布特征

维格纳函数的部分负性或干涉特征能提供有关量子态的关键信息, 故利用维格

纳函数能从相空间的角度量化相应的量子态 [22]. 对于给定的密度算符 ρ, 相干态表象下的维格纳函数可表示为 [23]

$$W(\alpha,\alpha^*) = \mathrm{Tr}[\Delta(\alpha,\alpha^*)\rho], \tag{6-57}$$

式中 $\Delta(\alpha,\alpha^*)$ 为维格纳算符的相干态表示 (1-125). 考虑到相干项 $\sigma(V,d)$ 扮演的角色, 我们现在根据维格纳分布函数去考察它对态 $\rho_\pm(V,d)$ 非经典特征的影响.

利用式 (6-49) 和 (6-57), 平移热叠加态的维格纳函数可写为

$$W_\pm(V,d;\alpha) = \mathcal{D}\left[\mathcal{W}_1(V,d;\alpha) \pm \mathcal{W}_2(V,d;\alpha)\right], \tag{6-58}$$

式中 $W_\pm(V,d;\alpha)$ 可分解为两部分, 即

$$\mathcal{W}_1(V,d;\alpha) = \frac{2}{\pi V}\mathrm{e}^{-\frac{2}{V}\left(|\alpha|^2+|d|^2\right)}\cosh\left(\frac{4d}{V}\mathrm{Re}\alpha\right) \tag{6-59}$$

和

$$\mathcal{W}_2(V,d;\alpha) = \frac{2}{\pi}\mathrm{e}^{-2V|\alpha|^2}\cos(4d\mathrm{Im}\alpha), \tag{6-60}$$

分别对应于两个独立高斯平移热态之和 $\rho(V,d)+\rho(V,-d)$ 和相干项 $\sigma(V,d)$. 根据式 (6-59) 可见, $\mathcal{W}_1(V,d;\alpha)$ 总是非负的, 所以它对维格纳函数的部分负性没有任何贡献. 换句话说, 由于余弦项 $\cos(4d\mathrm{Im}\alpha)$ 的存在, 维格纳函数 $W_\pm(V,d;\alpha)$ 负性完全取决于 $\mathcal{W}_2(V,d;\alpha)$. 特殊地, 当 $d=0$ 时,

$$W(V,0;\alpha) = \frac{V}{\pi(V\pm 1)}\left(\frac{1}{V}\mathrm{e}^{-\frac{2}{V}|\alpha|^2} \pm \mathrm{e}^{-2V|\alpha|^2}\right), \tag{6-61}$$

即为经典热态 $\rho_\pm(V,0)$ 的维格纳函数. 而当 $V\to 1$ 时,

$$W(V\to 1,d;\alpha) = \frac{\mathrm{e}^{-2|\alpha|^2}}{\pi\left(1\pm \mathrm{e}^{-2|d|^2}\right)}[\mathrm{e}^{-2|d|^2}\cosh(4d\mathrm{Re}\alpha) \pm \cos(4d\mathrm{Im}\alpha)], \tag{6-62}$$

对应于相干叠加态 $\rho_\pm(V\to 1,d)$ 的维格纳函数.

通过数值计算, 进一步证实了态 $\rho_\pm(V,d)$ 的非经典性质完全依赖于相干项 $\sigma(V,d)$, 而且还发现在分别$\mathrm{Im}\alpha=0$ 和$\mathrm{Re}\alpha=0$ 时, 维格纳函数 $W_+(V,d;\alpha)$ 和 $W_-(V,d;\alpha)$ 对于相同的参数 V 和 d 具有相似的变化曲线, 故我们在没有影响维格纳函数 $W_+(V,d;\alpha)$ 负值特征的情况下, 仅仅在图 6-3 中画出维格纳函数 $\mathcal{W}_2(V,d;\alpha)$ 的分布特征. 作为量子叠加的标志, 态 $\rho_+(V,d)$ 的维格纳函数总是具有完全独立且高度相同的高斯双峰结构, 且双峰所在位置的坐标分别为$\mathrm{Re}\alpha=\pm d$, 而在双峰之间却展现出显著的非高斯干涉特征 (图 6-3(a)). 随着 d 的增加, 双高斯峰坐标$\mathrm{Re}\alpha=\pm d$ 随之增加, 而且干涉条纹更密集. 然而, 参数 V 的增加却使得除了向上主峰之外的

所有峰的峰值都变小. 换句话说, 干涉条纹的密度仅取决于参数 d 的值, 而与热噪声 V 无关. 因此, 态 $\rho_{\pm}(V,d)$ 的干涉条纹与振幅为 d 的两个纯相干叠加态的完全相同. 从图 6-3(b) 可见, 维格纳函数 $W_{+}(V,d;\alpha)$ 的负值区域深度随着 d 的增加而增加, 但会随着 V 的增加而减小. 然而, 维格纳函数 $W_{+}(V,d;\alpha)$ 的负值区域面积随着参数 d 和 V 的增加总是在减小.

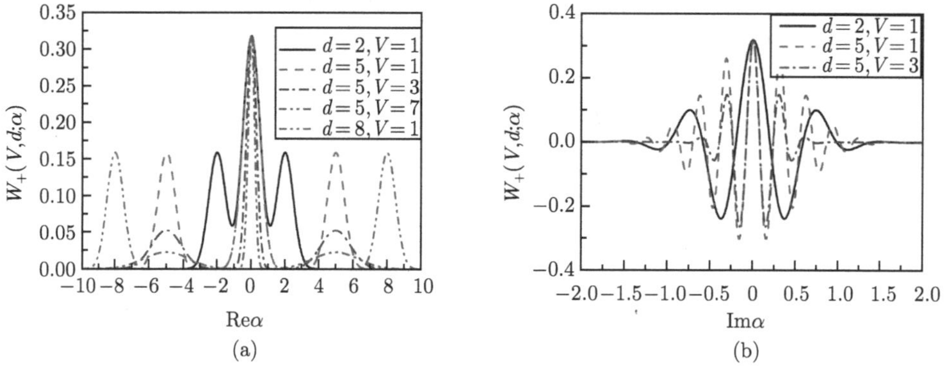

图 6-3 在分别当 (a)$\mathrm{Im}\alpha=0$ 和 (b)$\mathrm{Re}\alpha=0$ 时, 态 $\rho_{+}(V,d)$ 的相空间维格纳函数随平移量 d 和噪声 V 的变化关系

此外, 为了进一步量化态 $\rho_{\pm}(V,d)$ 的非经典性质, 可利用式 (1-120) 对维格纳函数 $W_{\pm}(V,d;\alpha)$ 的负部区域体积 $\Delta_{\pm}$ 进行测量, 并数值分析 $\Delta_{\pm}$ 随参数 d 和 V 的变化情况 (图 6-4). 由图 6-4 可见, 对于给定的参数 d, 负部体积 $\Delta_{\pm}$ 都会随着参数 V 的增加而单调减小. 对于给定的参数 V, 随着参数 d 的增加, 负部体积 Δ_{+} 总是增加, 而 Δ_{-} 先增加后减小. 此外, 虽然具有较大参数 d 的维格纳函数 $W_{\pm}(V,d;\alpha)$ 在起始阶段都拥有较大的负部体积 $\Delta_{\pm}$, 但是它们随参数 V 的变化趋势恰好相反.

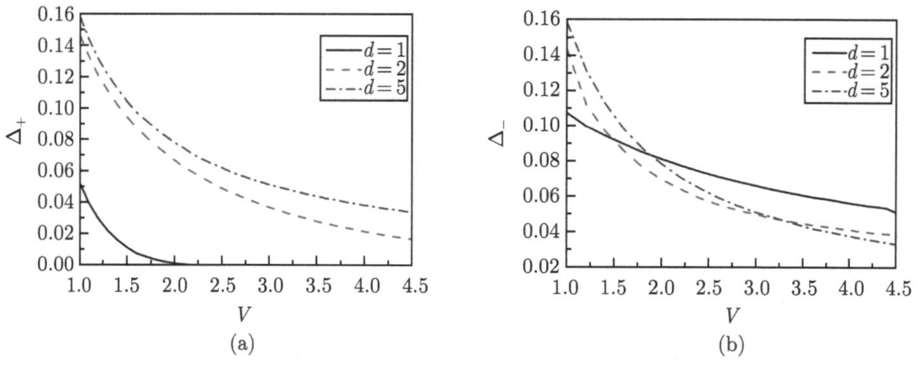

图 6-4 态 $\rho_{\pm}(V,d)$ 的维格纳函数的负部区域体积 $\Delta_{\pm}$ 随平移量 d 和噪声 V 的变化曲线

6.3.4 振幅衰减通道中平移热叠加态的演化

为了探查平移热叠加态 $\rho_{\pm}(V,d)$ 在振幅衰减通道中的解析演化情况, 我们首先计算它的四个组分态 (即态 $\rho(V,\pm d)$ 和 $\rho'(V,\pm d)$) 在振幅衰减通道中的演化. 与 6.2.1 小节中的方法不同, 下面引入一种更为简单的方法去计算平移热态 $\rho(V,d)$ 在振幅衰减通道中的演化. 把态 $\rho(V,d)$ 的积分形式 (3-43) 代入式 (6-10), 可有

$$\rho(V,d;t)=\sum_{n=0}^{\infty}\frac{(1-\mathrm{e}^{-2\kappa t})^n}{n!}\int \mathrm{d}^2\alpha\mathbb{P}(V,d;\alpha) \times\mathrm{e}^{-\kappa t a^\dagger a}a^n\left|\alpha\right\rangle\left\langle\alpha\right|a^{\dagger n}\mathrm{e}^{-\kappa t a^\dagger a}. \tag{6-63}$$

再利算符恒等式 (6-18), 则态 $\rho(V,d;t)$ 被表示成

$$\rho(V,d;t)=\int \mathrm{d}^2\alpha\mathbb{P}(V,d;\alpha)\left|\alpha\mathrm{e}^{-\kappa t}\right\rangle\left\langle\alpha\mathrm{e}^{-\kappa t}\right|. \tag{6-64}$$

上式表示受高斯热噪声 $\mathbb{P}(V,d;\alpha)$ 调制的振幅按指数 $\mathrm{e}^{-\kappa t}$ 衰减的相干态. 进一步, 使用积分公式 (1-29) 对式 (6-64) 直接积分, 可得到与式 (6-22) 完全一致的结果. 此外, 态 $\rho(V,d;t)$ 也能被改写成与初始平移热态 $\rho(V,d)$ 相同形式的积分表示, 即

$$\rho(V,d;t)=\int \mathrm{d}^2\alpha\mathbb{P}(V,d;\alpha,t)\left|\alpha\right\rangle\left\langle\alpha\right|, \tag{6-65}$$

其中 $\mathbb{P}(V,d;\alpha,t)$ 为与振幅衰减有关的热噪声

$$\mathbb{P}(V,d;\alpha,t)=\frac{2}{\pi(V-1)\mathrm{e}^{-2\kappa t}}\mathrm{e}^{-\frac{2\left|\alpha-d\mathrm{e}^{-\kappa t}\right|^2}{(V-1)\mathrm{e}^{-2\kappa t}}}. \tag{6-66}$$

这样, 态 $\rho(V,d)$ 在振幅衰减通道中的演化行为等价于初始相干态 $|\alpha\rangle$ 在振幅衰减和高斯热噪声共同作用下的演化行为. 采用本小节中导出式 (6-22) 的方法, 态 $\rho'(V,d)$ 在振幅衰减通道中的演化可表示为

$$\rho'(V,d;t)=g\colon\exp\{-g[(2-\mathrm{e}^{-2\kappa t})\left|d\right|^2 +d^*\mathrm{e}^{-\kappa t}a-d\mathrm{e}^{-\kappa t}a^\dagger+Va^\dagger a]\}\colon, \tag{6-67}$$

式中 $g=2/[2V-(V-1)\mathrm{e}^{-2\kappa t}]$. 经过简单计算, 态 $\rho'(V,d;t)$ 也能被改写为如下积分形式

$$\rho'(V,d;t)=\int \mathrm{d}^2\alpha\mathbb{P}'(V,d;\alpha,t)\left|\alpha\mathrm{e}^{-\kappa t}\right\rangle\left\langle-\alpha\mathrm{e}^{-\kappa t}\right|, \tag{6-68}$$

式中噪声 $\mathbb{P}'(V,d;\alpha,t)$ 为

$$\mathbb{P}'(V,d;\alpha,t)=\frac{2}{\pi(V-1)}\mathrm{e}^{-\frac{2|\alpha-d|^2}{V-1}-2(1-\mathrm{e}^{-2\kappa t})|\alpha|^2}. \tag{6-69}$$

这样, 根据性质 (1-6) 以及式 (6-22) 和 (6-67), 可得到初始态 $\rho_{\pm}(V,d)$ 在振幅衰减通道中演化的正规乘积表示

$$\begin{aligned}&\rho_{\pm}(V,d;t)\\=&2\mathcal{D}\colon\Big[f\mathrm{e}^{-f(|d|^2\mathrm{e}^{-2\kappa t}+a^{\dagger}a)}\cosh\left[f(d^*a+da^{\dagger})\mathrm{e}^{-\kappa t}\right]\\&\pm g\mathrm{e}^{-g[(2-\mathrm{e}^{-2\kappa t})|d|^2+Va^{\dagger}a]}\cosh\left[g(d^*a-da^{\dagger})\mathrm{e}^{-\kappa t}\right]\Big]\colon.\end{aligned}\tag{6-70}$$

根据式 (6-70), 在下面讨论几种有意义的特殊情况. 当 $V\to1$ 时, 式 (6-70) 为相干态叠加 $\rho_{\pm}(V\to1,d)$ 在振幅衰减通道中的演化, 即

$$\begin{aligned}&\rho_{\pm}(V\to1,d;t)\\=&\frac{1}{1-\mathrm{e}^{-2d^2}}\colon\mathrm{e}^{-a^{\dagger}a}\Big\{\mathrm{e}^{-d^2\mathrm{e}^{-2\kappa t}}\cosh[d(a+a^{\dagger})\mathrm{e}^{-\kappa t}]\\&\pm\mathrm{e}^{-(2-\mathrm{e}^{-2\kappa t})|d|^2}\cosh[d(a-a^{\dagger})\mathrm{e}^{-\kappa t}]\Big\}\colon.\end{aligned}\tag{6-71}$$

而 $d=0$ 时,

$$\rho_{\pm}(V,0;t)=\left(\frac{V\pm1}{V}\right)^{-1}\colon\left(f\mathrm{e}^{-fa^{\dagger}a}\pm g\mathrm{e}^{-gVa^{\dagger}a}\right)\colon.\tag{6-72}$$

另一方面, 在初始时刻 ($\kappa t=0$), 式 (6-70) 退化成平移热叠加态的正规乘积表示 (6-49). 而对于极限情况 ($\kappa t\to\infty$), 振幅衰减噪声最终使态 $\rho_{\pm}(V,d;t)$ 退化为真空态.

同样, 通过探查相空间中态 $\rho_{\pm}(V,d;t)$ 的维格纳函数 $W_{\pm}(V,d;\alpha,t)$ 也能揭示初始态 $\rho_{\pm}(V,d)$ 在振幅衰减通道中的退相干行为. 利用式 (6-22)、(6-67) 以及相干态表象中的维格纳函数定义 (6-57), 可导出态 $\rho_{\pm}(V,d)$ 的维格纳函数在振幅衰减通道中的演化公式

$$\begin{aligned}W_{\pm}(V,d;\alpha,t)=&\frac{2\mathcal{D}}{\pi}\Big\{\mathfrak{h}\exp[-2\mathfrak{h}(|\alpha|^2+|d|^2\mathrm{e}^{-2\kappa t})]\\&\times\cosh\left(4\mathfrak{h}d\mathrm{e}^{-\kappa t}\mathrm{Re}\alpha\right)\pm h\exp[g((h+1)\mathrm{e}^{-2\kappa t}-2)|d|^2\\&-2hV|\alpha|^2]\cos(4hd\mathrm{e}^{-\kappa t}\mathrm{Im}\alpha)\Big\},\end{aligned}\tag{6-73}$$

式中

$$\mathfrak{h}=\frac{1}{1+(V-1)\mathrm{e}^{-2\kappa t}},\quad h=\frac{1}{V-(V-1)\mathrm{e}^{-2\kappa t}}.\tag{6-74}$$

此外, 利用任何单模量子态的初态维格纳函数 $W(z,z^*;0)$ 在振幅衰减通道中的演化积分公式 (5-46)[24], 并考虑到式 (6-58) 中初始态 $\rho_{\pm}(V,d)$ 的维格纳函数, 也可以

通过执行积分 (5-46) 直接得到维格纳函数 $W_{\pm}(V,d;\alpha,t)$. 特殊地, 对于 $d=0$,

$$W_{\pm}(V,0;\alpha,t)=\frac{V}{\pi(V\pm1)}\left(\mathfrak{h}\mathrm{e}^{-2\mathfrak{h}|\alpha|^2}\pm h\mathrm{e}^{-2hV|\alpha|^2}\right), \tag{6-75}$$

表示态 $\rho_{\pm}(V,0)$ 的维格纳函数在振幅衰减通道中的演化. 而当 $V\to1$ 时,

$$\begin{aligned}W_{\pm}(V\to1,d;\alpha,t)=&\frac{1}{\pi\left(1\pm\mathrm{e}^{-2|d|^2}\right)}\mathrm{e}^{-2|\alpha|^2-2|d|^2\mathrm{e}^{-2\kappa t}}\\&\times\left[\cosh\left(4d\mathrm{e}^{-\kappa t}\mathrm{Re}\alpha\right)\right.\\&\left.\pm\mathrm{e}^{2(2\mathrm{e}^{-2\kappa t}-1)|d|^2}\cos(4d\mathrm{e}^{-\kappa t}\mathrm{Im}\alpha)\right],\end{aligned} \tag{6-76}$$

对应态 $\rho_{\pm}(V\to1,d)$ 的维格纳函数在振幅衰减通道中的演化.

考虑到维格纳函数 $W_{+}(V,d;\alpha,t)$ 和 $W_{-}(V,d;\alpha,t)$ 能在振幅衰减通道中展现出相似的演化规律, 故在图 6-5 中我们仅仅画出了在 (a) $\mathrm{Im}\alpha=0$ 和 (b) $\mathrm{Re}\alpha=0$ 时, 维格纳函数 $W_{+}(V,d;\alpha,t)$ 在振幅衰减通道中随衰退时间 κt 的演化情况. 可直观地看出, 随着 κt 增加, 向上的单一主峰峰值逐渐减小直至最终消失, 而两个独立的次峰峰值逐渐增大, 并在向相空间的中心位置靠拢, 最终合并成一个对应真空态的高斯峰 (图 6-5(a)) . 然而, 图 6-5(b) 表明, 光子衰减对维格纳函数的负值区域的影响是显而易见的. 具体地说, 对于给定的 d 和 V, 维格纳函数的负值区域和负值深度会随着 κt 的增加而逐渐减小, 这意味着态 $\rho_{\pm}(V,d)$ 的非经典性质逐渐减弱. 当 κt 超过某一个阈值时, 维格纳函数的负性全部消失, 意味着光子衰减最终完全破坏了态 $\rho_{\pm}(V,d)$ 的非经典特征并使之成为真空态.

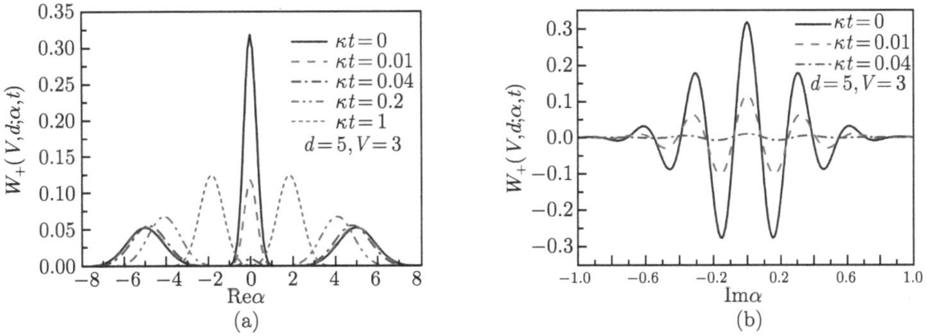

图 6-5　当 $d=5$ 且 $V=3$ 时, 振幅衰减通道中的维格纳函数 $W_{+}(V,d;\alpha,t)$ 随不同衰减时间 κt 的变化曲线

(a) $\mathrm{Im}\alpha=0$; (b) $\mathrm{Re}\alpha=0$

图 6-6 进一步给出了维格纳函数 $W_{+}(V,d;\alpha,t)$ 的负部体积 $\Delta_{+}(t)$ 在参数 d 和 V 取不同值时随衰退时间 κt 的变化曲线. 由图 6-6 可知, 维格纳函数 $W_{+}(V,d;\alpha,t)$

的初始负部体积 $\Delta_+(0)$ 仅与参数 V 有关, 初始负部体积 $\Delta_+(0)$ 会随着 V 值的增大而减小. 对于较大的 V, 维格纳函数 $W_+(V,d;\alpha,t)$ 的负部体积 $\Delta_+(t)$ 减少得更快, 即相应的态 $\rho_+(V,d)$ 更容易发生退相干. 对于较大的 d, 意味着两个组分态 $\rho'(V,d)$ 和 $\rho'(V,-d)$ 在相空间中更为独立, 这时维格纳函数 $W_+(V,d;\alpha,t)$ 的负部体积会更快地衰减为零, 说明相应量子态的非经典性质衰退更快. 由于此结论的出现与参数 V 无关, 故振幅为 d 的两个纯相干态的叠加也具有类似的结论. 同样, 对于态 $\rho_-(V,d)$, 其维格纳函数 $W_-(V,d;\alpha,t)$ 的负部体积在给定参数 d 和 V 时随时间 κt 的变化具有类似规律.

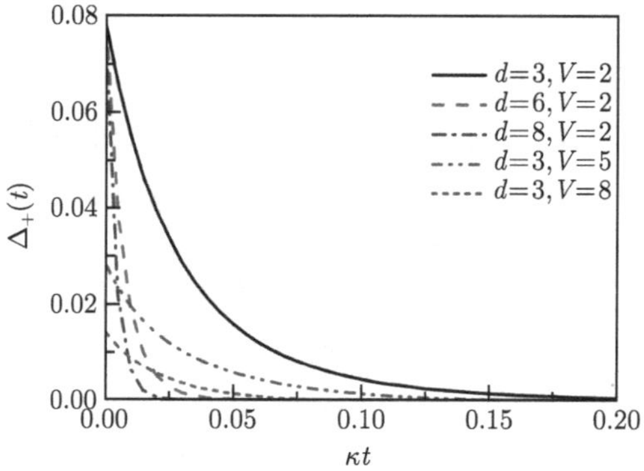

图 6-6　在给定参数态 d 和 V 的情况下, 态 $\rho_+(V,d)$ 的维格纳函数的负部区域体积 $\Delta_+(t)$ 随衰退时间 κt 的变化曲线

参 考 文 献

[1] Jeong H, Ralph T C. Transfer of nonclassical properties from a microscopic superposition to macroscopic thermal states in the high temperature limit[J]. Physical Review Letters, 2006, 97(10): 100401.

[2] Jeong H, Paternostro M, Ralph T C. Failure of local realism revealed by extremely-coarse-grained measurements[J]. Physical Review Letters, 2009, 102(6): 060403.

[3] Jeong H, Ralph T C. Quantum superpositions and entanglement of thermal states at high temperatures and their applications to quantum-information processing[J]. 2007, 76(4): 042103.

[4] Wu W F. Analytical evolution of displaced thermal states for amplitude damping[J]. Chinese Journal of Physics, 2015, 53(4): 17-24.

[5] Cresser D J, Hager J, Leuchs G, Rateike M, Walther H. Dissipative Systems in Quantum Optics[M]. Berlin: Springer-Verlag, 1982.

[6] Carmichael H J. Statistical Methods in Quantum Optics 1: Master Equations and Fokker-Planck Equations[M]. Berlin: Springer-Verlag, 1999.

[7] 范洪义, 胡利云. 开放系统量子退相干的纠缠态表象论 [M]. 上海: 上海交通大学出版社, 2010.

[8] Fan H Y, Hu L Y. Operator-sum representation of density operators as solution to master equations obtained via the entangled states approach[J]. Modern Physics Letters B, 2008, 22(25): 2435-2468.

[9] 范洪义. 量子力学表象与变换论: 狄拉克符号法进展 [M]. 合肥: 中国科学技术大学出版社, 1997.

[10] 路易塞尔 (W. H. Louisell). 辐射的量子统计性质 [M]. 北京: 科学出版社, 1982.

[11] Walls D F, Milburn G J. Quantum Optics[M]. Berlin/Heidelberg/New York: Springer-Verlag, 1994.

[12] Glauber R J. Coherent and incoherent states of the radiation field[J]. Physical Review, 1963, 131(6): 2766-2788.

[13] Bengtsson I, Zyczkowski K. Geometry of Quantum States: An Introduction to Quantum Entanglement[M]. Cambridge: Cambridge University Press, 2006.

[14] Jeong H. Using weak nonlinearity under decoherence for macroscopic entanglement generation and quantum computation[J]. Physical Review A, 2005, 72(3): 034305.

[15] Gerry C C, Hach III E E. Generation of even and odd coherent states in a competitive two-photon process[J]. Physics Letters A, 1993, 174(3): 185-189.

[16] Ourjoumtsev A, Jeong H, Tualle-Brouri R, Grangier P. Generation of optical 'Schrödinger cats' from photon number states[J]. Nature, 2007, 448(7155): 784-787.

[17] Lee J, Kim J, Nha H. Demonstrating higher-order nonclassical effects by photon added classical states: Realistic schemes[J]. Journal of the Optical Society of America B, 2009, 26(7): 1363-1369.

[18] Lee S Y, Nha H. Quantum state engineering by a coherent superposition of photon subtraction and addition[J]. Physical Review A, 2010, 82(5): 053812.

[19] Rempe G, Schmidt-Kaler F, Walther H. Observation of sub-Poissonian photon statistics in a micromaser[J]. Physical Review Letters, 1990, 64(23): 2783-2786.

[20] Paul H. Photon antibunching [J]. Reviews of Modern Physics, 1982, 54(4): 1061-1102.

[21] Gerry C C. Non-classical properties of even and odd coherent states[J]. Journal of Modern Optics, 1993, 40(6): 1053-1071.

[22] Kenfack A, Zyczkowski K. Negativity of the Wigner function as an Indicator of non-classicality[J]. Journal of Optics B: Quantum and Semiclassical Optics, 2004, 6(10): 396-404.

[23] Schleich W P. Quantum Optics in Phase Space[M]. Berlin: Wiley-VCH, 2001.

[24] Hu L Y, Zhang Z M. Nonclassicality and decoherence of photon-added squeezed thermal state in thermal environment[J]. Journal of the Optical Society of America B, 2012, 29(4): 529-537.

第 7 章　多光子调制高斯态的非经典性及其退相干

在连续变量的量子信息发展过程中, 光子增加或扣除操作调制高斯态在理论和实验上都扮演着重要的角色, 这是由于这类非高斯态不仅能帮助实现涉及纠缠蒸馏的长距离通信 [1] 和涉及纠缠交换的量子信息协议 [2], 而且也有利于改善一些重要的量子信息过程, 如量子隐形传输 [3], 量子克隆 [4] 和量子计算 [5] 等. 然而, 光子增加操作和光子扣除操作对光场的调制作用是不同的. 对于光场来说, 即使初始态为高度经典态 (如相干态和热态), 经过光子增加操作调制之后总能生成非经典态, 而仅当初始态为非经典态时, 光子扣除操作最终才能产生非经典态. 目前, 通过光子增加或扣除操作调制相干态、热态、压缩态、压缩福克态以及奇偶压缩态等, 导致产生了一系列新的非高斯态 [6−10], 而且它们的压缩, 亚泊松统计分布, 不可分离性和量子纠缠等非经典性质也被考察 [11−13]. 在实验上, 基于光束的条件测量或周期极化的 KTiOPO4晶体有效地产生了光子扣除操作 [14, 15]. 而通过利用非线性光学晶体中条件激发参量下转换, 在相干态或者热态上增加单个光子被成功实现 [16, 17].

7.1　多光子扣除压缩真空态

最近, Biswas 等相继讨论了单光子扣除操作调制压缩真空态的非经典性质及其在不同的噪声通道 (如振幅衰退、相位阻尼和热库等) 中的退相干问题 [10, 18]. 而后, 单光子扣除双模压缩真空态的纠缠及其在提高连续变量量子隐形传输方面的应用也被研究 [19]. 本章的内容之一是把单光子扣除单模压缩真空态推广到多光子扣除情况, 并从理论上通过推导一些解析性的结果来集中讨论多光子扣除压缩真空态的非经典性和两类不同退相干环境对它们的影响 [20].

理论上, 归一化的压缩真空态被定义为

$$S_1(r)|0\rangle = \operatorname{sech}^{1/2} r \exp\left(\frac{1}{2}a^{\dagger 2}\tanh r\right)|0\rangle, \tag{7-1}$$

式中 $S_1(r)$ 为单模的压缩算符. 通过把光子湮灭算符 a 重复作用到压缩真空态上, 我们得到未归一化的多光子扣除压缩真空态,

$$a^m S_1(r)|0\rangle \equiv |r,m\rangle. \tag{7-2}$$

回忆起算符恒等式 [21]

$$a^{\dagger m}a^{m}=\vdots H_{m,m}(a^{\dagger},a)\vdots,\tag{7-3}$$

式中 $H_{m,m}(a^{\dagger},a)$ 为有关玻色产生算符 $a^{\dagger}$ 和湮灭算符 a 的双变量埃尔米特多项式，这样多光子扣除压缩真空态的归一化因子表示为

$$\begin{aligned}N_m=&\operatorname{sech}r\ \langle 0|\vdots\exp\left(\frac{1}{2}a^{2}\tanh r\right)\\&\times H_{m,m}(a^{\dagger},a)\exp\left(\frac{1}{2}a^{\dagger 2}\tanh r\right)\vdots|0\rangle.\end{aligned}\tag{7-4}$$

把相干态 $|z\rangle$ 的完备性关系代入式 (7-4)，并利用双变量埃尔米特多项式 $H_{m,n}(x,y)$ 的产生函数 (2-54) [22] 以及数学积分公式 (1-99)[23]，得到

$$N_m=\frac{\partial^{2m}}{\partial\tau^{m}\partial s^{m}}\exp\left[\frac{1}{4}(\tau^{2}+s^{2})\sinh 2r+\tau s\sinh^{2}r\right]\Bigg|_{\tau=s=0}.\tag{7-5}$$

进一步，利用拓展指数项公式

$$\begin{aligned}&\frac{\partial^{2m}}{\partial t^{m}\partial\tau^{m}}\exp\left(-t^{2}-\tau^{2}+2x\tau t\right)\Big|_{t=\tau=0}\\=&\sum_{n,l,k=0}^{\infty}\frac{(-1)^{n+l}}{n!l!k!}(2x)^{k}\frac{\partial^{2m}}{\partial t^{m}\partial\tau^{m}}\ \tau^{2n+k}t^{2l+k}\Big|_{t=\tau=0}\\=&2^{m}m!\sum_{n=0}^{[m/2]}\frac{m!}{2^{2n}(n!)^{2}(m-2n)!}x^{m-2n}\end{aligned}\tag{7-6}$$

和 m 阶勒让德多项式的最新表达式 [24]

$$x^{m}\sum_{n=0}^{[m/2]}\frac{m!}{2^{2n}(n!)^{2}(m-2n)!}\left(1-\frac{1}{x^{2}}\right)^{n}=P_m(x),\tag{7-7}$$

我们能得到多光子扣除压缩真空态的归一化因子，

$$N_m=m!(-\mathrm{i}\sinh r)^{m}P_m(\mathrm{i}\sinh r).\tag{7-8}$$

特殊地，当 $m=0$ 时，对应于没有光子扣除情况，$N_0=1$，如同期望的那样；对于 $m=1$ 的情况，多光子扣除压缩真空态退化成单光子扣除压缩真空态，$N_1=\sinh^{2}r$. 由于归一化系数 N_m 与 m 阶勒让德多项式有关，因此这种形式对于解析研究光子扣除压缩真空态的非经典特性是非常方便的.

7.2 多光子扣除压缩真空态的非经典性

现在，我们探查可调参数 m 和 r 对多光子扣除压缩真空态的非经典性质的影响，尤其是要考察压缩效应、光子数分布的振荡行为和维格纳函数的部分负性.

7.2.1　压缩特性

为了探查多光子扣除压缩真空态的压缩特性, 我们把光子扣除压缩真空态下的期望值 $\langle a^{\dagger}a\rangle$, $\langle a^{\dagger 2}\rangle$ 和 $\langle a^{\dagger}\rangle$ 代入式 (1-109) 所定义的压缩度表达式, 得到此态的压缩度 $S_m(r)$

$$S_m(r) = -\frac{2}{N_m}\left|\sum_{l=0}^{[m/2]}\frac{m!(m+2)!\sinh^{2(m+1)}r}{l!(l+1)!(m-2l)!}\left(\frac{1}{2\tanh r}\right)^{2l+1}\right| + \frac{2N_{m+1}}{N_m}. \tag{7-9}$$

当 $S_m(r)$ 在 $[-1,0)$ 内取值时, 说明多光子扣除压缩真空态展现出压缩效应. 特殊地, 当 $m=0$ 时, 光子扣除压缩真空态退化为压缩真空态, 即

$$S_0(r) = 2\left|\sinh r\right|\left(\left|\sinh r\right| - \cosh r\right), \tag{7-10}$$

表明对于所有的压缩参数 r, 压缩真空态总是展现出压缩效应, 如图 7-1 所示.

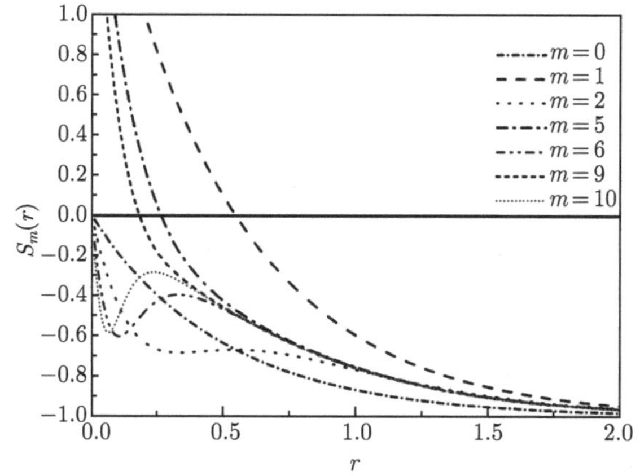

图 7-1　对于光子扣除数 m 的不同值, 多光子扣除压缩真空态的压缩度 $S_m(r)$ 随压缩参数 r 的变化关系

显然, 我们能看到, 对于扣除光子数 m 为任何的偶数, 压缩度 $S_m(r)$ 始终处于范围 $[-1,0)$ 内, 意味着多光子扣除压缩真空态总是展现出压缩性质. 不同于这个结论, 当扣除光子数 m 为任何的奇数时, 仅当压缩参量 r 超过某一个阈值时, 多光子扣除压缩真空态出现压缩, 而且这个阈值随着奇数 m 的增大会逐渐减小. 此外, 对于给定的奇数 m 来说, 压缩度 $S_m(r)$ 会随着压缩参量 r 的增大而单调减小, 但是当 m 为偶数时, 压缩度却不能单调改变.

7.2.2　光子数分布的振荡行为

光子数分布是一个研究光场的有力工具, 通常可以用来探讨光场的本质和描述光场的统计特性. 更有意义的是, 光子数分布的振荡行为被看成光场是否展现非经

典性的优良信号, 而且这种振荡行为能根据相空间中的干涉效应来解释 [25]. 现在, 我们讨论多光子扣除压缩真空态的光子数分布振荡行为. 在这个光场中, 找到 n 个光子的概率为

$$\mathcal{P}_m(n) = N_m^{-1} \langle n| a^m S_1(r) |0\rangle \langle 0| S_1^\dagger(r) a^{\dagger m} |n\rangle . \tag{7-11}$$

根据式 (7-11), 我们能看到密度算符 $\rho_s = S_1(r)|0\rangle\langle 0| S_1^\dagger(r)$ 的反正规乘积能为得到多光子扣除压缩真空态的光子数分布提供方便. 把 ρ_s 的正规乘积形式 (推导过程中利用了算符恒等式 $|0\rangle\langle 0| = :\exp(-a^\dagger a):$)

$$\rho_s = \operatorname{sech} r : \exp\left[\frac{1}{2}(a^2 + a^{\dagger 2})\tanh r - aa^\dagger\right] : \tag{7-12}$$

代入反正规乘积公式 (1-35), 并利用反正规乘积算符内积分法 [26], 得到 ρ_s 的反正规乘积形式

$$\rho_s = -\frac{1}{\mathrm{i}\sinh r}\vdots\exp\left[-\frac{1}{2\tanh r}(a^2 + a^{\dagger 2}) + a^\dagger a\right]\vdots. \tag{7-13}$$

这样, 我们容易得到多光子扣除压缩真空态的光子数分布, 即

$$\mathcal{P}_m(n) = -\frac{1}{\mathrm{i}N_m \sinh r}\langle n|\vdots a^m \exp\left[-\frac{1}{2\tanh r}(a^2 + a^{\dagger 2}) + a^\dagger a\right] a^{\dagger m}\vdots|n\rangle . \tag{7-14}$$

通过把相干态 $|z\rangle$ 的完备性关系代入式 (7-14), 并利用数学积分公式 (3-32) 完成相应的积分, 得到多光子扣除压缩真空态的光子数分布的解析表达式

$$\mathcal{P}_m(n) = \begin{cases} \frac{[(2l)!]^2 \tanh^{2l} r \operatorname{sech} r}{2^{2l}(l!)^2(2l-m)!m!(-\mathrm{i}\sinh r)^m P_m(\mathrm{i}\sinh r)} & m+n=2l \\ 0 & m+n=2l+1 \end{cases}, \tag{7-15}$$

式中 $l = 0, 1, 2, \cdots$. 特殊地, 当取 $m = 0$ 时,

$$\mathcal{P}_{m=0}(n) = \begin{cases} \frac{(2l)!}{2^{2l}(l!)^2}\tanh^{2l} r \operatorname{sech} r & n=2l \\ 0 & n=2l+1 \end{cases} \tag{7-16}$$

和 $m = 1$ 时,

$$\mathcal{P}_{m=1}(n) = \begin{cases} \frac{(2l)!}{2^{2l-1}l!(l-1)!}\tanh^{2(l-1)} r \operatorname{sech}^3 r & n=2l-1 \\ 0 & n=2l \end{cases}. \tag{7-17}$$

式 (7-16) 和式 (7-17) 分别对应着压缩真空态和单光子扣除压缩真空态的光子数分布. 而且, 由式 (7-15) 可知, 当扣除光子数 m 为偶数 (或奇数) 时, 多光子扣除压缩真空态退化成只存在偶数 (或奇数) 个光子的福克态. 此结论说明, 对于 m 的给定值, 光子数分布展现出奇偶振荡行为, 此特征表明多光子扣除压缩真空态具有非经典性.

在图 7-2 中, 给出了光子数分布随参数 m 和 r 的变化关系. 从图中清晰看出, 多光子扣除操作调制压缩真空态总是展现出奇偶振荡行为, 如同前面讨论的那样. 当 m(或 r) 较小时, 这种振荡仅仅在几个光子数较小的数态出现. 随着 m (或 r) 的增加, 振荡的峰值向光子数较大的数态方向移动, 而且振荡出现在更多的数态上. 总之, 光子数分布的振荡行为完全依靠初始的压缩真空态被压缩的程度和被扣除的光子数.

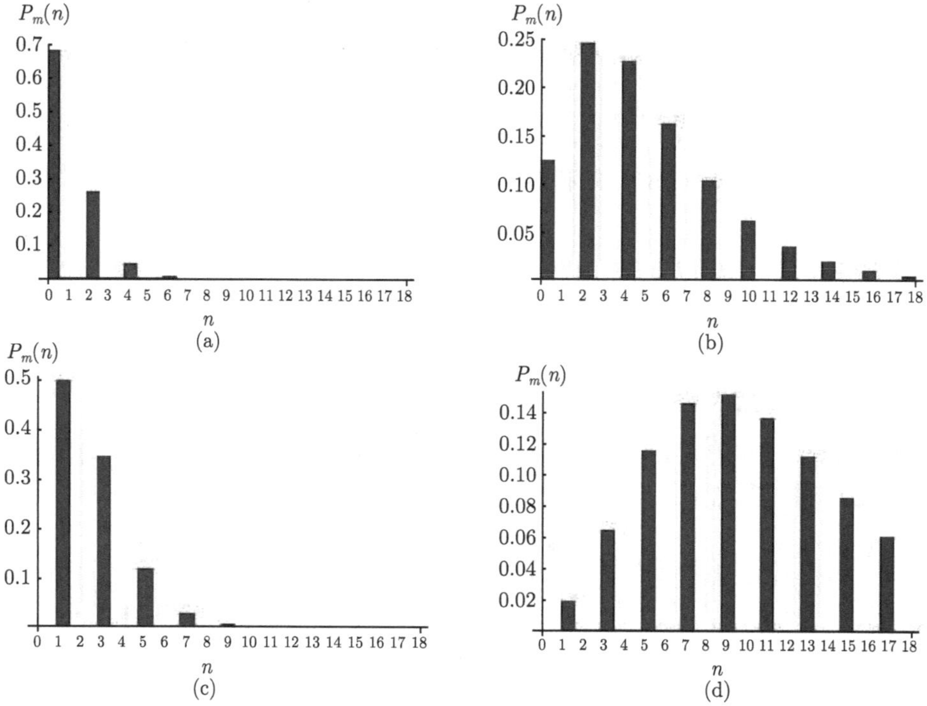

图 7-2　多光子扣除压缩真空态的光子数分布

(a) $m=2$, $r=0.3$; (b) $m=2$, $r=0.8$; (c) $m=5$, $r=0.3$; (d) $m=5$, $r=0.8$

7.2.3　维格纳函数的部分负性

在量子光学中, 维格纳函数是探查光场非经典性质的强有力工具. 利用相干态表象下的维格纳算符 $\Delta(\alpha,\alpha^*)$, 多光子扣除压缩真空态的维格纳函数表示为

$$W_m(\alpha,\alpha^*)=N_m^{-1}\langle 0|S_1^{-1}(r)\,a^{\dagger m}\Delta(\alpha,\alpha^*)\,a^m S_1(r)|0\rangle, \tag{7-18}$$

式中维格纳算符满足关系 $\Delta(\alpha,\alpha^*)\equiv\Delta(p,q)$, $\alpha=(q+\mathrm{i}p)/\sqrt{2}$. 利用博戈留波夫变换 (1-26), 我们能把多光子扣除压缩真空态重新表示为

$$a^m S_1(r)|0\rangle=S_1(r)\,b^m|0\rangle, \tag{7-19}$$

式中 $b=a\cosh r+a^{\dagger}\sinh r$. 这样, 维格纳算符 $\Delta(p,q)$ 就像三明治一样被直接嵌在 $S_1^{-1}(r)\cdots S_1(r)$ 之间. 进一步, 利用关系式

$$S_1^{-1}(r)\,QS_1(r)=\mathrm{e}^{r}Q,\quad S_1^{-1}(r)\,PS_1(r)=\mathrm{e}^{-r}P, \tag{7-20}$$

式中 Q 和 P 分别为坐标算符和动量算符, 我们能得到压缩维格纳算符的相干态表示

$$\Delta\left(\mathrm{e}^{r}p,\mathrm{e}^{-r}q\right)=\int\frac{\mathrm{d}^2z}{\pi^2}\left|\beta+z\right\rangle\left\langle\beta-z\right|\mathrm{e}^{\beta z^{*}-z\beta^{*}}, \tag{7-21}$$

式中 $|\beta\pm z\rangle$ 为相干态, $\beta=(\mathrm{e}^{-r}q+\,\mathrm{i}\mathrm{e}^{r}p)=(\alpha\cosh r-\alpha^{*}\sinh r)$, 这样式 (7-18) 变成

$$W_m(\alpha,\alpha^{*})=N_m^{-1}\left\langle 0\right|b^{\dagger m}\int\frac{\mathrm{d}^2z}{\pi^2}\left|\beta+z\right\rangle\left\langle\beta-z\right|\mathrm{e}^{\beta z^{*}-z\beta^{*}}b^{m}\left|0\right\rangle. \tag{7-22}$$

因此, 我们需要去推导出 $b^m=\left(a\cosh r+a^{\dagger}\sinh r\right)^m$ 的正规乘积表达式. 为了实现这个目标, 我们借助于 3.1 节中所述的中介表象理论 [27]. 在福克空间中, 中介表象 $|q\rangle_{\eta,\xi}$ 被定义为

$$\begin{aligned}|q\rangle_{\eta,\xi}=&\frac{1}{\left[\pi\left(\eta^2+\xi^2\right)\right]^{1/4}}\exp\left[-\frac{q^2}{2\left(\eta^2+\xi^2\right)}\right.\\&\left.+\frac{\sqrt{2}a^{\dagger}q}{\eta-\mathrm{i}\xi}-\frac{\eta+\mathrm{i}\xi}{2\left(\eta-\mathrm{i}\xi\right)}a^{\dagger 2}\right]|0\rangle,\end{aligned} \tag{7-23}$$

它实际上为算符 $(\eta Q+\xi P)$ 的本征态 (对应的本征值为 q), 即

$$(\eta Q+\xi P)\,|q\rangle_{\eta,\xi}=q\,|q\rangle_{\eta,\xi}\,. \tag{7-24}$$

而且, 态 $|q\rangle_{\eta,\xi}$ 的完备集合能够形成一个量子力学表象. 把 $|q\rangle_{\eta,\xi}$ 的完备性关系代入算符 $(\eta Q+\xi P)^n$ 并利用正规乘积算符内积分法, 易得到算符等式

$$\left(\rho a+\nu a^{\dagger}\right)^n=\left(-\mathrm{i}\sqrt{\frac{\rho\nu}{2}}\right)^n:H_n\left(\mathrm{i}\sqrt{\frac{\rho}{2\nu}}a+\mathrm{i}\sqrt{\frac{\nu}{2\rho}}a^{\dagger}\right):. \tag{7-25}$$

这样, 从式 (7-25) 得到

$$b^m\left|0\right\rangle=\left(-\mathrm{i}\sqrt{\frac{\sinh 2r}{4}}\right)^m H_m\left(\mathrm{i}\sqrt{\frac{\tanh r}{2}}a^{\dagger}\right)\left|0\right\rangle. \tag{7-26}$$

进一步, 利用使用埃尔米特多项式 $H_m(x)$ 的产生函数 (3-37) 及其微分关系 (3-38), 最终得到

$$\begin{aligned}W_m(\alpha,\alpha^{*})=&\frac{1}{\pi N_m}\left(\frac{\sinh 2r}{4}\right)^m\exp(-2|\beta|^2)\\&\times\sum_{n=0}^{m}\frac{2^n(m!)^2(-\tanh r)^n}{n!\left[(m-n)!\right]^2}\left|H_{m-n}(-\mathrm{i}\sqrt{2\tanh r}\beta)\right|^2.\end{aligned} \tag{7-27}$$

上式为多光子扣除压缩真空态的维格纳函数的解析表达式, 其形式与单变量的埃尔米特多项式的模方有关. 特殊地, 当取 $m=0$ 时, 式 (7-27) 变成了压缩真空态的高斯型维格纳函数, 即

$$W_0(\alpha,\alpha^*)=\frac{1}{\pi}\exp(-2|\beta|^2). \tag{7-28}$$

显然, 当 m(m 为任意的正整数) 个光子从压缩真空态扣除时, 因为存在模方项 $|H_{m-n}(-\mathrm{i}\sqrt{2\tanh r}\beta)|^2$ 且 n 为奇数时 $(-\tanh r)^n$ 总是负的, 则式 (7-27) 中维格纳函数为具有负值区域的非高斯分布. 例如, 当 $m=1$ 时, 多光子扣除压缩真空态变成单光子扣除压缩真空态, 这样式 (7-27) 退化成

$$W_1(\alpha,\alpha^*)=\frac{1}{\pi}\left(4|\beta|^2-1\right)\exp(-2|\beta|^2). \tag{7-29}$$

显然, 当 $|\beta|^2<1/4$ 时, 单光子扣除压缩真空态的维格纳函数在整个相空间中总是负的, 正如文献 [10] 所讨论的那样.

在图 7-3 中, 我们很愿意讨论在参数 m 和 r 取不同值的情况下多光子扣除压缩真空态的维格纳函数. 容易看到, 作为量子态出现非经典性质的证据, 图中清晰呈现了正交压缩的特征. 对于较大的压缩, 即较大的 r 值, 维格纳函数的峰不仅沿着 $\mathrm{Im}\,\alpha$ 方向被压缩, 同时沿着 $\mathrm{Re}\,\alpha$ 方向被伸展, 而且展现较大的负值区域. 对于较大的 m 来说, 两个相邻的主峰之间代表量子干涉的多峰结构明显展现, 而且随着 m 值的增大, 量子干涉的频率会逐渐增加. 此结构完全不同于压缩真空态的维格纳函数的高斯分布, 因此可断定它来源于多光子扣除压缩真空态产生过程中的多光子扣除操作. 此外, 由光子扣除操作来决定的维格纳函数的负值区域不会随着扣除光子数 m 的变化而单调变化.

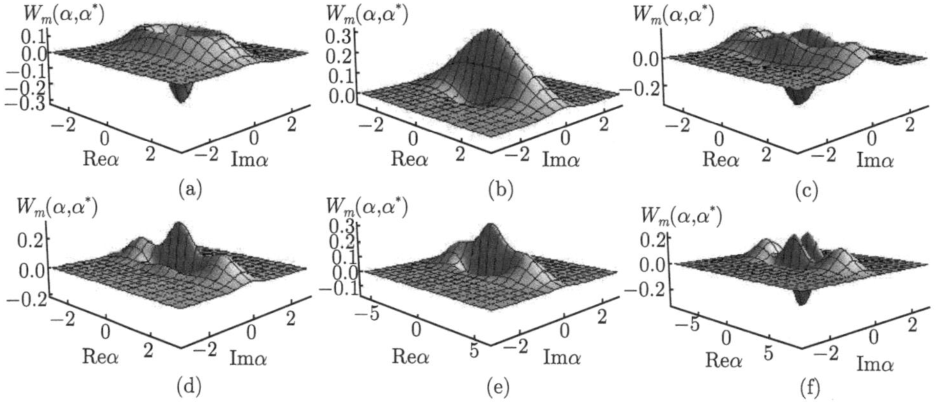

图 7-3　对于参数 m,r 的不同取值, 多光子扣除压缩真空态的维格纳函数

(a) $m=1$, $r=0.3$; (b) $m=2$, $r=0.3$; (c) $m=5$, $r=0.3$; (d) $m=8$, $r=0.3$; (e) $m=2$, $r=0.8$; (f) $m=5$, $r=0.8$

7.3 热通道中多光子扣除压缩真空态的退相干

7.3.1 热通道的量子主方程及其解析解

当非经典光场通过它们周围的环境时, 量子退相干是一个不可避免的过程, 这是由于在这个过程中量子耗散总是伴随而生的. 在理论上, 当量子态处于热环境中时, 相应的密度算符的演化遵从标准的量子主方程 [28]:

$$\frac{\mathrm{d}\rho(t)}{\mathrm{d}t}=\kappa_t(\bar{\mathrm{n}}+1)[2a\rho(t)a^\dagger-a^\dagger a\rho(t)-\rho(t)a^\dagger a]+\kappa_t\bar{\mathrm{n}}[2a^\dagger\rho(t)a-aa^\dagger\rho(t)-\rho(t)aa^\dagger], \tag{7-30}$$

式中 κ_t 代表耗散系数, $\bar{\mathrm{n}}$ 表示热环境的平均热光子数. 有意义的是, 在量子光学理论中, 热通道是一个具有一般性的退相干通道, 当参数 $\bar{\mathrm{n}}$ 和 κ_t 取一些特殊值时, 此通道退化成一些重要的退相干通道. 例如, 当 $\bar{\mathrm{n}}\to 0$ 且 κ_t 保持有限, 式 (7-30) 变成式 (5-12) 所描述的振幅耗散通道 (振幅衰减模型). 借助于有序算符内积分法和连续变量热场纠缠态表象, 我们发现热通道中的密度算符 $\rho(t)$ 满足如下关系式 [29],

$$\rho(t)=(1-\kappa_t\bar{\mathrm{n}}T_1)\sum_{i,j=0}\frac{[\kappa_t(\bar{\mathrm{n}}+1)]^i(\kappa_t\bar{\mathrm{n}})^j}{i!j!}\times T_1^{i+j}a^{\dagger j}\mathrm{e}^{a^\dagger a\ln T_2}a^i\rho_0 a^{\dagger i}\mathrm{e}^{a^\dagger a\ln T_2}a^j, \tag{7-31}$$

上式恰恰为 $\rho(t)$ 的无限维算符和表示, 其中参数 T_1 和 T_2 分别为

$$T_1=\frac{1-\mathrm{e}^{-2\kappa_t t}}{\kappa_t[\bar{\mathrm{n}}(1-\mathrm{e}^{-2\kappa_t t})+1]},\qquad T_2=\frac{\mathrm{e}^{-\kappa_t t}}{\bar{\mathrm{n}}(1-\mathrm{e}^{-2\kappa_t t})+1}. \tag{7-32}$$

因此, 对于任何给定的初始态 ρ_0, 含时的密度算符 $\rho(t)$ 能由式 (7-31) 直接得到.

7.3.2 密度算符的演化

下面探讨初始态 $\rho_p=a^m\rho_s a^{\dagger m}$ 在热通道中的退相干特性. 把 ρ_s 的反正规乘积 (7-13) 代入式 (7-31) 导致

$$\rho_{pt}(t)=\frac{\mathrm{i}(1-\kappa_t\bar{\mathrm{n}}T_1)}{N_m\sinh r}\sum_{i,j=0}\frac{[\kappa_t(\bar{\mathrm{n}}+1)]^i(\kappa_t\bar{\mathrm{n}})^j}{i!j!}T_1^{i+j}a^{\dagger j}\mathrm{e}^{a^\dagger a\ln T_2}\times\vdots a^{m+i}\exp\left[-\frac{1}{2\tanh r}(a^2+a^{\dagger 2})+a^\dagger a\right]a^{\dagger m+i}\vdots\mathrm{e}^{a^\dagger a\ln T_2}a^j. \tag{7-33}$$

利用相干态 $|z\rangle$ 的完备性关系和算符恒等式 (5-58), 可得到

$$\rho_{pt}(t)=\frac{\mathrm{i}\sqrt{B}(1-\kappa_t\bar{n}T_1)}{N_m\sinh r}\sum_{l=0}^{m}\frac{(m!)^2[-\kappa_t(\bar{n}+1)T_1]^l B^m}{l![(m-l)!]^2}\left(\frac{\coth r}{2}\right)^{m-l}$$
$$\times: H_{m-l}\left[-\sqrt{\frac{B\tanh r}{2}}T_2(\kappa_t(\bar{n}+1)T_1 a+a^{\dagger}\coth r)\right]$$
$$\times H_{m-l}\left[-\sqrt{\frac{B\tanh r}{2}}T_2(\kappa_t(\bar{n}+1)T_1 a^{\dagger}+a\coth r)\right]$$
$$\times\exp\left\{[\kappa_t\bar{n}T_1-B\kappa_t(\bar{n}+1)T_1T_2^2-1]a^{\dagger}a-\frac{BT_2^2}{2\tanh r}(a^2+a^{\dagger 2})\right\}:, \quad (7\text{-}34)$$

式中 $B=[\kappa_t^2(\bar{n}+1)^2T_1^2-\coth^2 r]^{-1}$. 式 (7-34) 表明, 热通道中多光子扣除压缩真空态的解析演化规律, 此结果等价于文献 [18] 的微分表达式 (25). 上式表明, 当初始纯态 —— 多光子扣除压缩真空态输入热通道时, 此态演化为一个与埃尔米特多项式 (正规乘积内产生和湮灭算符的联合形式) 有关的非高斯混合态, 这是一个之前没有报道过的新结果.

下面, 让我们分析几个有意义的特殊情况. 当 $\kappa_t\bar{n}\to 0$ 时, $T_1=(1-\mathrm{e}^{-2\kappa_t t})/\kappa_t$, $T_2=\mathrm{e}^{-\kappa_t t}$, 这样, 从式 (7-34) 可得多光子扣除压缩真空态在振幅耗散通道中的演化规律

$$\rho_{pt}(t;\kappa_t\bar{n}\to 0)=\frac{\mathrm{i}C^{m+1/2}(m!)^2\coth^m r}{N_m 2^m\sinh r}\sum_{l=0}^{m}\frac{[2(\mathrm{e}^{-2\kappa_t t}-1)\tanh r]^l}{l![(m-l)!]^2}$$
$$\times: H_{m-l}\left[\sqrt{\frac{C\tanh r}{2}}\mathrm{e}^{-\kappa_t t}(\mathrm{e}^{-2\kappa_t t}-1)a-\sqrt{\frac{C}{2\tanh r}}\mathrm{e}^{-\kappa_t t}a^{\dagger}\right]$$
$$\times H_{m-l}\left[\sqrt{\frac{C\tanh r}{2}}\mathrm{e}^{-\kappa_t t}(\mathrm{e}^{-2\kappa_t t}-1)a^{\dagger}-\sqrt{\frac{C}{2\tanh r}}\mathrm{e}^{-\kappa_t t}a\right]$$
$$\times\exp\left\{[C\mathrm{e}^{-2\kappa_t t}(\mathrm{e}^{-2\kappa_t t}-1)-1]a^{\dagger}a-\frac{C\mathrm{e}^{-2\kappa_t t}}{2\tanh r}(a^2+a^{\dagger 2})\right\}:, \quad (7\text{-}35)$$

式中 $C=[(1-\mathrm{e}^{-2\kappa_t t})^2-\coth^2 r]^{-1}$. 当 $m=0$ 时, $\rho_{pt}(t)$ 变成

$$\rho_{pt}(t;m=0)=\frac{\mathrm{i}\sqrt{B}(1-\kappa_t\bar{n}T_1)}{\sinh r}$$
$$:\exp\left\{[\kappa_t\bar{n}T_1-B\kappa_t(\bar{n}+1)T_1T_2^2-1]a^{\dagger}a-\frac{BT_2^2}{2\tanh r}(a^2+a^{\dagger 2})\right\}:. \quad (7\text{-}36)$$

上式表明, 当初始的压缩真空态在热通道中演化时, 输出态为一个与热场参数 $\bar{n}$ 和 κ_t 有关的压缩热态. 在初始时刻 $\kappa_t t=0$, $T_1=0$, $T_2=1$ 和 $B=-\tanh^2 r$, $\rho_p(t)$ 变

成初始的密度算符 ρ_p, 如同期望的那样. 事实上, 此结果的正确性可在式 (7-35) 中取 $\kappa_t t=0$ 来验证. 当 $\kappa_t t\to\infty$ 时, 注意到

$$T_1\to\frac{1}{\kappa_t(\bar{\mathrm{n}}+1)},\quad T_2\to 0,\quad B\to-\sinh^2 r, \tag{7-37}$$

这样式 (7-34) 退化成

$$\rho_{pt}(\kappa_t t\to\infty)=\frac{1}{\bar{\mathrm{n}}+1}\exp\left[a^\dagger a\ln\frac{\bar{\mathrm{n}}}{\bar{\mathrm{n}}+1}\right], \tag{7-38}$$

这恰恰是平均热光子数为 $\bar{\mathrm{n}}$ 的热态. 综上结果表明, 与热环境作用足够长的时间后, 退相干效应使得多光子扣除压缩真空态的非经典性质全部丢失, 最终演化为一个高度经典的热态. 此结论完全不同于振幅耗散过程所发生的, 因为振幅耗散过程中光子衰减能使多光子扣除压缩真空态退化为真空态 [10].

7.3.3 维格纳函数的演化

在这一节, 我们讨论热环境中多光子扣除压缩真空态的维格纳函数的演化规律. 利用 $\rho_{pt}(t)$ 的正规乘积形式和相干态表象中维格纳算符 $\Delta(\alpha,\alpha^*)$ 的表达式, 可把多光子扣除压缩真空态的维格纳函数表示为

$$W_{pt}(\alpha,t)=\mathrm{Tr}[\rho_{pt}(t)\Delta(\alpha,\alpha^*)]. \tag{7-39}$$

这样, 类似于得到式 (7-34), 我们最终得到热环境中多光子扣除压缩真空态的维格纳函数的解析演化规律,

$$W_{pt}(\alpha,t)=C_m(\alpha,t)W_s(\alpha,t), \tag{7-40}$$

式中 $W_s(\alpha,t)$ 为热环境中压缩真空态的维格纳函数,

$$W_s(\alpha,t)=\frac{\sqrt{B}(1-\kappa_t\bar{\mathrm{n}}T_1)}{\pi\sqrt{-h_1}\sinh r}\exp\left[\left(\frac{4D}{h_1}+2\right)|\alpha|^2+\frac{4E}{h_1}(\alpha^2+\alpha^{*2})\right], \tag{7-41}$$

而 $C_m(\alpha,t)$ 来自于多光子扣除操作的贡献,

$$\begin{aligned}C_m(\alpha,t)=&\frac{1}{N_m}\sum_{l=0}^{m}\sum_{n=0}^{m-l}\frac{(-1)^{m-n}(m!)^2[\kappa_t(\bar{\mathrm{n}}+1)T_1]^l B^m}{l!n![(m-l-n)!]^2}\\&\times\left(\frac{h_2\coth r}{2}\right)^{m-l}\left(\frac{h_3}{h_2}\right)^n\left|H_{m-l-n}\left(\frac{h_4}{2\sqrt{-h_2}}\right)\right|^2,\end{aligned} \tag{7-42}$$

式中

$$
\begin{aligned}
D &= B\kappa_t(\bar{\mathrm{n}}+1)T_1T_2^2 - \kappa_t\bar{\mathrm{n}}T_1 - 1,\\
E &= -\frac{BT_2^2}{2\tanh r},\quad h_1 = D^2 - 4E^2,\\
h_2 &= \frac{2BT_2^2}{h_1}[D\kappa_t(\bar{\mathrm{n}}+1)T_1 + E\kappa_t^2(\bar{\mathrm{n}}+1)^2T_1^2\tanh r + E\coth r] - 1,\\
h_3 &= \frac{2BT_2^2}{h_1}[D\kappa_t^2(\bar{\mathrm{n}}+1)^2T_1^2\tanh r + D\coth r + 4E\kappa_t(\bar{\mathrm{n}}+1)T_1],\\
h_4 &= \frac{2\sqrt{2B\tanh r}T_2}{h_1}[(D\kappa_t(\bar{\mathrm{n}}+1)T_1\\
&\quad +2E\coth r)\alpha + (D\coth r + 2E\kappa_t(\bar{\mathrm{n}}+1)T_1)\alpha^*].
\end{aligned}
\tag{7-43}
$$

光子扣除操作导致的因子 $C_m(\alpha,t)$, 使得式 (7-40) 中的 $W_{pt}(\alpha,t)$ 也为非高斯的维格纳函数. 特殊地, 取极限情况 $\kappa_t\bar{\mathrm{n}}\to 0$, 式 (7-40) 代表振幅耗散过程中多光子扣除压缩真空态的维格纳函数的时间演化规律. 在初始时刻 $\kappa_t t = 0$, 式 (7-40) 如期变成多光子扣除压缩真空态的维格纳函数, 同 (7-27) 中的结果一致. 经过很长的时间, 即 $\kappa_t t\to\infty$, 式 (7-40) 退化成

$$
W_{pt}(\alpha,\kappa_t t\to\infty) = \frac{1}{\pi(2\bar{\mathrm{n}}+1)}\exp\left(-\frac{2}{2\bar{\mathrm{n}}+1}|\alpha|^2\right),
\tag{7-44}
$$

此式恰恰对应于热场 $\rho_{pt}(\kappa_t t\to\infty)$ 的维格纳函数分布, 如同上面讨论的那样. 比较式 (7-40) 和式 (7-44) 表明, 经过热环境后, 热噪声能使得维格纳函数由多光子扣除压缩真空态的非高斯分布转化为热态的高斯分布形式. 由于多光子扣除压缩真空态的维格纳函数的部分负性转化为热态的正定性, 这意味着多光子扣除压缩真空态的非经典性质在热环境中完全消失.

利用式 (7-40), 在图 7-4 中, 我们给出了在给定 $\bar{\mathrm{n}}$ 值的情况下, 对于参数 m, r 和 $\kappa_t t$ 的不同取值, 热通道中多光子扣除压缩真空态的维格纳函数. 随着 $\kappa_t t$ 的增加, 维格纳函数的部分负性逐渐减少, 而且量子干涉特征逐渐消失, 这是由热通道中退相干的作用导致了非经典性质的丢失. 经过足够长的时间, 相应的维格纳函数变成正定的和高斯的, 与式 (7-44) 得到的解析结论一致, 对应于热场的维格纳函数分布. 此外, 参数 m(或 r) 的值越大, 非经典性质消失得越慢, 这表明具有

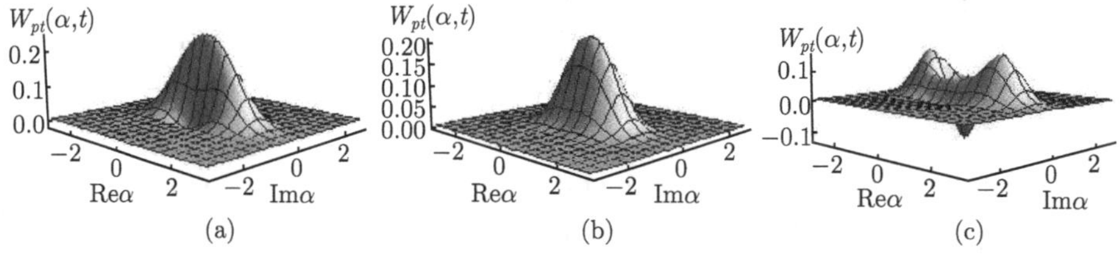

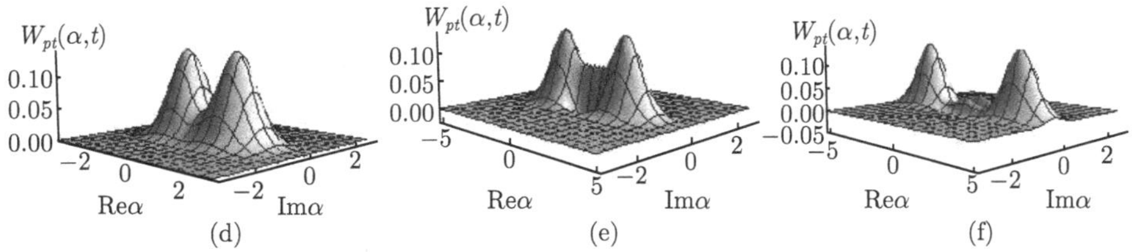

图 7-4 在给定 $\bar{n} = 0.05$ 情况下, 对于 m, r 和 $\kappa_t t$ 的不同取值, 光子扣除压缩真空态的维格纳函数在热通道中的演化规律

(a) $m = 2$, $r = 0.3$ 且 $\kappa_t t = 0.1$; (b) $m = 2$, $r = 0.3$ 且 $\kappa_t t = 0.5$; (c) $m = 5$, $r = 0.3$ 且 $\kappa_t t = 0.1$; (d) $m = 5$, $r = 0.3$ 且 $\kappa_t t = 0.5$; (e) $m = 2$, $r = 0.8$ 且 $\kappa_t t = 0.1$; (f) $m = 5$, $r = 0.8$ 且 $\kappa_t t = 0.1$

较大的 m(或 r) 的多光子扣除压缩真空态会有更长的退相干时间, 这是一个有意义的结果.

7.4 相位阻尼通道中多光子扣除压缩真空态的退相干

下面我们研究相位阻尼对多光子扣除压缩真空态的影响. 当初始的量子态被输入相位阻尼通道中, 相应密度算符的演化遵循的主方程为 [28]

$$\frac{\mathrm{d}\rho(t)}{\mathrm{d}t} = \kappa_p[2A\rho(t)A^\dagger - A^\dagger A\rho(t) - \rho(t)A^\dagger A], \tag{7-45}$$

式中 $A = a^\dagger a$ 为粒子数算符, κ_p 代表退相干引起的衰减概率. 类似地, 利用有序算符内积分法和热场纠缠态表象, 我们发现在阻尼通道中初始密度算符 ρ_0 的演化规律为 [29]

$$\rho(t) = \mathrm{e}^{-\kappa_p t A^2}\sum_{n=0}\frac{(2\kappa_p t)^n}{n!}A^n\rho_0 A^n \mathrm{e}^{-\kappa_p t A^2}. \tag{7-46}$$

作为式 (7-45) 的解, 上式为 $\rho(t)$ 的无限维算符和表示. 因此, 当 ρ_p 作为初始态输入阻尼通道时, 根据 ρ_s 的反正规乘积形式 (7-13), 易得到

$$\begin{aligned}\rho_{pp}(t) = &\frac{\operatorname{sech} r}{N_m}\sum_{k,k'=0}^{\infty}\frac{(2k)!(2k')!}{k!k'!(2k-m)!(2k'-m)!}\\ &\times\left(\frac{\tanh r}{2}\right)^{k+k'}\mathrm{e}^{-4\kappa_p t(k-k')^2} :a^{\dagger 2k-m}a^{2k'-m}\exp(-a^\dagger a):.\end{aligned} \tag{7-47}$$

上式表示, 当扣除光子个数 m 为偶数 (或奇数) 时, $\rho_{pp}(t)$ 为由按照指数 $\mathrm{e}^{-4\kappa_p t(k-k')^2}$ $(k, k' = 0, 1, 2, \cdots)$ 衰减的偶 (或奇) 的数态组成的混合态. 例如, 当 $m = 0$ 时, $\rho_{pp}(t)$

仅仅为偶的数态的叠加形式, 即

$$\rho_{pp}(t; m=0) = \operatorname{sech} r \sum_{k,k'=0}^{\infty} \frac{1}{k!k'!}\left(\frac{\tanh r}{2}\right)^{k+k'} \times \mathrm{e}^{-4\kappa_p t(k-k')^2} : a^{\dagger 2k} a^{2k'} \exp(-a^\dagger a) : , \tag{7-48}$$

上式代表压缩真空态在相位阻尼通道中的演化公式. 由于式 (7-47) 中衰减因子 $\mathrm{e}^{-4\kappa_p t(k-k')^2}$ 的出现, 密度算符 $\rho_{pp}(t)$ 中的非对角项出现衰退. 经过足够长的时间, 即 $\kappa_p t \to \infty$, 我们有

$$\rho_{pp}(\kappa_p t \to \infty) = \frac{\operatorname{sech} r}{N_m} \sum_{k=0}^{\infty} \frac{[(2k)!]^2}{(k!)^2[(2k-m)!]^2} \times \left(\frac{\tanh r}{2}\right)^{2k} : (a^\dagger a)^{2k-m} \exp(-a^\dagger a) : , \tag{7-49}$$

表明仅仅存在一些取决于扣除光子数 m 的对角项. 事实上, $\rho_{pp}(\kappa_p t \to \infty)$ 也被认为是一些福克态的权重叠加态. 下面, 通过研究含时维格纳函数的演化来探讨多光子扣除压缩真空态在相位阻尼通道中的退相干行为. 类似于得到式 (7-40), 我们有

$$W_{pp}(\alpha, t) = \frac{\operatorname{sech} r}{\pi N_m} \sum_{k,k'=0}^{\infty} \frac{(2k)!(2k')!\left(\frac{\tanh r}{2}\right)^{k+k'}}{k!k'!(2k-m)!(2k'-m)!} \times \mathrm{e}^{-4\kappa_p t(k-k')^2} \exp(-2|\alpha|^2) H_{2k'-m,2k-m}(2\alpha, 2\alpha^*), \tag{7-50}$$

显然存在相位阻尼导致的衰退. 对于极限情况 $(\kappa_p t \to \infty)$, 式 (7-50) 退化成

$$W_{pp}(\alpha, \kappa_p t \to \infty) = \frac{\operatorname{sech} r}{N_m} \sum_{k=0}^{\infty} \frac{[(2k)!]^2}{(k!)^2(2k-m)!} \times \left(\frac{\tanh r}{2}\right)^{2k} W_{|2k-m\rangle\langle 2k-m|}(\alpha), \tag{7-51}$$

式中

$$W_{|2k-m\rangle\langle 2k-m|}(\alpha) = \frac{\mathrm{e}^{-2|\alpha|^2}}{\pi(2k-m)!} H_{2k-m,2k-m}(2\alpha, 2\alpha^*) \tag{7-52}$$

为福克态 $|2k-m\rangle$ 的维格纳函数. 因此, $W_{pp}(\alpha, \kappa_p t \to \infty)$ 也能被看成是所有可能福克态的维格纳函数的权重叠加形式.

利用式 (7-50), 在图 7-5 中给出了在参数 m, r 和 $\kappa_p t$ 取不同值时, 多光子扣除压缩真空态的维格纳函数分布. 容易看到, 当扣除光子数 m(奇数次) 和压缩参数 r 都比较小时, $W_{pp}(\alpha, t)$ 总是在相空间的中心位置出现某些负值区域; 但是对于较小

的扣除光子数 m (偶数次) 和压缩参数 r, $W_{pp}(\alpha,t)$ 在整个相空间不能展现负性. 这个结论与单光子扣除压缩真空态的相一致 [10], 但是完全不同于热环境的情况. 对于较大的 m(或 r), 在极限情况下, 多光子扣除压缩真空态的维格纳函数在相空间的边缘出现负值区域, 而且 m(或 r) 越大, $W_{pp}(\alpha,\kappa_p t\to\infty)$ 越接近于福克态的维格纳函数, 从式 (7-51) 给出的解析结果也可以理解这个结论, 这是因为随着 m(或 r) 值的增大, 式 (7-51) 中相应的维格纳函数 $W_{|2k-m\rangle\langle 2k-m|}(\alpha)$ 的权重也会增加.

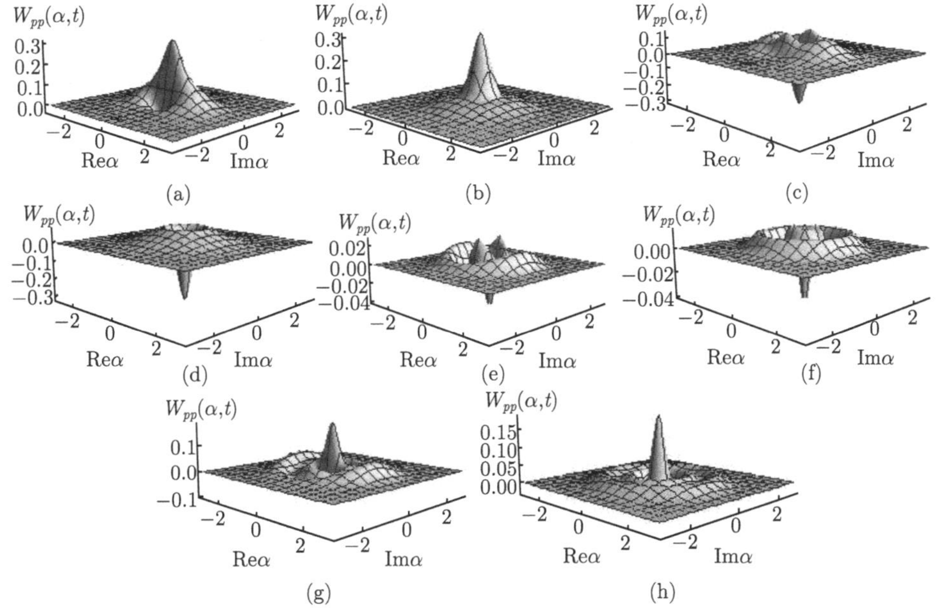

图 7-5 对于参数 m, r 和 $\kappa_p t$ 的不同取值, 相位阻尼通道中多光子扣除压缩真空态的维格纳函数的变化规律

(a) $m=2$, $r=0.3$ 和 $\kappa_p t=0.1$; (b) $m=2$, $r=0.3$ 和 $\kappa_p t=3$; (c) $m=3$, $r=0.3$ 和 $\kappa_p t=0.1$; (d) $m=3$, $r=0.3$ 和 $\kappa_p t=3$; (e) $m=17$, $r=0.3$ 和 $\kappa_p t=0.1$; (f) $m=17$, $r=0.3$ 和 $\kappa_p t=3$; (g) $m=2$, $r=0.8$ 和 $\kappa_p t=0.1$; (h) $m=2$, $r=0.8$ 和 $\kappa_p t=3$

最后, 通过比较多光子扣除压缩真空态在两种退相干通道的演化规律可知, 在热通道中, 多光子扣除压缩真空态 (纯态) 演化为一个与埃尔米特多项式相关的混合态, 然而在相位阻尼通道中, 此态变成另一个带有指数衰减因子的混合态. 经过足够长的时间, 多光子扣除压缩真空态在热通道中全部失去非经典性质, 并且变成一个与热通道平均光子数 $\bar{n}$ 有关的类经典热场. 这一点与相位阻尼通道中退相干行为不同, 相位阻尼仅仅把此态变成福克态的权重叠加态, 保留了一定的非经典性和非高斯性.

7.5　多光子增加双模压缩热态

理论证明, 光子增加或扣除操作调制的双模高斯纠缠态能显著改善连续变量信息过程, 如纠缠辅助编码、纠缠蒸馏和量子隐形传输等. 因此, 把上述工作推广到两模混合态情况, 通过反复执行光子增加操作来调制双模压缩热态, 引入了一种新的双模非高斯纠缠混合态, 即多光子增加双模压缩热态, 并在理论上解析探查它的非经典性质和热通道中的退相干行为 [30]. 光子增加双模压缩热态中的压缩操作导致双模之间发生纠缠, 不仅其表达式完全不同于两个光子增加单模压缩热态的直积形式, 而且导致出现一些光子增加单模压缩热态所不具有的物理现象 [31]. 并且, 当增加光子数 m 和 n, 压缩参数 r 和热场的平均光子数 $\bar{n}$ 为一些特殊值时, 光子增加双模压缩热态退化为量子光学中一些重要的量子态, 故此态的相关结论更具有一般性. 例如, 当热场的温度 T 接近于零时, 即 $\bar{n}\to 0$, 光子增加双模压缩热态退化为一个非高斯纯态, 即光子增加双模压缩真空态. 此外, 作为与环境温度 T 有关的非高斯纠缠混合态, 关于它的理论研究能为实验上实现一些实际的连续变量量子信息协议提供帮助.

7.5.1　双模压缩热态密度算符的正规乘积表示

理论上, 双模压缩热态通常通过双模压缩算符 $S_2(r)=\exp[r(a^\dagger b^\dagger - ab)]$ 作用到热态上来得到, 因此相对应的密度算符表示为 [32]

$$\rho_s = S_2(r)\rho_t S_2^{-1}(r), \tag{7-53}$$

式中算符 a 和 b 为福克空间中的双模玻色湮灭算符, ρ_t 为双模热场的密度算符, $\rho_t=(1-\mathrm{e}^\lambda)^2\mathrm{e}^{\lambda(a^\dagger a+b^\dagger b)}$. 需要说明的是, 在 ρ_t 的定义中假设双模热场具有相同的频率 ω 和温度 T. 首先外尔编序公式 (1-65) 自然扩展到双模情况 [33, 34], 即

$$\begin{aligned}\rho = &\, \vdots\, 4\int\frac{\mathrm{d}^2\alpha\mathrm{d}^2\beta}{\pi^2}\langle-\alpha,-\beta|\,\rho\,|\alpha,\beta\rangle \\ &\times\exp[2(\alpha^*a-\alpha a^\dagger+a^\dagger a)+2(\beta^*b-\beta b^\dagger+b^\dagger b)]\,\vdots,\end{aligned} \tag{7-54}$$

然后把下面的算符恒等式

$$\mathrm{e}^{\lambda(a^\dagger a+b^\dagger b)} =: \exp[(\mathrm{e}^\lambda-1)(a^\dagger a+b^\dagger b)]: \tag{7-55}$$

代入式 (7-54) 并进行积分, 得到

$$\mathrm{e}^{\lambda(a^\dagger a+b^\dagger b)} = \frac{4}{(1+\mathrm{e}^\lambda)^2}\,\vdots\,\exp\left[\frac{\mathrm{e}^\lambda-1}{\mathrm{e}^\lambda+1}(Q_a^2+P_a^2+Q_b^2+P_b^2)\right]\vdots, \tag{7-56}$$

式中算符 Q_i 和 P_i 分别表示第 $i(i=a,b)$ 模的坐标算符和动量算符. 然后, 利用相似变换下外尔编序的不变性以及如下的博戈留波夫变换

$$\begin{aligned}S_2(r)Q_jS_2^{-1}(r)&=Q_j\cosh r-Q_k\sinh r,\\ S_2(r)P_jS_2^{-1}(r)&=P_j\cosh r+P_k\sinh r,\end{aligned}\tag{7-57}$$

式中 $j,k=a,b$, 但 $j\neq k$, 得到 ρ_s 的外尔编序形式

$$\begin{aligned}\rho_s=\frac{4}{(2\overline{n}+1)^2}\ \vdots\ \exp\Big\{&-\frac{1}{2\overline{n}+1}\big[\big(Q_a^2+P_a^2+Q_b^2+P_b^2\big)\cosh 2r\\ &+2(P_aP_b-Q_aQ_b)\sinh 2r\big]\Big\}\ \vdots,\end{aligned}\tag{7-58}$$

式中 $\overline{n}$ 为单模热场的平均光子数 $(\mathrm{e}^{\lambda}-1)^{-1}$[35]. 进一步, 将双模维格纳算符 $\Delta(q_a,p_a;q_b,p_b)$ 的正规乘积形式

$$\Delta(q_a,p_a;q_b,p_b)=\frac{1}{\pi^2}:\mathrm{e}^{-(q_a-Q_a)^2-(p_a-P_a)^2-(q_b-Q_b)^2-(p_b-P_b)^2}:\tag{7-59}$$

和 ρ_s 的经典外尔对应函数 $h(q_a,p_a;q_b,p_b)$(其表达式可在式 (7-58) 中作如下代换 $Q_i\to q_i$ 和 $P_i\to p_i$ 得到) 代入外尔量子化规则

$$\rho_s=\int_{-\infty}^{\infty}\mathrm{d}q_a\mathrm{d}p_a\mathrm{d}q_b\mathrm{d}p_b h(q_a,p_a;q_b,p_b)\Delta(q_a,p_a;q_b,p_b),\tag{7-60}$$

并利用正规乘积算符内积分法, 可得到 ρ_s 的正规乘积形式

$$\rho_s=A\colon\ \exp\big[g(Q_a^2+P_a^2+Q_b^2+P_b^2)+h(P_aP_b-Q_aQ_b)\big]:,\tag{7-61}$$

式中

$$\begin{aligned}g&=-\frac{(2\overline{n}+1)\cosh 2r+1}{4[\overline{n}^2+(2\overline{n}+1)\cosh^2 r]},\\ h&=\frac{(2\overline{n}+1)\sinh 2r}{2[\overline{n}^2+(2\overline{n}+1)\cosh^2 r]},\\ A&=4g^2-h^2=\frac{1}{\overline{n}^2+(2\overline{n}+1)\cosh^2 r}.\end{aligned}\tag{7-62}$$

显然, 由于式 (7-58) 中纠缠项 $P_aP_b-Q_aQ_b$ 的出现, 式 (7-61) 完全不同于两个单模压缩热场的直积形式 [31]. 可见, 式 (7-53) 中的双模压缩操作导致了双模热态的 a 模和 b 模之间纠缠的产生. 从这一点来说, 压缩算符 $S_2(r)$ 扮演着纠缠角色, 其中作为纠缠态的双模压缩真空态就是一个很好的例子.

7.5.2　多光子增加双模压缩热态的归一化

通过把玻色产生算符 $a^\dagger$ 和 $b^\dagger$ 重复作用于双模压缩热态, 在理论上能得到多光子增加双模压缩热态, 其密度算符表示为

$$\rho_p = N_{m,n}^{-1} a^{\dagger m} b^{\dagger n} \rho_s a^m b^n, \tag{7-63}$$

式中 m 和 n(任意非负整数) 分别为 a 模和 b 模的增加光子数. 利用双模相干态 $|\alpha,\beta\rangle$ 的超完备性关系和式 (7-61) 中 ρ_s 的正规乘积表示, 得到

$$\begin{aligned}
N_{m,n} =& \operatorname{Tr}(a^{\dagger m} b^{\dagger n} \rho_s a^m b^n) \\
=& (4g^2 - h^2)\operatorname{Tr}\left\{a^{\dagger m} b^{\dagger n} \colon \exp\left[g(Q_a^2 + P_a^2 + Q_b^2 + P_b^2)\right.\right. \\
&\left.\left. + h(P_a P_b - Q_a Q_b)\right] \colon a^m b^n\right\} \\
=& (4g^2 - h^2)\int \frac{\mathrm{d}^2\alpha \mathrm{d}^2\beta}{\pi^2} \langle \alpha,\beta| \colon a^{\dagger m} b^{\dagger n} \\
&\times \exp\left[2g(a^\dagger a + b^\dagger b) - h(ab + a^\dagger b^\dagger)\right] a^m b^n \colon |\alpha,\beta\rangle \\
=& (4g^2 - h^2)\int \frac{\mathrm{d}^2\alpha \mathrm{d}^2\beta}{\pi^2} |\alpha|^{2m} |\beta|^{2n} \\
&\times \exp[2g(|\alpha|^2 + |\beta|^2) - h(\alpha\beta + \alpha^*\beta^*)].
\end{aligned} \tag{7-64}$$

进一步, 利用数学积分公式 (3-32), 则归一化系数 $N_{m,n}$ 为

$$N_{m,n} = \sum_{l=0}^{m} \frac{(-1)^{m+n}(m!)^2(n+m-l)!h^{2(m-l)}}{l![(m-l)!]^2(2g)^{m-n}(4g^2-h^2)^{(m+n-l)}}. \tag{7-65}$$

把式 (7-65) 与雅可比多项式的最新表达式 [36]

$$P_m^{(0,n-m)}(x) = \sum_{l=0}^{m} \frac{m!(n+m-l)!}{n!l![(m-l)!]^2}\left(\frac{x-1}{2}\right)^{m-l} \tag{7-66}$$

进行比较, 可得到多光子增加双模压缩热态的归一化系数 $N_{m,n}$,

$$N_{m,n} = m!n!\frac{B^n}{(-2g)^m} P_m^{(0,n-m)}(C), \tag{7-67}$$

其中参数 B, C 分别为

$$\begin{aligned}
B =& \frac{2g}{h^2 - 4g^2} = \frac{1}{2}[(2\overline{n}+1)\cosh 2r + 1], \\
C =& \frac{4g^2 + h^2}{4g^2 - h^2} = \frac{(2\overline{n}+1)[(2\overline{n}+1)\cosh 4r + 2\cosh 2r] + 1}{4[\overline{n}^2 + (2\overline{n}+1)\cosh^2 r]}.
\end{aligned} \tag{7-68}$$

注意到, 当 $m=n=0$ 时, 即没有光子增加的情况, 这样 $N_{0,0}=1$; 当 $m=0$ 和 $n\neq 0$ 时, $P_0^{(0,n)}(C)=1$, 则

$$N_{0,n}=n!B^n. \tag{7-69}$$

在 $\bar{n}\to 0$ 的情况下, $g=-1/2$, $B=\cosh^2 r$ 和 $C=\cosh 2r$, 这样

$$N_{m,n;\bar{n}=0}=m!n!\cosh^{2n} rP_m^{(0,n-m)}(\cosh 2r), \tag{7-70}$$

此表达式恰恰为多光子增加双模压缩真空态的归一化因子. 然而, 对于 $r=0$, 多光子增加双模压缩热态变成多光子增加双模热场, 这样 $g=-1/[2(\bar{n}+1)]$, $B=\bar{n}+1$ 和 $C=1$, 所以

$$N_{m,n;r=0}=m!n!(\bar{n}+1)^{m+n}. \tag{7-71}$$

同样, 归一化系数 $N_{m,n}$ 中雅可比多项式的出现, 也能为解析讨论多光子增加双模压缩热态的非经典性提供便利.

7.6 多光子增加双模压缩热态的非经典性

在这一节, 我们将要讨论可调控参数 m,n,r 和 $\bar{n}$ 对多光子增加双模压缩热态的非经典性的影响, 尤其是亚泊松分布、反聚束效应和光子数分布. 另外, 为了从相空间的角度进一步揭示多光子增加双模压缩热态的非经典特性, 还将利用 ρ_p 的正规乘积表示和埃尔米特多项式的有关公式去计算和讨论多光子增加双模压缩热态的 Q-函数和维格纳函数.

7.6.1 亚泊松统计特性

为了检查刻画量子态非经典性质的亚泊松统计特性, 下面计算 Mandel-Q 参数, 它能测定亚泊松统计分布. 在双模光场中, 第 i 模的 Mandel-Q_i 参数被定义为 [37]

$$Q_i=\frac{\langle i^{\dagger 2}i^2\rangle-\langle i^\dagger i\rangle^2}{\langle i^\dagger i\rangle}, \tag{7-72}$$

当 $Q_i<0$ 时, 说明态具有亚泊松统计分布. 然而, 这是一个充分不必要条件, 因为即使 $Q_i>0$, 态也可能是非经典的 [38]. 事实上, 对于多光子增加双模压缩热态, 这个结论也成立, 这是由于仅仅当 r 取某些值时, $Q_i<0$; 而对于所有的 r, 维格纳函数总是有负值区域 (详见下面 7.6.5 小节). 把多光子增加双模压缩热态下的期望值 $\langle a^\dagger a\rangle$, $\langle a^{\dagger 2}a^2\rangle$, $\langle b^\dagger b\rangle$ 和 $\langle b^{\dagger 2}b^2\rangle$ 代入式 (7-72), 得到 a 和 b 的 Mandel-Q_a 和 -Q_b 参数分别为

$$Q_a=\frac{N_{m+2,n}-4N_{m+1,n}+2N_{m,n}}{N_{m+1,n}-N_{m,n}}-\frac{N_{m+1,n}}{N_{m,n}}+1, \tag{7-73}$$

$$Q_b = \frac{N_{m,n+2} - 4N_{m,n+1} + 2N_{m,n}}{N_{m,n+1} - N_{m,n}} - \frac{N_{m,n+1}}{N_{m,n}} + 1. \tag{7-74}$$

特殊地, 当 $m = n = 0$(对应于双模压缩热态) 时,

$$Q_a = Q_b = \frac{1}{2}[(2\bar{n}+1)\cosh 2r - 1], \tag{7-75}$$

当满足条件 $(2\bar{n}+1)\cosh 2r < 1$ 时, 双模压缩热态总是存在亚泊松统计效应.

在图 7-6 中, 画出了在 m, n 和 $\bar{n}$ 取不同值时多光子增加双模压缩热态的亚泊松统计分布. 由图清晰可见, 对于任何的增加光子数 $n(m = 0)$, Q_a 总是非负的, 意味着这些态都不能展现出亚泊松统计特征. 与这个规律不同, 对于任何的 $m(n = 0)$, 当压缩参数 r 小于某一阈值时, Q_a 总是负的, 而且这个阈值会随着 m 值的增大而增大. 另一方面, 当参数 $\bar{n}$(或 T) 增大时, 在 r 的某一范围内, Q_a 为负; 然而, 对于足够大的 $\bar{n}$, Q_a 的负性将全部消失. 这表明, 当热场温度 T 升高时, 多光子增加双模压缩热态会逐渐丢失亚泊松统计特征. 同样地, 当参数 m, n 和 $\bar{n}$ 取不同值时, Q_b 随压缩参数 r 的变化也服从相似的规律.

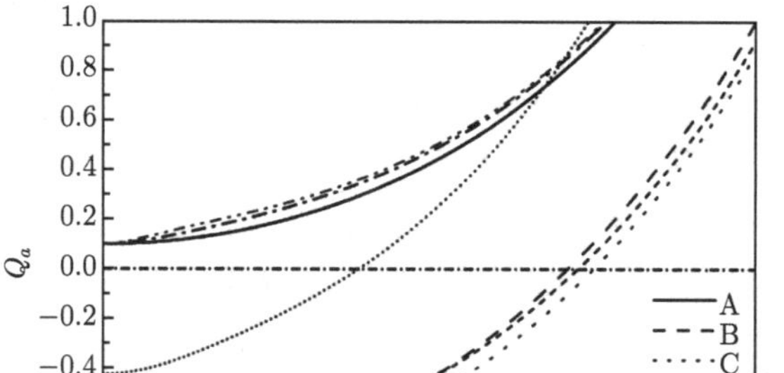

图 7-6　对于 m, n 和 $\bar{n}$ 的不同取值, 多光子增加双模压缩热态的亚泊松统计分布
曲线 A, B, C, D, E, F, G 中 $(m, n, \bar{n})$ 分别取 (0, 0, 0.1), (1, 0, 0.1), (4, 0, 0.1), (0, 1, 0.1), (0, 4, 0.1), (4, 1, 0.1) 和 (4, 1, 0.5)

7.6.2　反聚束效应

对于双模的光场来说, 判断它是否出现反聚束效应的条件为 [39]

$$Q_{ab} = \frac{\langle a^{\dagger 2}a^2\rangle + \langle b^{\dagger 2}b^2\rangle}{2\langle a^\dagger a b^\dagger b\rangle} - 1 < 0. \tag{7-76}$$

类似地, 把多光子增加双模压缩热态下的期望值 $\langle a^{\dagger 2}a^2\rangle$, $\langle b^{\dagger 2}b^2\rangle$ 和 $\langle a^\dagger a b^\dagger b\rangle$ 代入

式 (7-76), 得到

$$Q_{ab} = \frac{N_{m+2,n} + N_{m,n+2} - 4N_{m+1,n} - 4N_{m,n+1} + 4N_{m,n}}{2(N_{m+1,n+1} - N_{m+1,n} - N_{m,n+1} + N_{m,n})} - 1. \tag{7-77}$$

特殊地, 当 $m = n = 0$ 时,

$$Q_{ab} = \frac{4\overline{n}^2 - 2(2\overline{n}+1)\sinh^2 r}{(2\overline{n}+1)^2 \cosh 4r - 2(2\overline{n}+1)\cosh 2r + 1}. \tag{7-78}$$

当满足条件 $2\overline{n}^2 - (2\overline{n}+1)\sinh^2 r < 0$ 时, 双模压缩热态总是展现出反聚束效应.

图 7-7 画出了多光子增加双模压缩热态在参数 m, n 和 $\overline{n}$ 取不同值时的反聚束效应. 从图 7-7 易见, 对于参数 m, n 和 $\overline{n}$ 的任何值, 仅仅当压缩参数 r 超过某一阈值时, 多光子增加双模压缩热态的反聚束效应才出现, 而且这个阈值会随着 m 和 n 的增大而相应的增大. 然而, 对于给定的 m, n 和 $\overline{n}$, 反聚束效应会随着压缩参数 r 的增大而逐渐减弱, 并且当参数 r 足够大时, 反聚束效应会全部消失. 此外, 发现当 m 与 n 互换时, 变化曲线 B 和 D(或 C 和 E) 互相重叠, 这是一个有意义的结果. 实际上, 这一点能从式 (7-77) 得到验证, 因为参数 m 和 n 相互交换并不能改变 Q_{ab}.

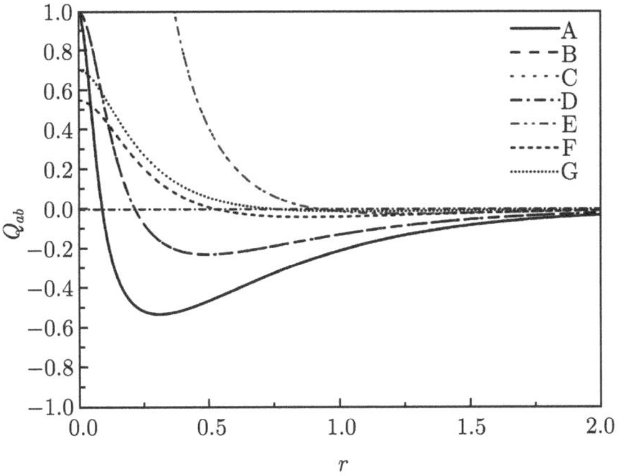

图 7-7 对于 m, n 和 $\overline{n}$ 的不同取值, 多光子增加双模压缩热态的反聚束效应

图中曲线 A, B, C, D, E, F, G 的 $(m, n, \bar{n})$ 取值与图 7-6 中相同

7.6.3 光子数分布

在这一小节, 我们将要研究多光子增加双模压缩热态的光子数分布以及其振荡行为. 利用式 (7-61) 中 ρ_s 的正规乘积形式, 并注意到未归一化相干态 $|\alpha, \beta\rangle$ 和双模粒子数态 $|n_a, n_b\rangle$ 之间满足的关系式, 即

$$|n_a, n_b\rangle = \frac{1}{\sqrt{n_a! n_b!}} \frac{\partial^{n_a+n_b}}{\partial \alpha^{n_a} \partial \beta^{n_b}} |\alpha, \beta\rangle|_{n_a=n_b=0}, \tag{7-79}$$

可得到多光子增加双模压缩热态的光子数分布

$$\begin{aligned}\mathcal{P}_p(n_a,n_b)&=N_{m,n}^{-1}\langle n_a,n_b|\,a^{\dagger m}b^{\dagger n}\rho_s a^m b^n\,|n_a,n_b\rangle\\&=\frac{A}{N_{m,n}}\langle n_a,n_b|:a^{\dagger m}b^{\dagger n}\exp\left[g(Q_a^2+P_a^2+Q_b^2+P_b^2)\right.\\&\quad\left.+h(P_aP_b-Q_aQ_b)\right]a^m b^n:\,|n_a,n_b\rangle\\&=\frac{A}{N_{m,n}n_a!n_b!}\frac{\mathrm{d}^{2n_a}}{\mathrm{d}\alpha^{n_a}\mathrm{d}\alpha'^{*n_a}}\frac{\mathrm{d}^{2n_b}}{\mathrm{d}\beta^{n_b}\mathrm{d}\beta'^{*n_b}}\langle\alpha',\beta'|:a^{\dagger m}b^{\dagger n}\\&\quad\times\exp[2g(a^\dagger a+b^\dagger b)-h(ab+a^\dagger b^\dagger)]a^m b^n:\,|\alpha,\beta\rangle|_{\alpha=\beta=\alpha'=\beta'=0}\\&=\frac{A}{N_{m,n}n_a!n_b!}\frac{\mathrm{d}^{2n_a}}{\mathrm{d}\alpha^{n_a}\mathrm{d}\alpha'^{*n_a}}\frac{\mathrm{d}^{2n_b}}{\mathrm{d}\beta^{n_b}\mathrm{d}\beta'^{*n_b}}\alpha^m\beta^n\alpha'^{*m}\beta'^{*n}\\&\quad\times\exp[(2g+1)(\alpha\alpha'^*+\beta\beta'^*)-h(\alpha\beta+\alpha'^*\beta'^*)]|_{\alpha=\beta=\alpha'=\beta'=0}\\&=\frac{A}{N_{m,n}}\sum_{l=0}^{n_a-m}\frac{n_a!n_b!h^{2l}(2g+1)^{n_b+n_a-m-n-2l}}{(l!)^2(n_a-m-l)!(n_b-n-l)!}.\end{aligned}\tag{7-80}$$

比较式 (7-80) 和标准的雅可比多项式表达式

$$P_n^{(\alpha,\beta)}(x)=\left(\frac{x-1}{2}\right)^n\sum_{s=0}^{n}\binom{n+\alpha}{s}\binom{n+\beta}{n-s}\left(\frac{x+1}{x-1}\right)^s,\tag{7-81}$$

我们有

$$\begin{aligned}\mathcal{P}_p(n_a,n_b)=&\frac{n_a!n_b!AF^m}{N_{m,n}(n_a-m)!(n_b-n)!}\\&\times\left(\frac{2}{E-F}\right)^{(3m+n-n_b-n_a)/2}P_{n_a-m}^{(n_b-n_a+m-n,0)}\left(\frac{E}{F}\right),\end{aligned}\tag{7-82}$$

式中

$$\begin{aligned}E&=h^2+(2g+1)^2=\frac{(2\overline{n}+1)^2\sinh^2 2r+4\overline{n}^2(\overline{n}+1)^2}{4[\overline{n}^2+(2\overline{n}+1)\cosh^2 r]^2},\\F&=h^2-(2g+1)^2=\frac{(2\overline{n}+1)^2\sinh^2 2r-4\overline{n}^2(\overline{n}+1)^2}{4[\overline{n}^2+(2\overline{n}+1)\cosh^2 r]^2}.\end{aligned}\tag{7-83}$$

在讨论光子数振荡行为之前, 我们给出式 (7-82) 包含的几个特殊情况. 当 $m=n=0$ 时, 式 (7-82) 变成

$$\mathcal{P}_{p;m=n=0}(n_a,n_b)=A\left(\frac{E-F}{2}\right)^{(n_b+n_a)/2}P_{n_a}^{(n_b-n_a,0)}\left(\frac{E}{F}\right),\tag{7-84}$$

此式表示双模压缩热态的光子数分布. 对于 $\overline{n}\to 0$, 那么式 (7-82) 退化成多光子增加双模压缩真空态的光子数分布

$$\mathcal{P}_{p;\overline{n}=0}(n_a,n_b)=\frac{n_a!(n_a+n-m)!\tanh^{2(n_a-m)}r}{N_{m,n;\overline{n}=0}\cosh^2 r[(n_a-m)!]^2}.\tag{7-85}$$

当 $r=0$ 时, $E=-F=\frac{\overline{n}^2}{(\overline{n}+1)^2}$, 这样我们有多光子增加双模热态的光子数分布, 即

$$\mathcal{P}_{p;r=0}(n_a,n_b)=\frac{(-)^{n_a}n_b!}{n!(n_b-n)!}\frac{\overline{n}^{(n-n_b)}}{(\overline{n}+1)^{n_a+n_b+2}}. \tag{7-86}$$

根据式 (7-82), 图 7-8 给出了在 $m,n,\overline{n}$ 和 r 取不同值时, 双模福克空间 (n_a,n_b) 中多光子增加双模压缩热态的光子数分布 $\mathcal{P}_p(n_a,n_b)$. 从图 7-8(a)~(d) 清晰地看出, 随着 m(或 n) 的增加, 光子数分布的所有峰值都会从零光子位置向非零光子位置移动, 这是因为等式 $i^\dagger|n_i\rangle=\sqrt{n_i+1}|n_i+1\rangle$ 中光子增加操作引起的权重系数 $\sqrt{n_i+1}$ 会随着初始光子数 n_i 的增大而增大; 然而峰值会减小, 在这个场中找到较小的 (n_a,n_b) 的概率会逐渐变为零. 比较图 7-8(a) 和 (e) 可见, 当 n_a 和 n_b 同时增加时, 热光子数 $\overline{n}$ 越大, 光子数分布的振荡行为越显著, 但是所有的峰值会明显减小. 这个结论看起来是合情合理的, 因为当 $\overline{n}$(或 T) 增大时, 就会有更多的光子出现在光子数较大的福克态上. 当 r 增大且当 n_a 和 n_b 不同步增大时, 光子数分布的振荡行为会沿着对角线同时朝 (n_a,n_b) 增大的方向移动. 这个特征来源于双模的压缩操作, 因为多光子增加单模压缩热态的光子数分布的振荡行为仅仅沿着 n_a(或 n_b) 方向出现 [31]. 总之, 振荡峰值的大小和位置不仅仅依赖于光子增加数 m 和 n, 而且还取决于压缩参数 r 和热场的温度 T.

7.6.4 *Q*-函数

所谓的 Q-函数在整个相空间中具有良好的特征, 即在任何一点都是正定的. 对于双模的混合态 ρ_p, Q-函数被定为相干态 $|\alpha,\beta\rangle$ 中 ρ_p 的期望值. 这样, 把式 (7-61) 中 ρ_p 的正规乘积代入 Q-函数的定义式, 并经过简单计算得到多光子增加双模压缩热态的 Q-函数表达式, 即

$$Q_p(\alpha,\beta)=N_{m,n}^{-1}|\alpha|^{2m}|\beta|^{2n}Q_s(\alpha,\beta), \tag{7-87}$$

式中 $Q_s(\alpha,\beta)$ 为双模压缩热态的高斯型 Q-函数

$$Q_s(\alpha,\beta)=\frac{A}{\pi^2}\exp\left[2g(|\alpha|^2+|\beta|^2)-h(\alpha\beta+\alpha^*\beta^*)\right]. \tag{7-88}$$

显然, 由于存在 $|\alpha|^{2m}|\beta|^{2n}$, $Q_p(\alpha,\beta)$ 丢失了它的高斯特性. 特殊地, 当 $m=n=0$ 时, 如期得到 $Q_p(\alpha,\beta)=Q_s(\alpha,\beta)$; 对于 $\overline{n}\to 0$, 式 (7-88) 退化为多光子增加双模压缩真空态的 Q-函数, 即

$$Q_{p;\overline{n}=0}(\alpha,\beta)=\frac{|\alpha|^{2m}|\beta|^{2n}}{\pi^2 N_{m,n;\overline{n}=0}\cosh^2 r}\exp[-(|\alpha|^2+|\beta|^2)-(\alpha\beta+\alpha^*\beta^*)\tanh r]. \tag{7-89}$$

此外, 当 $r=0$ 时, 式 (7-88) 变成多光子增加双模热态的 Q-函数, 即

$$Q_{p;r=0}(\alpha,\beta)=\frac{|\alpha|^{2m}|\beta|^{2n}}{\pi^2 m!n!(\overline{n}+1)^{m+n+2}}\exp\left(-\frac{|\alpha|^2+|\beta|^2}{\overline{n}+1}\right). \tag{7-90}$$

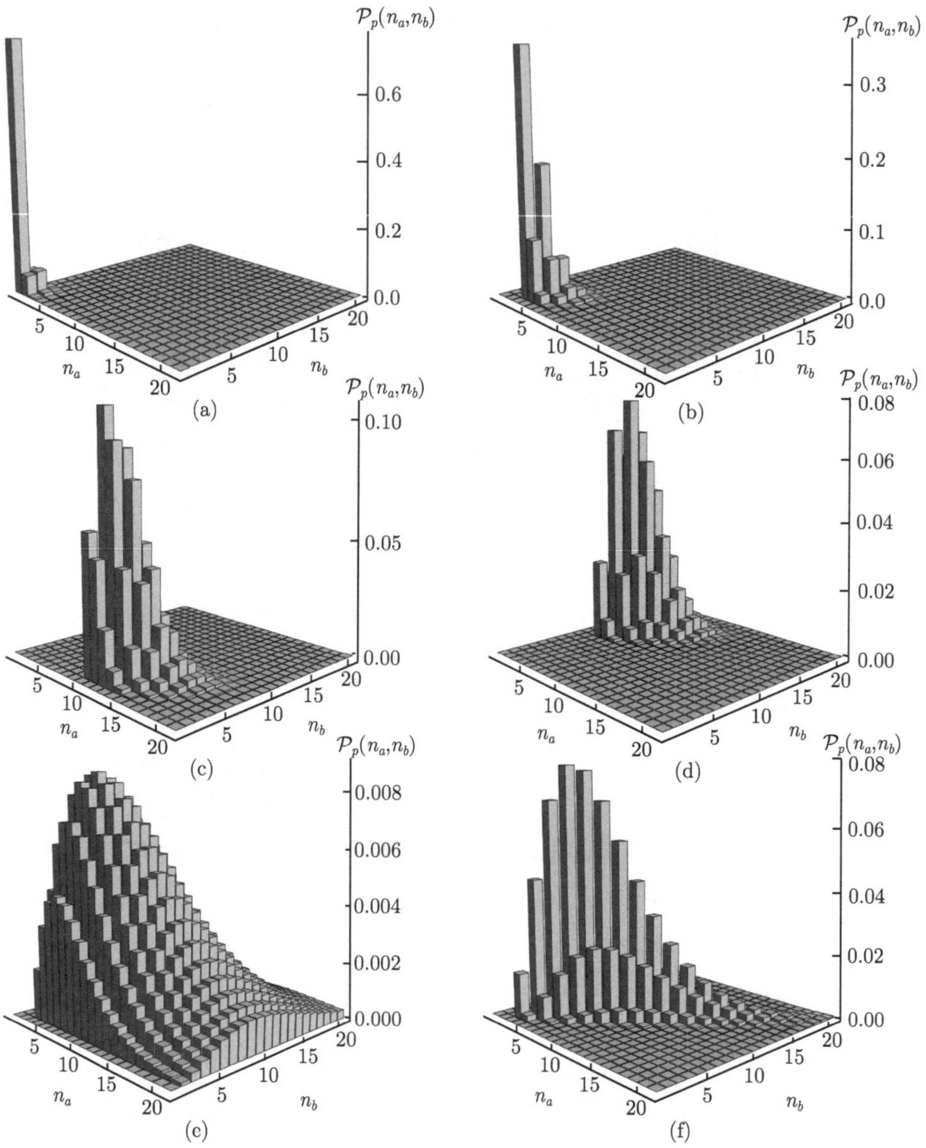

图 7-8　在福克空间 (n_a, n_b) 中多光子增加双模压缩热态的光子数分布 $\mathcal{P}_p(n_a, n_b)$

(a) $m = 0$, $n = 0$, $r = 0.3$, $\overline{n} = 0.1$; (b) $m = 2$, $n = 1$, $r = 0.3$, $\overline{n} = 0.1$; (c) $m = 9$, $n = 1$, $r = 0.3$, $\overline{n} = 0.1$; (d) $m = 2$, $n = 9$, $r = 0.3$, $\overline{n} = 0.1$; (e) $m = 2$, $n = 1$, $r = 0.3$, $\overline{n} = 2$; (f) $m = 2$, $n = 1$, $r = 0.9$, $\overline{n} = 0.1$

7.6.5　维格纳函数

考虑到式 (7-61) 中 ρ_s 的正规乘积形式, 故利用相干态表象下的双模维格纳算

符 $\Delta(\alpha,\alpha^*;\beta,\beta^*)$ 去得到多光子增加双模压缩热态的维格纳函数. 在相干态表象中, 双模维格纳算符 $\Delta(\alpha,\alpha^*;\beta,\beta^*)$ 表示为

$$\begin{aligned}&\Delta(\alpha,\alpha^*;\beta,\beta^*)\\&=\exp(2|\alpha|^2+2|\beta|^2)\int\frac{\mathrm{d}^2\alpha'\mathrm{d}^2\beta'}{\pi^4}|\alpha',\beta'\rangle\langle-\alpha',-\beta'|\\&\quad\times\exp[2(\alpha\alpha'^*-\alpha^*\alpha'+\beta\beta'^*-\beta^*\beta')].\end{aligned}\tag{7-91}$$

这样, 根据式 (7-61) 和式 (7-91), 可得到多光子增加双模压缩热态的维格纳函数

$$\begin{aligned}W_p(\alpha,\beta)=&\mathrm{Tr}[\rho_p\Delta(\alpha,\alpha^*;\beta,\beta^*)]\\=&\frac{A}{N_{m,n}}\exp(2|\alpha|^2+2|\beta|^2)\\&\times\int\frac{\mathrm{d}^2\alpha'\mathrm{d}^2\beta'}{\pi^4}\exp[2(\alpha\alpha'^*-\alpha^*\alpha'+\beta\beta'^*-\beta^*\beta')]\langle-\alpha',-\beta'|:a^{\dagger m}b^{\dagger n}\\&\times\exp\left[g(Q_a^2+P_a^2+Q_b^2+P_b^2)+h(P_aP_b-Q_aQ_b)\right]a^mb^n:|\alpha',\beta'\rangle\\=&\frac{(-1)^{m+n}A}{N_{m,n}}\exp(2|\alpha|^2+2|\beta|^2)\int\frac{\mathrm{d}^2\alpha'\mathrm{d}^2\beta'}{\pi^4}|\alpha'|^{2m}|\beta'|^{2n}\\&\times\exp\Big[-2(g+1)(|\alpha'|^2+|\beta'|^2)-h(\alpha'\beta'+\alpha'^*\beta'^*)\\&+2(\alpha\alpha'^*-\alpha^*\alpha'+\beta\beta'^*-\beta^*\beta')\Big].\end{aligned}\tag{7-92}$$

利用数学积分公式 (3-32) 和熟知的双变量埃尔米特多项式的产生函数 (2-54), 可得到

$$\begin{aligned}W_p(\alpha,\beta)=&\frac{AG^{n-m}}{\pi^2N_{m,n}K^{n+1}}\exp\left[-A_1(|\alpha|^2+|\beta|^2)+A_2(\alpha\beta+\alpha^*\beta^*)\right]\\&\times\frac{\partial^{2m}}{\partial t^m\partial t'^m}H_{n,n}\left[A_4\alpha+A_5\beta^*+A_6t,\ A_4\alpha^*+A_5\beta+A_6t'\right]\\&\times\exp\left[-\frac{G^2}{K}tt'+(A_7\beta+A_8\alpha^*)t+(A_7\beta^*+A_8\alpha)t'\right]\Big|_{t=t'=0},\end{aligned}\tag{7-93}$$

式中参数分别为

$$\begin{aligned}G&=2(g+1)=\frac{(2\overline{n}+1)(\overline{n}+\cosh^2r)}{\overline{n}^2+(2\overline{n}+1)\cosh^2r},\\K&=4(g+1)^2-h^2=\frac{(2\overline{n}+1)^2}{\overline{n}^2+(2\overline{n}+1)\cosh^2r}\end{aligned}\tag{7-94}$$

和

$$A_1=\frac{4G}{K}-2,\quad A_2=-\frac{4h}{K},\quad A_3=\frac{2}{(2\bar{\mathrm{n}}+1)T},$$

$$\begin{aligned}&A_4=\frac{2h}{\sqrt{KG}},\quad A_5=\frac{2\sqrt{G}}{\sqrt{K}},\quad A_6=\frac{-h}{\sqrt{K}},\\&A_7=\frac{2\sqrt{G}h}{K},\quad A_8=\frac{2G\sqrt{G}}{K}.\end{aligned}\tag{7-95}$$

进一步, 利用式 (2-54), 我们有

$$\begin{aligned}W_p(\alpha,\beta)=&\frac{AG^{n-m}}{\pi^2N_{m,n}K^{n+1}}\exp\left[-A_1(|\alpha|^2+|\beta|^2)+A_2(\alpha\beta+\alpha^*\beta^*)\right]\\&\times\frac{\partial^{2m}}{\partial t^m\partial t'^m}\frac{\partial^{2n}}{\partial s^n\partial s'^n}\exp\left[-ss'+A_6(st+s't')\right.\\&\left.+(A_4\alpha+A_5\beta^*)s+(A_4\alpha^*+A_5\beta)s'\right]\\&\times\exp\left[-\frac{G^2}{K}tt'+(A_7\beta+A_8\alpha^*)t+(A_7\beta^*+A_8\alpha)t'\right]\Bigg|_{s=s'=t=t'=0}.\end{aligned}\tag{7-96}$$

考虑到计算 $W_p(\alpha,\beta)$ 的方便, 首先令

$$f_1=A_4\alpha+A_5\beta^*,\quad f_2=A_7\beta+A_8\alpha^*,\tag{7-97}$$

然后再计算下面的微分式

$$\begin{aligned}&\frac{\partial^{2m}}{\partial t^m\partial t'^m}\frac{\partial^{2n}}{\partial s^n\partial s'^n}\exp\left[A_6(st+s't')-ss'\right.\\&\left.-\frac{G^2}{K}tt'+f_1s+f_1^*s'+f_2t+f_2^*t'\right]\Bigg|_{s=s'=t=t'=0}\\=&\sum_{p,q=0}\frac{1}{p!q!}A_6^{p+q}\frac{\partial^{2m}}{\partial t^m\partial t'^m}\frac{\partial^{2n}}{\partial s^n\partial s'^n}s^ps'^qt^pt'^q\\&\times\exp\left[-ss'-\frac{G^2}{K}tt'+f_1s+f_1^*s'+f_2t+f_2^*t'\right]\Bigg|_{s=s'=t=t'=0}\\=&\sum_{p,q=0}\frac{1}{p!q!}A_6^{p+q}\frac{\partial^{p+q}}{\partial f_1^p\partial f_1^{*q}}\frac{\partial^{p+q}}{\partial f_2^p\partial f_2^{*q}}\frac{\partial^{2m}}{\partial t^m\partial t'^m}\frac{\partial^{2n}}{\partial s^n\partial s'^n}\\&\times\exp\left[-ss'-\frac{G^2}{K}tt'+f_1s+f_1^*s'+f_2t+f_2^*t'\right]\Bigg|_{s=s'=t=t'=0}\\=&\sum_{p,q=0}\frac{1}{p!q!}A_6^{p+q}\frac{G^{2m}}{K^m}\frac{\partial^{p+q}}{\partial f_1^p\partial f_1^{*q}}\frac{\partial^{p+q}}{\partial f_2^p\partial f_2^{*q}}\\&\times H_{m,m}\left(\frac{\sqrt{K}}{G}f_2,\frac{\sqrt{K}}{G}f_2^*\right)H_{n,n}\left(f_1,f_1^*\right)\end{aligned}$$

$$
\begin{aligned}
&=\frac{G^{2m}}{K^m}\sum_{p,q=0}\binom{m}{p}\binom{m}{q}\binom{n}{p}\binom{n}{q}p!q!\\
&\quad\times\left(-\frac{h}{G}\right)^{p+q}H_{n-p,n-q}(f_1,f_1^*)H_{m-p,m-q}\left(\frac{\sqrt{K}}{G}f_2,\frac{\sqrt{K}}{G}f_2^*\right).
\end{aligned}\tag{7-98}
$$

在上面的计算中使用了 $H_{p,q}(x,y)$ 的微分关系式

$$
\begin{aligned}
&\frac{\partial}{\partial x}H_{p,q}(x,y)=pH_{p-1,q}(x,y),\\
&\frac{\partial}{\partial y}H_{p,q}(x,y)=qH_{p,q-1}(x,y).
\end{aligned}\tag{7-99}
$$

这样, 结合式 (7-96) 和式 (7-98), 我们能得到多光子增加双模压缩热态的维格纳函数

$$
W_p(\alpha,\beta)=C_{m,n}(\alpha,\beta)W_s(\alpha,\beta),\tag{7-100}
$$

式中 $W_s(\alpha,\beta)$ 为双模压缩热态的维格纳函数

$$
W_s(\alpha,\beta)=\frac{A}{\pi^2K}\exp[-A_1(|\alpha|^2+|\beta|^2)+A_2(\alpha\beta+\alpha^*\beta^*)],\tag{7-101}
$$

而 $C_{m,n}(\alpha,\beta)$ 来源于多光子增加操作,

$$
\begin{aligned}
&C_{m,n}(\alpha,\beta)\\
&=N_{m,n}^{-1}\left(\frac{G}{K}\right)^{m+n}\sum_{p,q=0}^{\min(m,n)}\binom{m}{p}\binom{m}{q}\binom{n}{p}\binom{n}{q}\\
&\quad\times p!q!\left(-\frac{h}{G}\right)^{p+q}H_{m-p,m-q}\left[A_4\beta+A_5\alpha^*,A_4\beta^*+A_5\alpha\right]\\
&\quad\times H_{n-p,n-q}\left[A_4\alpha+A_5\beta^*,A_4\alpha^*+A_5\beta\right].
\end{aligned}\tag{7-102}
$$

式 (7-100) 为多光子增加双模压缩热态的维格纳函数的解析表达式, 它是与双变量的埃尔米特多项式有关的.

特殊地, 当 $m=n=0$ 时, $W_{0,0}(\alpha,\beta)=1$, 式 (7-100) 退化成双模压缩热态的维格纳函数 $W_s(\alpha,\beta)$; 而当 $m=0$ 和 $n\neq 0$ 时, 式 (7-100) 变成

$$
\begin{aligned}
W_{p,m=0}(\alpha,\beta)=&\frac{A}{\pi^2n!K}\exp\left[-A_1(|\alpha|^2+|\beta|^2)+A_2(\alpha\beta+\alpha^*\beta^*)\right]\\
&\times\left(\frac{G}{BK}\right)^n H_{m,m}\left(A_4\beta+A_5\alpha^*,A_4\beta^*+A_5\alpha\right).
\end{aligned}\tag{7-103}
$$

另一方面, 对于 $\overline{n}\to 0$ 的情况, 式 (7-101) 和式 (7-102) 分别退化为

$$
W_{s;\overline{n}=0}(\alpha,\beta)=\frac{1}{\pi^2}\exp\left[(2-\zeta^2)(|\alpha|^2+|\beta|^2)-\xi\zeta(\alpha\beta+\alpha^*\beta^*)\right]\tag{7-104}
$$

和

$$\begin{aligned}
&C_{m,n;\overline{n}=0}(\alpha,\beta)\\
&=\frac{\zeta^{2(m+n)}}{2^{2(m+n)}N_{m,n;\overline{n}=0}}\sum_{p,q=0}^{\min(m,n)}\binom{m}{p}\binom{m}{q}\binom{n}{p}\binom{n}{q}\\
&\times p!q!\left(-\frac{\xi}{\zeta}\right)^{p+q}H_{m-p,m-q}\left(\xi\beta+\zeta\alpha^{*},\xi\beta^{*}+\zeta\alpha\right)\\
&\times H_{n-p,n-q}\left(\xi\alpha+\zeta\beta^{*},\xi\alpha^{*}+\zeta\beta\right),
\end{aligned}\tag{7-105}$$

式中 $\xi=2\sinh r$ 和 $\zeta=2\cosh r$. 这样 $C_{m,n;\overline{n}=0}(\alpha,\beta)W_{s;\overline{n}=0}(\alpha,\beta)$ 为多光子增加双模压缩真空态维格纳函数的解析表达式; 而对于 $r=0$,

$$W_{s;r=0}(\alpha,\beta)=\frac{1}{\pi^2(2\overline{n}+1)^2}\exp\left[-\frac{2(|\alpha|^2+|\beta|^2)}{2\overline{n}+1}\right],\tag{7-106}$$

它对应着双模热场的维格纳函数, 则式 (7-100) 变成多光子增加双模热态的维格纳函数

$$\begin{aligned}
W_{p;r=0}(\alpha,\beta)=&\frac{1}{\pi^2 m!n!(2\overline{n}+1)^{m+n+2}}H_{m,m}(\chi\alpha^{*},\chi\alpha)\\
&\times H_{n,n}(\chi\beta^{*},\chi\beta)\exp\left[-\frac{2}{2\overline{n}+1}(|\alpha|^2+|\beta|^2)\right],
\end{aligned}\tag{7-107}$$

式中我们取 $\chi=2\sqrt{\overline{n}+1}/\sqrt{2\overline{n}+1}$.

根据式 (8-34), 图 7-9 给出了在参数 $m,n,\overline{n}$ 和 r 取不同值时多光子增加双模压缩热态的维格纳函数. 从图 7-9(a) 和 (e) 易见, 正交压缩总是清晰可见的. 对于任何的 $m,n,\overline{n}$ 和 r 值, 非高斯的维格纳函数 $W_p(\alpha,\beta)$ 总是存在负值区域, 这正是此态具有非经典性的证据之一. 图 7-9(a)~(d) 表明, 对于给定的 $\overline{n},r$ 和几个不同的 m,n, 一些关于维格纳函数分布的有趣特征归纳如下: ① 随着偶 (奇) 数 m 的增加, 总是存在两 (三) 个主峰和 $m-2$ $(m-3)$ 个次峰. 这种相邻两主峰之间的多峰结构表明量子干涉效应的存在, 而且量子干涉的频率会随着 m 的增加而增大, 这个规律来源于双模的压缩操作, 因为它完全不同于多光子增加单模压缩热态的双峰

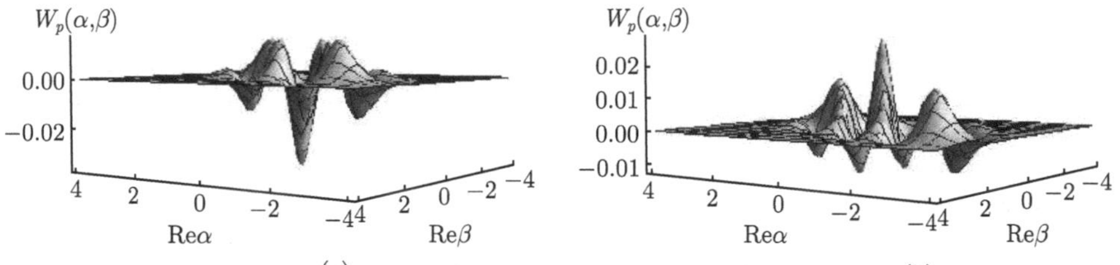

(a) (b)

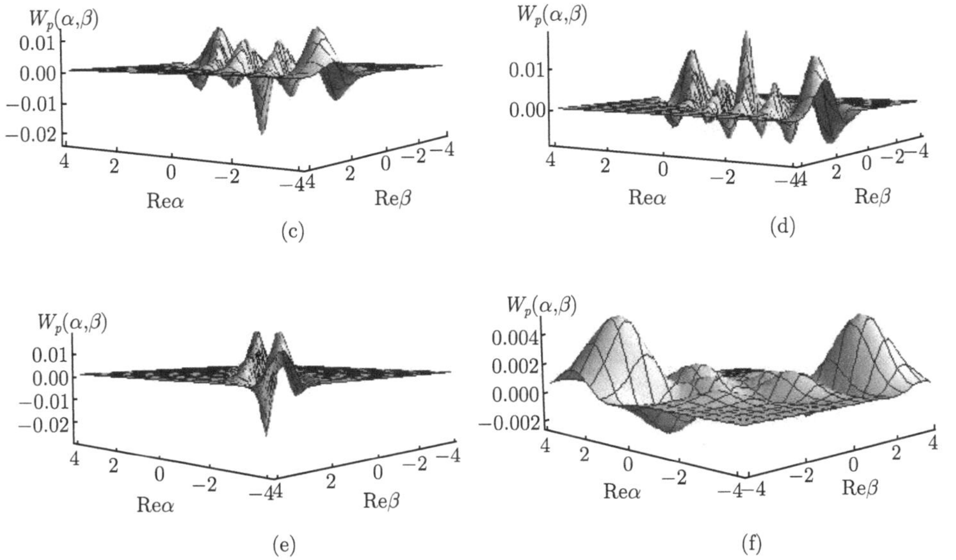

图 7-9 在参数 $m, n, r, \overline{n}$ 取不同值时, 多光子增加双模压缩热态的维格纳函数 $W_p(\alpha, \beta)$

(a) $m = 2$, $n = 1$, $r = 0.3$, $\overline{n} = 0.1$; (b) $m = 3$, $n = 1$, $r = 0.3$, $\overline{n} = 0.1$; (c) $m = 4$, $n = 1$, $r = 0.3$, $\overline{n} = 0.1$; (d) $m = 5$, $n = 1$, $r = 0.3$, $\overline{n} = 0.1$; (e) $m = 2$, $n = 1$, $r = 0.8$, $\overline{n} = 0.1$; (f) $m = 2$, $n = 1$, $r = 0.3$, $\overline{n} = 0.5$

结构 [31]. ② 随着增加光子数 m 的变化, 维格纳函数的负值区域不会单调的改变. 由于 $W_s(\alpha, \beta)$ 总是正定的, 因此这个事实完全来源于多光子增加操作导致的因子 $C_{m,n}(\alpha, \beta)$. ③ 对于增加光子数 n 的情况, 会得到相似的结论. 此外, 随着 $\overline{n}$(或 T) 增大, 维格纳函数的负值区域会逐渐减小, 量子干涉结构会被明显破坏, 这都表明多光子增加双模压缩热态的非经典性质发生退化 (图 7-9(a) 和 (f)).

7.7 热环境中多光子增加双模压缩热态的退相干

现在, 我们通过研究热通道中多光子增加双模压缩热态的维格纳函数的演化来讨论热噪声对相应量子态非经典性质的影响. 把式 (7-30) 中描述单通道热库的量子主方程推广到双通道情况, 这样, 当任何初始的双模量子态输入热通道中时, 其密度算符的演化遵从如下主方程 [28]

$$\frac{\mathrm{d}\rho(t)}{\mathrm{d}t} = \sum_{i=a,b} \kappa(\bar{\mathrm{n}}+1)[2i\rho(t)i^\dagger - i^\dagger i\rho(t) - \rho(t)i^\dagger i] + \kappa\bar{\mathrm{n}}[2i^\dagger\rho(t)i - ii^\dagger\rho(t) - \rho(t)ii^\dagger]. \tag{7-108}$$

为了方便起见, 假设两模具有相同的耗散系数 κ 和平均热光子数 $\bar{\mathrm{n}}$. 特殊地, 当

$\bar{n}\to 0$ 且 κ 保持有限, 式 (7-108) 变成描述振幅耗散双通道的量子主方程

$$\frac{d\rho(t)}{dt}=\sum_{i=a,b}\kappa(\bar{n}+1)[2i\rho(t)i^{\dagger}-i^{\dagger}i\rho(t)-\rho(t)i^{\dagger}i]. \tag{7-109}$$

这也就是说, 可以把振幅耗散通道看作是热库的零温情况. 利用有序算符内积分法和热场纠缠态表象 [40], 类似于求解描述激光通道的量子主方程 (5-11), 可以得到描述双通道热库量子主方程 (7-108) 的解析解及其密度算符 $\rho(t)$ 的无限维算符和表示

$$\rho(t)=\sum_{m,n,r,s=0}^{\infty}M_{m,n,r,s}\rho_0 M_{m,n,r,s}^{\dagger}, \tag{7-110}$$

式中 ρ_0 指的是初始态的密度算符, 而 $M_{m,n,r,s}$ 为克劳斯算符

$$M_{m,n,r,s}=\frac{1}{\bar{n}\mathcal{T}+1}\sqrt{\frac{T_1^{r+s+m+n}}{m!n!r!s!}\left(\frac{\bar{n}+1}{\bar{n}}\right)^{m+n}}a^{\dagger r}b^{\dagger s}e^{(a^{\dagger}a+b^{\dagger}b)\ln T_2}a^m b^n, \tag{7-111}$$

式中参数

$$T_1=\frac{\bar{n}\mathcal{T}}{\bar{n}\mathcal{T}+1},\quad T_2=\frac{e^{-\kappa t}}{\bar{n}\mathcal{T}+1}. \tag{7-112}$$

式 (7-111) 清晰地表明演化过程中耗散效应存在, 因为在 $M_{m,n,r,s}$ 中存在因子 $\mathcal{T}=1-e^{-2\kappa t}$. 这样, 热场纠缠态表象为我们提供了探查耗散过程特性的一个新途径. 显然, 若把式 (7-110) 代入维格纳函数公式, 即

$$W_p(\alpha,\beta,t)=\mathrm{Tr}[\rho(t)\Delta(\alpha,\alpha^*;\beta,\beta^*)],$$

很容易得到初始态 ρ_0 的维格纳函数在热库中退相干演化. 本小节, 采用另外一种方法, 即利用已有的热库中双模量子态的维格纳函数 $W(\alpha,\beta,t)$ 与初始时刻维格纳函数 $W(\alpha,\beta,0)$ 满足的积分公式 [31]

$$\begin{aligned}W(\alpha,\beta,t)=&\frac{4}{(2\bar{n}+1)^2\mathcal{T}^2}\int\frac{d^2\alpha' d^2\beta'}{\pi^2}W(\alpha',\beta',0)\\&\times\exp\left[-\frac{2}{(2\bar{n}+1)\mathcal{T}}\left(\left|\alpha-\alpha' e^{-\kappa t}\right|^2+\left|\beta-\beta' e^{-\kappa t}\right|^2\right)\right]\end{aligned} \tag{7-113}$$

来探讨热环境对多光子增加双模压缩热态的影响. 把式 (7-98) 代入式 (7-113), 得到

$$\begin{aligned}W(\alpha,\beta,t)=&\frac{AA_3^2G^{n-m}}{\pi^2 N_{m,n}K^{n+1}}\frac{\partial^{2m}}{\partial t^m\partial t'^m}\frac{\partial^{2n}}{\partial s^n\partial s'^n}\int\frac{d^2\alpha' d^2\beta'}{\pi^2}\\&\times\exp\left[-A_1(|\alpha'|^2+|\beta'|^2)+A_2(\alpha'\beta'+\alpha'^*\beta'^*)\right]\end{aligned}$$

$$\times \exp\left[-ss' + \left(A_4\alpha' + A_5\beta'^* + A_6 t\right)s + \left(A_4\alpha'^* + A_5\beta' + A_6 t'\right)s'\right]$$
$$\times \exp\left[-A_3\left(\left|\alpha - \alpha' \mathrm{e}^{-\kappa t}\right|^2 + \left|\beta - \beta' \mathrm{e}^{-\kappa t}\right|^2\right)\right]$$
$$\times \exp\left[-\frac{G^2}{K}tt' + \left(A_7\beta' + A_8\alpha'^*\right)t + \left(A_7\beta'^* + A_8\alpha'\right)t'\right]\Bigg|_{t=t'=s=s'=0} . \quad (7\text{-}114)$$

进一步, 利用数学积分公式 (1-29), 我们有

$$\begin{aligned}W(\alpha,\beta,t) = & \frac{A_3^2}{(A_1 + A_3\mathrm{e}^{-2\kappa t})^2 - A_2^2} \\ & \times \exp\left\{\left[\frac{(A_1 + A_3\mathrm{e}^{-2\kappa t})A_3^2\mathrm{e}^{-2\kappa t}}{(A_1 + A_3\mathrm{e}^{-2\kappa t})^2 - A_2^2} - A_3\right]\left(|\alpha|^2 + |\beta|^2\right)\right. \\ & \left. + \frac{A_2A_3^2\mathrm{e}^{-2\kappa t}}{(A_1 + A_3\mathrm{e}^{-2\kappa t})^2 - A_2^2}(\alpha\beta + \alpha^*\beta^*)\right\} \\ & \times \frac{AG^{n-m}}{\pi^2 N_{m,n}K^{n+1}}\frac{\partial^{2m}}{\partial t^m\partial t'^m}\frac{\partial^{2n}}{\partial s^n\partial s'^n} \\ & \exp\left[-h_1tt' - h_2ss' + h_3(st + s't') + h_4t\right. \\ & \left. + h_4^*t' + h_5s + h_5^*s'\right]\big|_{s=s'=t=t'=0} ,\end{aligned} \quad (7\text{-}115)$$

式中参数分别为

$$\begin{aligned}A_9 &= A_1 + A_3\mathrm{e}^{-2\kappa t} = \frac{2(2G-K)(2\bar{n}+1)\mathcal{T} + 2K\mathrm{e}^{-2\kappa t}}{K(2\bar{n}+1)\mathcal{T}}, \\ A_{10} &= A_5 + \frac{A_2A_4}{A_9} = \frac{2\sqrt{K}}{\sqrt{G}}\frac{(2-G)(2\bar{n}+1)\mathcal{T} + G\mathrm{e}^{-2\kappa t}}{(2G-K)(2\bar{n}+1)\mathcal{T} + K\mathrm{e}^{-2\kappa t}}, \\ A_{11} &= A_7 + \frac{A_2A_8}{A_9} = \frac{2h\sqrt{G}[\mathrm{e}^{-2\kappa t} - (2\bar{n}+1)\mathcal{T}]}{(2G-K)(2\bar{n}+1)\mathcal{T} + K\mathrm{e}^{-2\kappa t}}\end{aligned} \quad (7\text{-}116)$$

和

$$\begin{aligned}h_1 &= \frac{G^2}{K} - \frac{A_8^2}{A_9} - \frac{A_9A_{11}^2}{A_9^2 - A_2^2}, \\ h_2 &= 1 - \frac{A_4^2}{A_9} - \frac{A_9A_{10}^2}{A_9^2 - A_2^2}, \\ h_3 &= A_6 + \frac{A_4A_8}{A_9} + \frac{A_9A_{10}A_{11}}{A_9^2 - A_2^2}, \\ h_4 &= \left[\frac{A_3A_8}{A_9} + \frac{A_2A_3A_{11}}{A_9^2 - A_2^2}\right]\mathrm{e}^{-\kappa t}\alpha^* + \frac{A_3A_9A_{11}}{A_9^2 - A_2^2}\mathrm{e}^{-\kappa t}\beta, \\ h_5 &= \left[\frac{A_3A_4}{A_9} + \frac{A_2A_3A_{10}}{A_9^2 - A_2^2}\right]\mathrm{e}^{-\kappa t}\alpha + \frac{A_3A_9A_{10}}{A_9^2 - A_2^2}\mathrm{e}^{-\kappa t}\beta^*.\end{aligned} \quad (7\text{-}117)$$

这样, 利用类似于得到式 (7-100) 的方法, 我们最终得到热环境中多光子增加双模压缩热态的维格纳函数的解析表达式

$$W_p(\alpha,\beta,t)=C_{m,n}(\alpha,\beta,t)W_s(\alpha,\beta,t), \tag{7-118}$$

式中 $W_s(\alpha,\beta,t)$ 为热通道中双模压缩热态的维格纳函数的演化表达式

$$\begin{aligned}W_s(\alpha,\beta,t)=&\frac{AA_3^2}{\pi^2K[(A_1+A_3\mathrm{e}^{-2\kappa t})^2-A_2^2]}\\&\times\exp\left\{\left[\frac{(A_1+A_3\mathrm{e}^{-2\kappa t})A_3^2\mathrm{e}^{-2\kappa t}}{(A_1+A_3\mathrm{e}^{-2\kappa t})^2-A_2^2}-A_3\right](|\alpha|^2+|\beta|^2)\right.\\&\left.+\frac{A_2A_3^2\mathrm{e}^{-2\kappa t}}{(A_1+A_3\mathrm{e}^{-2\kappa t})^2-A_2^2}(\alpha\beta+\alpha^*\beta^*)\right\}\end{aligned} \tag{7-119}$$

和

$$\begin{aligned}C_{m,n}(\alpha,\beta,t)=&\frac{G^{n-m}}{N_{m,n}K^n}h_1^mh_2^n\sum_{p,q=0}^{\min(m,n)}\binom{m}{p}\binom{m}{q}\\&\times\binom{n}{p}\binom{n}{q}p!q!\left(\frac{h_3}{\sqrt{h_1h_2}}\right)^{p+q}\\&\times H_{m-p,m-q}\left(\frac{h_4}{\sqrt{h_1}},\frac{h_4^*}{\sqrt{h_1}}\right)H_{n-p,n-q}\left(\frac{h_5}{\sqrt{h_2}},\frac{h_5^*}{\sqrt{h_2}}\right).\end{aligned} \tag{7-120}$$

特殊地, 在 $\kappa\bar{\mathrm{n}}\to 0$ 情况下, $W_p(\alpha,\beta,t)$ 为振幅耗散通道中多光子增加双模压缩热态的维格纳函数的演化公式, 其解析演化表达式可通过在式 (7-118) 中作如下代换来得到

$$\begin{aligned}&A_3\to\frac{2}{\mathcal{T}},\qquad A_9\to\frac{2(2G-K)\mathcal{T}+2K\mathrm{e}^{-2\kappa t}}{K\mathcal{T}},\\&A_{10}\to\frac{2\sqrt{K}[(2-G)\mathcal{T}+G\mathrm{e}^{-2\kappa t}]}{\sqrt{G}(2G-K)\mathcal{T}+\sqrt{G}K\mathrm{e}^{-2\kappa t}},\\&A_{11}\to\frac{2h\sqrt{G}(\mathrm{e}^{-2\kappa t}-\mathcal{T})}{(2G-K)\mathcal{T}+K\mathrm{e}^{-2\kappa t}}.\end{aligned} \tag{7-121}$$

另一方面, 清楚地看到, 在初始时刻 $\kappa t=0$, 由于 $\mathcal{T}=0$, 则

$$\begin{aligned}&h_1=\frac{G^2}{K},\qquad h_2=1,\qquad h_3=A_6,\\&h_4=A_8\alpha^*+A_7\beta,\qquad h_5=A_4\alpha+A_5\beta^*,\end{aligned} \tag{7-122}$$

式 (7-118) 退化成 (7-100) 中多光子增加双模压缩热态的维格纳函数. 对于极限情况 $\kappa t\to\infty$, 注意到

$$\mathcal{T}\to 1,\qquad h_1\to\frac{G^2}{K}-\frac{A_8^2}{A_1}-\frac{(A_1A_7+A_2A_8)^2}{(A_1^2-A_2^2)A_1},$$

$$\begin{aligned}
&h_2 \to 1 - \frac{A_4^2}{A_1} - \frac{(A_1A_5 + A_2A_4)^2}{(A_1^2 - A_2^2)A_1}, \\
&h_3 \to A_6 + \frac{A_4A_8}{A_1} + \frac{(A_1A_7 + A_2A_8)(A_1A_5 + A_2A_4)}{(A_1^2 - A_2^2)A_1}, \\
&h_4 \to 0, \qquad h_5 \to 0,
\end{aligned} \tag{7-123}$$

并利用雅可比多项式的最新表达式 (7-66) 和恒等式

$$H_{m,n}(0,0) = (-1)^m m!\delta_{m,n}, \tag{7-124}$$

这样, 式 (7-118) 变成

$$W_p(\alpha,\beta,\infty) = \frac{1}{\pi^2(2\bar{n}+1)^2}\exp\left[-\frac{2}{(2\bar{n}+1)}(|\alpha|^2 + |\beta|^2)\right], \tag{7-125}$$

上式为具有相同平均热光子数的双模热场的维格纳函数, 此函数是与初始态的增加光子数 m,n 以及压缩参数 r 毫不相干的. 上述结果表明, 经过与热环境的长时间作用, 热噪声使得多光子增加双模压缩热态的维格纳函数的部分负性和非高斯性全部丢失, 最终转化为具有正定性和高斯性的热态维格纳函数. 也就是说, 多光子增加双模压缩热态在热环境中最终失去了纠缠和压缩特性并退化成高度经典的热场.

根据式 (7-118), 在图 7-10 中我们给出了在给定 $n,\bar{n}$ 和 r 的情况下且在 $m,\bar{n}$ 和 κt 取不同值时多光子增加双模压缩热态的维格纳函数. 易见, 经历较短的时间 κt 或者对于较小的 $\bar{n}$, 维格纳函数总是展现出来源于双模压缩操作的复杂量子干涉结构, 这对于多光子增加单模压缩热态是不存在的 [31], 而且在相空间中总是存在一些负值区域. 随着参数 κt 或 $\bar{n}$ 增加, 维格纳函数的部分负值区域和量子干涉结构会逐渐消失 (图 7-10(a)~(c)) , 这恰恰是退相干效应导致的非经典性质的丢失. 经过足够长的时间 $\kappa t \to \infty$, 维格纳函数的部分负性和干涉结构全部消失, 而且在相空间中心位置, 维格纳函数演化成一个类似于山丘的波包形状, 这恰恰对应于 $W_p(\alpha,\beta,\infty)$ 的高斯分布. 此外, 比较图 7-10(a) 和图 7-10(d) 可见, 随着增加 m 和 n 的值, 完成全部的退相干过程所需时间 κt 会变长.

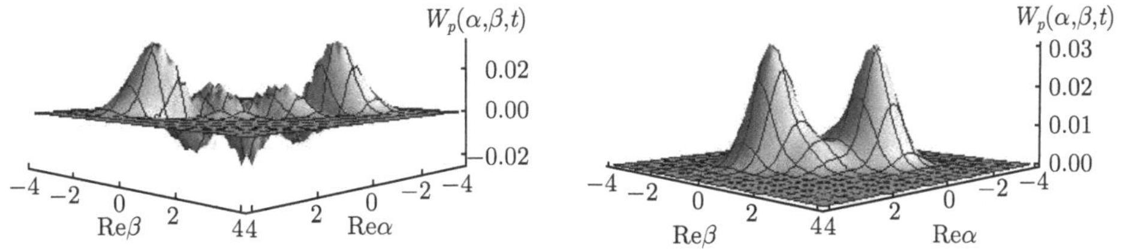

(a) (b)

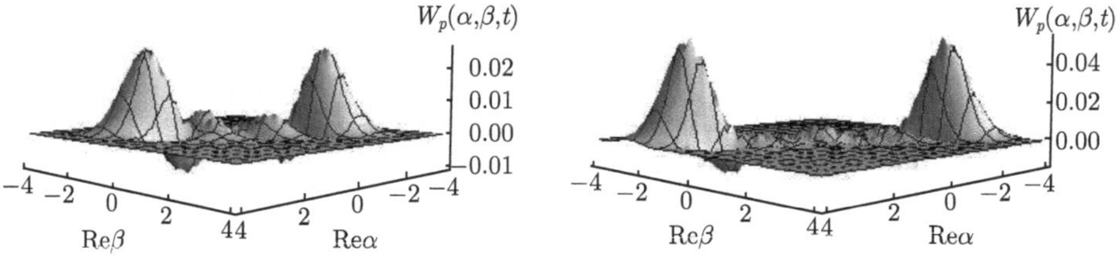

(c)　　(d)

图 7-10　在给定 $n=1, \overline{n}=0.1$, $r=0.3$ 的情况下, 对于参数 $m, \bar{\text{n}}, \kappa t$ 的不同取值, 热通道中多光子增加双模压缩热态的维格纳函数

(a) $m=2$, $\bar{\text{n}}=0.1$, $\kappa t=0.01$; (b) $m=2$, $\bar{\text{n}}=0.1$, $\kappa t=0.6$; (c) $m=2$, $\bar{\text{n}}=3$, $\kappa t=0.01$; (d) $m=5$, $\bar{\text{n}}=0.1$, $\kappa t=0.01$

7.8　多光子增加双模压缩热态和双模压缩热态之间的保真度

目前, 关于量子态非高斯性的测量在理论和实验上已提出了多种方案 [41, 42], 这是因为非高斯性的测定能从一定意义上量化量子态的非高斯特征. 在这里, 光子增加操作能把高斯分布的双模压缩热态转化为非高斯分布的多光子增加双模压缩热态, 而且能直接影响到两态之间的测量距离. 因此, 密度算符 ρ_p 和 ρ_s 之间的保真度被看作是量化多光子增加双模压缩热态非高斯特征的可被测量物理量. 利用未归一化的密度算符 ρ_p 和 ρ_s, 引进保真度的定义式 [43]

$$F=\frac{\operatorname{Tr}(\rho_s\rho_p)}{\sqrt{\operatorname{Tr}(\rho_s^2)\operatorname{Tr}(\rho_p^2)}}, \tag{7-126}$$

式中

$$\operatorname{Tr}(\rho_s^2)=\operatorname{Tr}(\rho_t^2)=\frac{1}{(2\overline{n}+1)^2} \tag{7-127}$$

和

$$\operatorname{Tr}(\rho_p^2)=N_{m,n}^2, \tag{7-128}$$

而 $\operatorname{Tr}(\rho_s\rho_p)$ 能通过计算维格纳函数 $W_s(\alpha,\beta)$ 和 $W_p(\alpha,\beta)$ 的内积来得到. 把式 (7-101) 和式 (7-102) 代入如下积分公式

$$\operatorname{Tr}(\rho_s\rho_p)=16\pi^2\int \mathrm{d}^2\alpha\mathrm{d}^2\beta W_s(\alpha,\beta)W_p(\alpha,\beta), \tag{7-129}$$

并利用积分公式 (1-29), 我们有

$$\begin{aligned}\operatorname{Tr}(\rho_s\rho_p)=&\frac{16A^2G^{n-m}}{N_{m,n}K^{n+2}}\int\frac{\mathrm{d}^2\alpha\mathrm{d}^2\beta}{\pi^2}\\&\times\exp\left[-2A_1(|\alpha|^2+|\beta|^2)+2A_2(\alpha\beta+\alpha^*\beta^*)\right]\end{aligned}$$

$$
\begin{aligned}
&\times \frac{\partial^{2m}}{\partial^m t \partial^m t'} \{H_{n,n}[A_4\alpha + A_5\beta^* + A_6 t, A_4\alpha^* + A_5\beta + A_6 t'] \\
&\times \exp[-\frac{G^2}{K}tt' + \ (A_7\beta + A_8\alpha^*)\, t + (A_7\beta^* + A_8\alpha)\, t']\}|_{t=t'=0} \\
=& \frac{4A^2G^{n-m}}{N_{m,n}K^{n+2}} \frac{1}{(A_1^2 - A_2^2)} \frac{\partial^{2m}}{\partial t^m \partial t'^m} \frac{\partial^{2n}}{\partial s^n \partial s'^n} \\
&\exp[g_1 ss' + g_2 tt' + \ g_3(st + s't')]|_{s=s'=t=t'=0}\,,
\end{aligned}
\tag{7-130}
$$

式中参数 g_1, g_2, g_3 分别为

$$
\begin{aligned}
g_1 &= -1 + \frac{A_4^2}{2A_1} + \frac{(A_1A_5 + A_2A_4)^2}{2A_1(A_1^2 - A_2^2)}, \\
g_2 &= -\frac{G^2}{K} + \frac{A_8^2}{2A_1} + \frac{(A_1A_7 + A_2A_8)^2}{2A_1(A_1^2 - A_2^2)}, \\
g_3 &= A_6 + \frac{A_4A_8}{2A_1} + \frac{(A_1A_5 + A_2A_4)(A_1A_7 + A_2A_8)}{2A_1(A_1^2 - A_2^2)}.
\end{aligned}
\tag{7-131}
$$

进一步, 利用恒等式 (7-124), 可得到

$$
\begin{aligned}
\mathrm{Tr}(\rho_s\rho_p) =& \frac{4(m!n!)^2}{N_{m,n}} \frac{A^2G^{n-m}g_1^n g_2^m}{K^{n+2}(A_1^2 - A_2^2)} \\
&\times \sum_{l=0}^{m} \frac{1}{(l!)^2(n-l)!(m-l)!} \left(\frac{g_3^2}{g_1g_2}\right)^l .
\end{aligned}
\tag{7-132}
$$

通过比较式 (7-66) 和式 (7-132), 最终得到

$$
\mathrm{Tr}(\rho_s\rho_p) = \frac{m!n!}{2^{m-2}} \frac{A^2(Gg_1)^{n-m}}{(A_1^2 - A_2^2)K^{n+2}} (g_3^2 - g_1g_2)^m P_m^{(n-m,0)} \left(\frac{g_3^2 + g_1g_2}{g_3^2 - g_1g_2}\right). \tag{7-133}
$$

这样, 多光子增加双模压缩热态和双模压缩热态之间的保真度可表示为

$$
F = \frac{m!n!(2\overline{n}+1)^2}{N_{m,n}2^{m-2}} \frac{A^2(Gg_1)^{n-m}}{(A_1^2 - A_2^2)K^{n+2}} (g_3^2 - g_1g_2)^m P_m^{(n-m,0)} \left(\frac{g_3^2 + g_1g_2}{g_3^2 - g_1g_2}\right), \tag{7-134}
$$

特殊地, 当 $m = n = 0$ 时, 即没有增加光子, 这时 $F = 1$；而当 $m = 0$ 且 $n \neq 0$ 时, 式 (7-134) 变成

$$
F_{m=0} = \frac{4n!(2\overline{n}+1)}{n!B^n} \frac{A^2(Gg_1)^n}{(A_1^2 - A_2^2)K^{n+2}}. \tag{7-135}
$$

在图 7-11 中, 我们画出了在 m, n 和 $\overline{n}$ 取不同值时, 多光子增加双模压缩热态和双模压缩热态之间的保真度. 从图中可见, 随着参数 m, n 和 $\overline{n}$ 的增大, 保真度总是在单调的减小；然而, 对于给定的 m, n 和 $\overline{n}$, 保真度会随着 r 的增大而逐渐增大. 从这个意义上说, 多光子增加双模压缩热态的非高斯性会随着 m, n 和 $\overline{n}$ 的增大而

减弱, 但会随着 r 的增大而增强. 这些结论不会受到双模压缩操作的影响, 类似于多光子增加单模压缩热态的情况 [31].

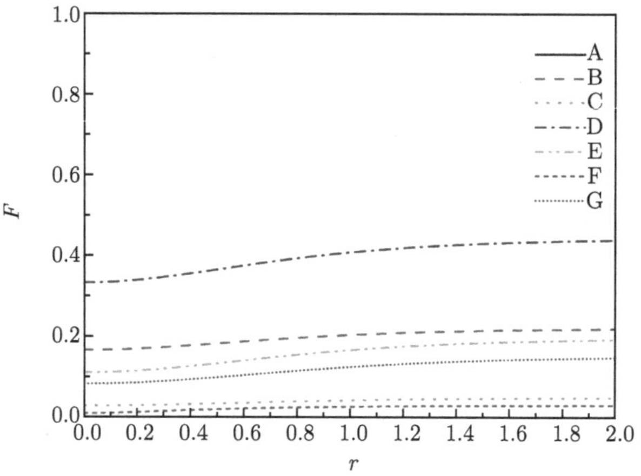

图 7-11 对于 m, n 和 $\bar{n}$ 的不同取值, 多光子增加双模压缩热态和双模压缩热态之间的保真度随压缩参量 r 的变化规律

图中曲线 A, B, C, D, E, F, G 的 $(m, n, \bar{n})$ 取值分别为 (0, 0, 1), (1, 0, 1), (2, 0, 1), (0, 1, 1), (0, 2, 1), (2, 1, 1) 和 (0, 1, 0.1)

参 考 文 献

[1] Takahashi H, Neergaard-Nielsenl J S, Takeuchil M, Takeokal M, Hayasakal K, Furusawa A, Sasakil M. Entanglement distillation from Gaussian input states[J]. Nature Photonics, 2010, 4(3): 178-181.

[2] Zhang Y Q, Xu J B. Entanglement swapping with non-Gaussian resources[J]. Journal of Modern Optics, 2011, 58(7): 593-598.

[3] Braunstein S L, Kimble H J. Teleportation of continuous quantum variables[J]. Physical Review Letters, 1998, 80(4): 869-872.

[4] Cerf N J, Krüer O, Navez P, Werner R F, Wolf M M. Non-Gaussian cloning of quantum coherent states is optimal[J]. Physical Review Letters, 2005, 95(7): 070501.

[5] van Loock P, Munro W J, Nemoto K, Spiller T P, Ladd T D, Braunstein S L, Milburn G J. Hybrid quantum computation in quantum optics[J]. Physical Review A, 2008, 78(2): 022303.

[6] Opatrný T, Kurizki G, Welsch D G. Improvement on teleportation of continuous variables by photon subtraction via conditional measurement[J]. Physical Review A, 2000, 61(3): 032302.

[7] Kim M S, Park E, Knight P L, Jeong H. Nonclassicality of a photon-subtracted Gaussian field[J]. Physical Review A, 2005, 71(4): 043805.

[8] Kitagawa A, Takeoka M, Sasaki M, Chefles A. Entanglement evaluation of non-Gaussian states generated by photon subtraction from squeezed states[J]. Physical Review A, 2006, 73(4): 042310.

[9] Olivares S, Paris M A G. Squeezed Fock state by inconclusive photon subtraction[J]. Journal of Optics B: Quantum and Semiclassical Optics, 2005, 7(12): S616-S621.

[10] Biswas A, Agarwal G S. Nonclassicality and decoherence of photon-subtracted squeezed states[J]. Physical Review A, 2007, 75(3): 032104.

[11] Korennoy Ya A, Man'ko V I. Optical tomography of photon-added coherent states, even and odd coherent states, and thermal states[J]. Physical Review A, 2011, 83(5): 053817.

[12] Li H R, Li F L, Zhu S Y. Inseparability of photon-added Gaussian states[J]. Physical Review A, 2007, 75(6): 062318.

[13] Wang X B, Kwek L C, Liu Y, Oh C H. Non-classical effects of two-mode photon-added displaced squeezed states[J]. Journal of Physics B: Atomic, Molecular and Optical Physics, 2001, 34(6): 1059-1078.

[14] Neergaard-Nielsen J S, Takeuchi M, Wakui K, Takahashi H, Hayasaka K, Takeoka M, Sasaki M. Photon subtraction from traveling fields-recent experimental demonstrations[J]. Progress in Informatics, 2011, 8: 5-18.

[15] Wakui K, Takahashi H, Furusawa A, Sasaki M. Photon subtracted squeezed states generated with periodically poled KTiOPO4[J]. Optics Express, 2007, 15(6): 3568-3574.

[16] Sivakumar S. Photon-added coherent states in parametric down-conversion[J]. Physical Review A, 2011, 83(3): 035802.

[17] Parigi V, Zavatta A, Bellini M. Manipulating thermal light states by the controlled addition and subtraction of single photons[J]. Laser Physics Letters, 2008, 5(3): 246-251.

[18] Hu L Y, Fan H Y. Statistical properties of photon-subtracted squeezed vacuum in thermal environment[J]. Journal of the Optical Society of America B, 2008, 25(25): 1955-1964.

[19] Dell'Anno F, De Siena F S, Albano L, Illuminati F. Continuous-variable quantum teleportation with non-Gaussian resources[J]. Physical Review A, 2007, 76(2): 022301.

[20] Meng X G, Wang Z, Fan H Y, Wang J S. Nonclassicality and decoherence of photon-subtracted squeezed vacuum states[J]. Journal of the Optical Society of America B, 2012, 29(11): 3141-3149.

[21] 范洪义. 量子力学表象与变换论：狄拉克符号法进展 [M]. 合肥：中国科学技术大学出版社, 1997.

[22] Magnus W, Oberhettinger F, Soni R P. Formulas and Theorems for the Special Functions of Mathematical Physics[M]. Berlin: Springer, 1966.

[23] Puri R R. Mathematical Methods of Quantum Optics[M]. Berlin: Springer-Verlag, 2001.
[24] Fan H Y, Meng X G, Wang J S. New form of Legendre polynomials obtained by virtue of excited squeezed state and IWOP technique in quantum optics[J]. Communications in Theoretical Physics, 2006, 46(11): 845-848.
[25] Schleich W, Wheeler J A. Oscillations in photon distribution of squeezed states and interference in phase space[J]. Nature, 1987, 326(6113): 574-577.
[26] Methta C L. Diagonal coherent-state representation of quantum operators[J]. Physical Review Letters, 1967, 18(18): 752-754.
[27] Fan H Y, Cheng H L. Two-parameter Radon transformation of the Wigner operator and its inverse[J]. Chinese Physics Letters, 2011, 18(7): 850-853.
[28] Gardiner C W, Zoller P. Quantum Noise[M]. Berlin: Springer, 2000.
[29] Fan H Y, Hu L Y. Operator-sum representation of density operators as solutions to master equations obtained via the entangled state approach[J]. Modern Physics Letters B, 2008, 22(25): 2435-2468.
[30] Meng X G, Wang Z, Fan H Y, Wang J S, Yang Z S. Nonclassical properties of photon-added two-mode squeezed thermal states and their decoherence in the thermal channel[J]. Journal of the Optical Society of America B, 2012, 29(7): 1844-1853.
[31] Hu L Y, Xu X X, Wang Z S, Xu X F. Photon-subtracted squeezed thermal state: Nonclassicality and decoherence[J]. Physical Review A, 2010, 82(4): 043842.
[32] Marian P, Marian T A, Scutaru H. Bures distance as a measure of entanglement for two-mode squeezed thermal states[J]. Physical Review A, 2003, 68(6): 062309.
[33] Fan H Y. Weyl-ordered polynomials studied by virtue of the IWWOP technique[J]. Modern Physics Letters A, 2000, 15(38-39): 2297-2303.
[34] Fan H Y. Newton-Leibniz integration for ket-bra operators in quantum mechanics (IV)-Integrations within Weyl ordered product of operators and their applications[J]. Annals of Physics, 2008, 323(2): 500-526.
[35] 路易塞尔 (W. H. Louisell). 辐射的量子统计性质 [M]. 北京：科学出版社, 1982.
[36] Meng X G, Wang J S, Liang B L. Two-mode excited squeezed vacuum state and its properties[J]. Communications in Theoretical Physics, 2008, 49(5): 1299-1304.
[37] Mandel L. Squeezed states and sub-Poissonian photon statistics[J]. Physical Review Letters, 1982, 49(49): 136-138.
[38] Agarwal G S, Tara K. Nonclassical character of states exhibiting no squeezing or sub-Poissonian statistics[J]. Physical Review A, 1992, 46(1): 485-488.
[39] Lee C T. Mang-photon antibunching in generalized pair coherent states[J]. Physical Review A, 1990, 41(3): 1569-1575.
[40] Fan H Y, Hu L Y. New approach for analyzing time evolution of density operator in a dissipative channel by the entangled state representation[J]. Optics Communications,

2008, 281(22): 5571-5573.

[41] Barbieri M, Spagnolo N, Genoni M G, Ferreyrol F, Blandino R, Paris M G A, Grangier P, Tualle-Brouri R. Non-Gaussianity of quantum states: An experimental test on single-photon added coherent states[J]. Physical Review A, 2010, 82(6): 063833.

[42] Genoni M G, Paris M G A, Banaszek K. Quantifying the non-Gaussian character of a quantum state by quantum relative entropy[J]. Physical Review A, 2008, 78(6): 060303.

[43] Wang X G, Yu C S, Yi X X. An alternative quantum fidelity for mixed states of qudits[J]. Physics Letters A, 2008, 373(1): 58-60.

第 8 章　新的奇偶非线性相干态及其性质

作为相干态概念的推广, de Matos Filho 等在 1996 年首先提出了非线性相干态的概念, 非线性相干态 (或称f-相干态) 可定义为 f-简谐振子湮灭算符 $af(n)$($f(n)$ 为粒子数算符 $n=a^\dagger a$ 的函数算符) 的本征态 [1,2], 即 $af(n)\left|\alpha,f\right\rangle=\alpha\left|\alpha,f\right\rangle$. 非线性相干态是非经典态, 具有压缩和 “自劈裂 ”等性质 [3−6]. 而且, 此类非线性相干态作为描述囚禁离子质心运动的稳态可在物理上实现 [1], 因此人们对非线性相干态给予了极大关注, 相继提出并探查了 “附加单、双光子 ”非线性相干态 [7]、双模非线性相干态 [8] 和非线性 SU(1,1) 相干态 [9]、奇偶非线性相干态 [10]、算符 $af(n)$ 的高次幂即 $(af(n))^k(k\geqslant 3)$ 的 k 个正交归一本征态 [11], 以及 “k-量子非线性相干态 ”[12, 13] 等.

本章构造出一种新的奇偶非线性相干态, 并解析和数值研究它们的压缩、振幅平方压缩、反聚束 [14] 和相位特性 [15], 以及一些准概率分布函数 (如 Q-函数、维格纳函数) [16].

8.1　新的奇偶非线性相干态

在构造新的奇偶非线性相干态之前, 我们先讨论产生和湮灭算符的逆算符问题. 对于这个问题, 福克和狄拉克都曾经仔细研究过. 表面上, 产生算符之逆应该为描述湮灭过程的算符, 而湮灭算符之逆应该为描述产生过程的算符. 但事实并非如此简单, 这是因为 $\left\langle 0\right|a^\dagger=0$, 故产生算符只有左逆 $\left(a^\dagger\right)^{-1}$, 即 $\left(a^\dagger\right)^{-1}a^\dagger=1$, 而 $a^\dagger\left(a^\dagger\right)^{-1}\neq 1$. 同理, 因为 $a\left|0\right\rangle=0$, 所以湮灭算符 a 只有右逆 $aa^{-1}=1$, 而 $a^{-1}a\neq 1$. 下面我们利用粒子数态的围道积分表达式研究逆算符问题. 考虑到湮灭算符 a 的本征方程 $a\left|z\right\rangle=z\left|z\right\rangle$, 自然有

$$a^{-1}\left|z\neq 0\right\rangle=z^{-1}\left|z\neq 0\right\rangle, \tag{8-1}$$

但对于 $z=0$ 时, 式 (8-1) 不成立. 为了解决这个问题, 可用柯西定理导出围道 C 包围 $z=0$ 的粒子数态 $\left|n\right\rangle$ 的围道积分表达式

$$\left|n\right\rangle=\frac{\sqrt{n!}}{2\pi\mathrm{i}}\oint\limits_C\mathrm{d}z\frac{\left\|z\right\rangle}{z^{n+1}}, \tag{8-2}$$

式中 $\|z\rangle = \mathrm{e}^{za^\dagger}|0\rangle$ 为未归一化的相干态. 这样, 在围道积分意义下, 我们有

$$a^{-1}\|z\rangle = z^{-1}\|z\rangle. \tag{8-3}$$

利用式 (8-2) 和 (8-3), 则 a^{-1} 对粒子数态 $|n\rangle$ 的作用结果为

$$\begin{aligned} a^{-1}|n\rangle &= \frac{\sqrt{n!}}{2\pi\mathrm{i}}\oint_C \mathrm{d}z \frac{1}{z^{n+2}}\mathrm{e}^{za^\dagger}|0\rangle \\ &= \frac{1}{\sqrt{n+1}}|n+1\rangle. \end{aligned} \tag{8-4}$$

由上式可见, 湮灭算符的逆算符 a^{-1} 具有产生算符 $a^\dagger$ 的作用. 利用粒子数态的完备性关系, 逆算符 a^{-1} 可表示为

$$a^{-1} = \sum_{n=0}^{\infty}\frac{1}{\sqrt{n+1}}|n+1\rangle\langle n|. \tag{8-5}$$

同样, 也可证明在围道 C 包围 $z=0$ 的围道积分意义下, 下式

$$\langle z\|\left(a^\dagger\right)^{-1} = \langle z\| z^{-1} \tag{8-6}$$

也成立, 故可导出

$$\left(a^\dagger\right)^{-1} = \sum_{n=0}^{\infty}\frac{1}{\sqrt{n+1}}|n\rangle\langle n+1|, \tag{8-7}$$

说明产生算符的逆算符 $\left(a^\dagger\right)^{-1}$ 具有湮灭算符 a 的作用.

根据式 (8-7) 中 $\left(a^\dagger\right)^{-1}$ 的湮灭算符作用, 定义双光子湮灭算符 $\left(a^\dagger\right)^{-1}a$ 的本征态 $|\lambda\rangle$ 满足的本征方程为 [17]

$$\left(a^\dagger\right)^{-1}a|\lambda\rangle = \lambda|\lambda\rangle, \tag{8-8}$$

式中 λ 为态 $|\lambda\rangle$ 的本征值, $\lambda = r\mathrm{e}^{\mathrm{i}\theta}$. 在粒子数态表象中, 态 $|\lambda\rangle$ 可表示为

$$|\lambda\rangle_+ = C_+\sum_{n=0}^{\infty}\frac{\sqrt{(2n)!}}{2^n n!}\lambda^n|2n\rangle, \tag{8-9}$$

$$|\lambda\rangle_- = C_-\sum_{n=0}^{\infty}\frac{2^n n!}{\sqrt{(2n+1)!}}\lambda^n|2n+1\rangle, \tag{8-10}$$

式中 C_+ 和 C_- 分别为态 $|\lambda\rangle_+$ 和 $|\lambda\rangle_-$ 的归一化系数, 即

$$|C_+|^2 = \sum_{n=0}^{\infty}\frac{(2n)!}{(2^n n!)^2}|\lambda|^{2n}, \tag{8-11}$$

$$|C_+|^2 = \sum_{n=0}^{\infty} \frac{(2^n n!)^2}{(2n+1)!} |\lambda|^{2n}. \tag{8-12}$$

由于态 $|\lambda\rangle_\pm$ 为双光子湮灭算符 $(a^\dagger)^{-1}a$ 的本征态, 且态 $|\lambda\rangle_\pm$ 的形式类似于通常的奇偶相干态 [18, 19], 故把态 $|\lambda\rangle_\pm$ 称为新的奇偶相干态. 基于此, 我们可定义新的奇偶非线性相干态为非线性算符 $(a^\dagger)^{-1}a\dfrac{1}{f(N)}$ 的本征值为 λ 的本征态 $|\lambda, f\rangle$, 即

$$(a^\dagger)^{-1} a \frac{1}{f(N)} |\lambda, f\rangle = \lambda |\lambda, f\rangle. \tag{8-13}$$

在粒子数态表象中, 新的奇偶非线性相干态 $|\lambda, f\rangle$ 可表示为

$$|\lambda, f\rangle = \sum_{n=0}^{\infty} C_n |n\rangle. \tag{8-14}$$

由式 (8-13) 和式 (8-14), 可得到展开系数的递推关系

$$C_n = \sqrt{\frac{n-1}{n}} f(n) \lambda C_{n-2}, \tag{8-15}$$

此递推关系也可写成

$$\begin{aligned} C_{2n} &= \sqrt{\frac{(2n-1)!!}{(2n)!!}} f(2n)!! \lambda^n C_0, \\ C_{2n+1} &= \sqrt{\frac{(2n)!!}{(2n+1)!!}} f(2n+1)!! \lambda^n C_1, \end{aligned} \tag{8-16}$$

式中 $f(0) = 1$, 常数 C_0 和 C_1 由态 $|\lambda, f\rangle$ 的归一化条件来决定. 这样, 新的偶非线性相干态可表示为

$$|\lambda, f\rangle_+ = C_0 \sum_{n=0}^{\infty} \frac{\sqrt{(2n)!}}{2^n n!} f(2n)!! \lambda^n |2n\rangle, \tag{8-17}$$

$$C_0 = \left(\sum_{n=0}^{\infty} \frac{(2n)!}{(2^n n!)^2} (f(2n)!!)^2 |\lambda|^{2n} \right)^{-1/2}. \tag{8-18}$$

对于态 $|\lambda, f\rangle_+$ 来说, λ 取值范围满足如下不等式

$$|\lambda|^2 \leqslant \lim_{n\to\infty} \frac{2(n+1)}{(2n+1)(f(2n+2))^2}. \tag{8-19}$$

同样, 新的奇非线性相干态表示为

$$|\lambda, f\rangle_- = C_1 \sum_{n=0}^{\infty} \frac{2^n n!}{\sqrt{(2n+1)!}} f(2n+1)!! \lambda^n |2n+1\rangle, \tag{8-20}$$

$$C_1 = \left(\sum_{n=0}^{\infty} \frac{(2^n n!)^2}{(2n+1)!} \left(f\left(2n+1\right)!! \right)^2 |\lambda|^{2n} \right)^{-1/2}, \tag{8-21}$$

其中 λ 的取值范围为

$$|\lambda|^2 \leqslant \lim_{n\to\infty} \frac{(2n+3)}{2(n+1)(f\left(2n+3\right))^2}. \tag{8-22}$$

显然, 若取 $f(n)=1$, 新的奇偶非线性相干态退化为通常的奇偶相干态 [10]. 研究发现, 新的奇偶非线性相干态的非经典特性取决于非线性函数 $f(n)$ 的具体形式. 这里, 我们采用描述囚禁粒子运动状态的非线性函数 $f(n)$[1]:

$$f(n) = L_n^1\left(\eta^2\right)\left[(n+1)\, L_n^0\left(\eta^2\right)\right]^{-1}, \tag{8-23}$$

式中 η 为 Lamb-Dicke 参数, $L_n^m(x)$ 为连带的拉盖尔多项式. 采用式 (8-23) 中的非线性函数 $f(n)$, 研究新的奇偶非线性相干态的非经典特性将是有实际物理意义的.

8.2 可测量的非经典特性

8.2.1 压缩

定义光场的两个正交复振幅分量, 即两个可测量算符为

$$X_1 = \frac{a+a^\dagger}{2}, \quad X_2 = \frac{a-a^\dagger}{2\mathrm{i}}. \tag{8-24}$$

由它们的厄米性可知, 两个可测量算符满足如下对易关系

$$[X_1, X_2] = \frac{\mathrm{i}}{2} \tag{8-25}$$

和不确定关系

$$(\Delta X_1)^2(\Delta X_2)^2 \geqslant \frac{1}{16}. \tag{8-26}$$

如果光场的某个正交分量满足

$$(\Delta X_j)^2 \leqslant \frac{1}{4}, \quad (j=1,2) \tag{8-27}$$

则称光场在 X_j 分量上存在压缩效应. 为了表征这种压缩的程度, 可定义其压缩度为

$$\begin{aligned} D_1(1) &= 2\left\langle a^\dagger a\right\rangle + \left\langle a^2 + a^{\dagger 2}\right\rangle - \left\langle a^\dagger + a\right\rangle^2, \\ D_2(1) &= 2\left\langle a^\dagger a\right\rangle - \left\langle a^2 + a^{\dagger 2}\right\rangle + \left\langle a^\dagger - a\right\rangle^2. \end{aligned} \tag{8-28}$$

如果 $D_j(1)$ $(j=1,2)$ 满足条件 $-1\leqslant D_j(1)<0$, 表示光场在 X_j 分量上存在压缩效应. $D_j(1)$ 的大小反映其被压缩的程度, 当 $D_j(1)=-1$ 时, 表示光场在 X_j 分量上 100% 被压缩.

由式 (8-17) 和式 (8-20), 可求得下列算符在新的奇偶非线性相干态中的期望值分别为

$$\langle a\rangle_{\pm}=\langle a^{\dagger}\rangle_{\pm}=0, \tag{8-29}$$

$$\langle a^{\dagger}a\rangle_{+}=|C_0|^2\sum_{n=0}^{\infty}\frac{(2n)!2n}{(2^n n!)^2\,(f\,(2n)!!)^2}\,|\lambda|^{2n}, \tag{8-30}$$

$$\langle a^{\dagger}a\rangle_{-}=|C_1|^2\sum_{n=0}^{\infty}\frac{(2^n n!)^2}{(2n)!\,(f\,(2n+1)!!)^2}\,|\lambda|^{2n}, \tag{8-31}$$

$$\langle a^2\rangle_{+}=|C_0|^2\sum_{n=0}^{\infty}\frac{(2n)!(2n+1)}{(2^n n!)^2\,f\,(2n)!!f\,(2n+2)!!}\,|\lambda|^{2n+1}, \tag{8-32}$$

$$\langle a^2\rangle_{-}=|C_1|^2\sum_{n=0}^{\infty}\frac{2\,(2^n n!)^2\,(n+1)}{(2n+1)!f\,(2n+1)!!f\,(2n+3)!!}\,|\lambda|^{2n+1}. \tag{8-33}$$

显然, $\langle a^{\dagger 2}\rangle_{\pm}$ 可由式 (8-32) 和式 (8-33) 取复共轭得到. 将式 (8-29)~(8-33) 代入式 (8-28), 并注意到式 (8-18) 和式 (8-21), 借助于数值计算, 在 Lamb-Dicke 参数 $\eta=0.8$ 和选取 λ 的复角等于零时, 可以分别得到新的奇偶非线性相干态的压缩度 $D_{1(2)}$ 随 $|\lambda|$ 的变化曲线如图 8-1 所示.

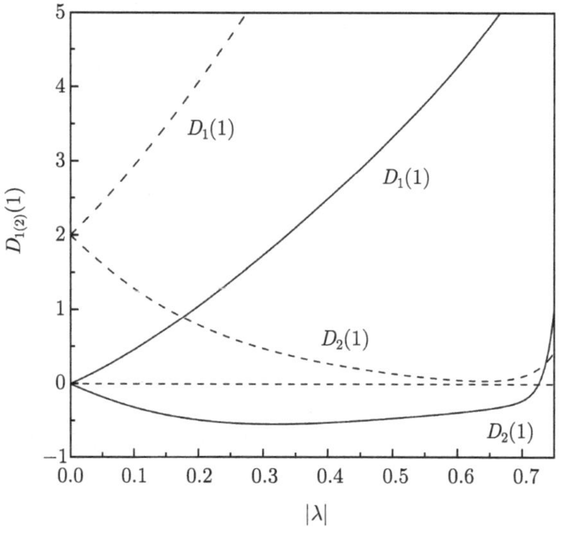

图 8-1　当 $\eta=0.8$ 时, 新的奇 (虚线) 和偶 (实线) 非线性相干态的压缩度 $D_{1(2)}(1)$ 随 $|\lambda|$ 的变化曲线

由图 8-1 可以看出, 对于 Lamb-Dicke 参数 η 的某一给定值, 在 $|\lambda|$ 的某些取值范围内, 只有新的偶非线性相干态在 X_2 分量上可呈现压缩效应. 例如, 当 $\eta=0.8$ 时, 新的偶非线性相干态的压缩度 $D_2(1)$ 在 $0<|\lambda|<0.7255$ 范围内总是负值, 且满足压缩条件 $-1\leqslant D_2(1)<0$. 因此, 新的偶非线性相干态仅在 X_2 分量上可呈现压缩效应. 随着参数 $|\lambda|$ 取值的增大, 压缩度 $D_2(1)$ 在压缩区域内先增加后减小. 而新的奇非线性相干态在参数 $|\lambda|$ 的整个取值范围内, 都不会呈现压缩效应.

8.2.2 振幅平方压缩

定义新的奇偶非线性相干态光场的两个正交复振幅平方分量, 即两个可测量算符

$$Y_1=\frac{a^2+a^{\dagger 2}}{2},\qquad Y_2=\frac{a^2-a^{\dagger 2}}{2\mathrm{i}}. \tag{8-34}$$

它们满足如下对易关系

$$[Y_1,Y_2]=\mathrm{i}(2N+1) \tag{8-35}$$

和不确定关系

$$(\Delta Y_1)^2(\Delta Y_2)^2\geqslant\left|\left\langle N+\frac{1}{2}\right\rangle\right|^2. \tag{8-36}$$

如果光场的某个正交分量满足 $(\Delta Y_j)^2<\left\langle N+\dfrac{1}{2}\right\rangle$ $(j=1,2)$, 则称该奇偶非线性相干态光场在 Y_j 分量上存在振幅平方压缩效应. 同样, 为了表征光场振幅平方压缩的程度, 可定义振幅平方压缩的压缩度为

$$\begin{aligned}D_1(2)&=\frac{2\left\langle a^{\dagger 2}a^2\right\rangle+\left\langle a^4+a^{\dagger 4}\right\rangle-\left\langle a^{\dagger 2}+a^2\right\rangle^2}{\left\langle a^2a^{\dagger 2}\right\rangle-\left\langle a^{\dagger 2}a^2\right\rangle},\\ D_2(2)&=\frac{2\left\langle a^{\dagger 2}a^2\right\rangle-\left\langle a^4+a^{\dagger 4}\right\rangle+\left\langle a^{\dagger 2}-a^2\right\rangle^2}{\left\langle a^2a^{\dagger 2}\right\rangle-\left\langle a^{\dagger 2}a^2\right\rangle}.\end{aligned} \tag{8-37}$$

式中 $-1\leqslant D_j(2)<0$ 表示光场在 Y_j 分量上存在振幅平方压缩效应. $D_j(2)$ 的大小反映其被压缩的程度, 当 $D_j(2)=-1$ 时, 表示光场在 Y_j 分量上 100% 被压缩.

由式 (8-17) 和式 (8-20), 经过计算可求得下面有关算符在新的奇偶非线性相干态中的期望值分别为

$$\left\langle a^{\dagger 2}a^2\right\rangle_+=|C_0|^2\sum_{n=0}^{\infty}\frac{(2n)!2n(2n-1)}{(2^nn!)^2\left(f\left(2n\right)!!\right)^2}|\lambda|^{2n}, \tag{8-38}$$

$$\left\langle a^{\dagger 2}a^2\right\rangle_-=|C_1|^2\sum_{n=0}^{\infty}\frac{(2^nn!)^2}{(2n-1)!\left(f\left(2n+1\right)!!\right)^2}|\lambda|^{2n}, \tag{8-39}$$

$$\left\langle a^2a^{\dagger 2}\right\rangle_+=|C_0|^2\sum_{n=0}^{\infty}\frac{(2n)!(2n+1)(2n+2)}{(2^nn!)^2\left(f\left(2n\right)!!\right)^2}|\lambda|^{2n}, \tag{8-40}$$

$$\left\langle a^2a^{\dagger 2}\right\rangle_- = |C_1|^2\sum_{n=0}^{\infty}\frac{(2^nn!)^2(2n+2)(2n+3)}{(2n+1)!\left(f(2n+1)!!\right)^2}|\lambda|^{2n}, \tag{8-41}$$

$$\left\langle a^4\right\rangle_+ = |C_0|^2\sum_{n=0}^{\infty}\frac{(2n)!(2n+1)(2n+3)}{(2^nn!)^2 f(2n)!!f(2n+4)!!}|\lambda|^{2n+2}, \tag{8-42}$$

$$\left\langle a^4\right\rangle_- = |C_1|^2\sum_{n=0}^{\infty}\frac{4(2^nn!)^2(n+1)(n+2)}{(2n+1)!f(2n+1)!!f(2n+5)!!}|\lambda|^{2n+2}. \tag{8-43}$$

同样, $\left\langle a^{\dagger 4}\right\rangle_\pm$ 可由式 (8-42) 和式 (8-43) 取复共轭得到. 将式 (8-32)、(8-33) 和 (8-38)~(8-43) 代入式 (8-37), 并注意到式 (8-18) 和式 (8-21), 在 Lamb-Dicke 参数 $\eta=0.8$ 和选取 λ 的复角等于零时, 可以分别得到新的奇偶非线性相干态的振幅平方压缩度 $D_{1(2)}(2)$ 随 $|\lambda|$ 的变化曲线如图 8-2 所示.

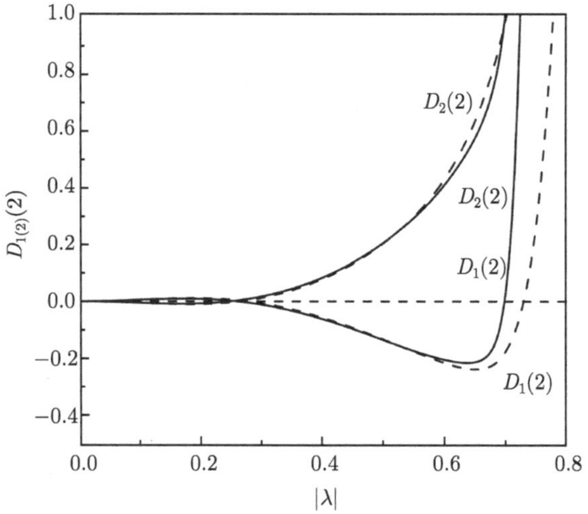

图 8-2 当 $\eta=0.8$ 时, 新的奇 (虚线) 和偶 (实线) 非线性相干态的振幅平方压缩度 $D_{1(2)}(2)$ 随 $|\lambda|$ 的变化曲线

由图 8-2 可以看出, 对于 Lamb-Dicke 参数 η 的某一给定值, 在 $|\lambda|$ 的某些不同取值范围内, 新的奇偶非线性相干态在 Y_1 和 Y_2 两个方向上均呈现振幅平方压缩效应. 例如, 当 $\eta=0.8$ 时, 新的偶非线性相干态分别在 $0.0385<|\lambda|<0.2605$(在 Y_2 分量) 和 $0.2635<|\lambda|<0.6985$(在 Y_1 分量) 范围内呈现振幅平方压缩效应, 新的奇非线性相干态分别在 $0.0395<|\lambda|<0.2435$(在 Y_2 分量) 和 $0.2805<|\lambda|<0.7295$(在 Y_1 分量) 范围内呈现振幅平方压缩效应. 同时, 还可看出, 新的奇偶非线性相干态的振幅平方压缩度 $D_{1(2)}(2)$ 随 $|\lambda|$ 的变化趋势是基本相同的, 即随着 $|\lambda|$ 取值的增大, 振幅平方压缩度在压缩区域内均是先增加后减小.

8.2.3 反聚束

利用式 (1-111) 中判断光场能否呈现反聚束效应的理论判据，分别给出式 (8-17) 和 (8-20) 所定义的奇偶非线性相干态的二阶相关函数

$$g_{+}^{(2)}(0)=\frac{\sum\limits_{n=0}^{\infty}\frac{(2n)!2n(2n-1)}{\left(2^{n}n!\right)^{2}\left(f\left(2n\right)!!\right)^{2}}\left|\lambda\right|^{2n}}{\left|C_{0}\right|^{2}\left[\sum\limits_{n=0}^{\infty}\frac{(2n)!2n}{\left(2^{n}n!\right)^{2}\left(f\left(2n\right)!!\right)^{2}}\left|\lambda\right|^{2n}\right]^{2}},\tag{8-44}$$

$$g_{-}^{(2)}(0)=\frac{\sum\limits_{n=0}^{\infty}\frac{\left(2^{n}n!\right)^{2}}{(2n-1)!\left(f\left(2n+1\right)!!\right)^{2}}\left|\lambda\right|^{2n}}{\left|C_{1}\right|^{2}\left[\sum\limits_{n=0}^{\infty}\frac{\left(2^{n}n!\right)^{2}}{(2n)!\left(f\left(2n+1\right)!!\right)^{2}}\left|\lambda\right|^{2n}\right]^{2}}.\tag{8-45}$$

利用式 (8-44) 和式 (8-45)，并注意到式 (8-18) 和式 (8-21)，由数值计算可以得到其二阶相关函数 $g_{+(-)}^{(2)}(0)$ 随参数 $|\lambda|$ 的变化曲线，如图 8-3 所示.

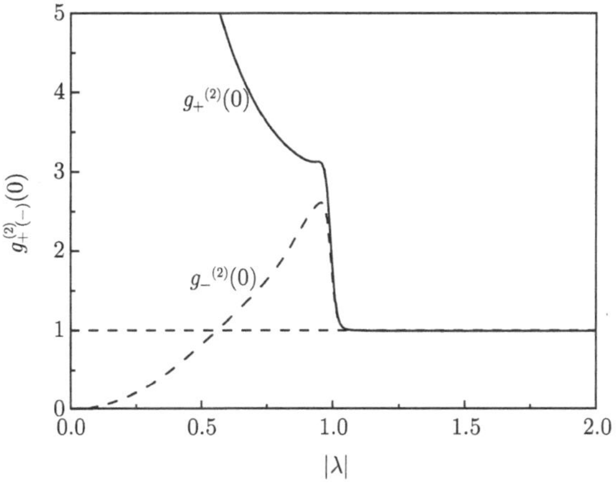

图 8-3 当 $\eta=0.8$ 时，新的奇 (虚线) 和偶 (实线) 非线性相干态的二阶相干度 $g_{+(-)}^{(2)}(0)$ 随 $|\lambda|$ 的变化曲线

由图 8-3 可以看出，对于 Lamb-Dicke 参数 η 的某一给定值，在 $|\lambda|$ 的某些取值范围内，只有新的奇非线性相干态可以呈现反聚束效应. 例如，当 $\eta=1.2$ 时，在 $0<|\lambda|<0.5635$ 范围内，新的奇非线性相干态的二阶相关函数满足 $g_{-}^{(2)}(0)<1$，即在此范围内，新的奇非线性相干态呈现反聚束效应. 而新的偶非线性相干态在参数 $|\lambda|$ 的整个取值范围内，都不存在反聚束效应.

8.3 相位特性

在量子光学中, 相位是一个极其重要的物理概念, 它与许多物理现象密切相关, 而且在理论和实验研究中有许多重要的应用. 尤其是在 Pegg 和 Barnett 引入了量子光场的相位态和厄米相位算符以后 [20, 21], 由于它们能够直接地描述相位这个概念和从本质上进一步研究量子光场的相位问题, 因此人们相继讨论了相干态、压缩态和非线性相干态等各种光场的相位特性. 下面运用 Pegg 和 Barnett 提出的相位态和厄米相位算符公式, 考察由式 (8-17) 和式 (8-20) 所定义的奇偶非线性相干态的相位概率分布和在粒子数算符、相位算符分量上的压缩特性.

8.3.1 相位概率分布

根据有限的 $(s+1)$ 维希尔伯特空间中 Pegg-Barnett 相位算符理论, 具有完备正交性的相位态 $|\theta_m\rangle$ 被定义为

$$|\theta_m\rangle = \frac{1}{\sqrt{s+1}}\sum_{n=0}^{s}\exp\left(\mathrm{i}n\theta_m\right)|n\rangle, \tag{8-46}$$

式中 θ_m 为

$$\theta_m = \theta_0 + \frac{2\pi m}{s+1},\quad m = 0, 1, \cdots, s, \tag{8-47}$$

这里 θ_0 取任意值. 在此空间中厄米相位算符 Φ_θ 被定义为

$$\Phi_\theta = \sum_{n=0}^{s}\theta_m|\theta_m\rangle\langle\theta_m|. \tag{8-48}$$

对于任何单模量子态 $|\phi\rangle$ 来说, 其相位算符 Φ_θ 的期望值为

$$\langle\phi|\Phi_\theta|\phi\rangle = \sum_{n=0}^{s}\theta_m|\langle\theta_m|\phi\rangle|^2, \tag{8-49}$$

其中 $|\langle\theta_m|\phi\rangle|^2$ 代表态 $|\phi\rangle$ 在相位态 $|\theta_m\rangle$ 中找到的概率. 利用式 (8-46), 可计算出

$$|\langle\theta_m|\phi\rangle|^2 = \frac{1}{s+1} + \frac{2}{s+1}\sum_{n>l}\sum_{l} b_n b_l\cos\left[(n-l)(\varphi-2\theta_m)\right]. \tag{8-50}$$

若令 θ_0 为

$$\theta_0 = \frac{\varphi}{2} - \frac{\pi s}{s+1}, \tag{8-51}$$

则我们有

$$|\langle\theta_m|\phi\rangle|^2 = \frac{1}{s+1} + \frac{2}{s+1}\sum_{n>l}\sum_{l}(b_\pm)_n(b_\pm)_l\cos\left[(n-l)\frac{4\pi\mu}{s+1}\right], \tag{8-52}$$

式中 $\mu = m - s/2$. 由于相位态的密度为 $(s+1)/2\pi$, 若令 $s \to \infty$, 式 (8-52) 变成连续的相位概率分布, 即

$$\begin{aligned} P(\theta) &= \lim_{s\to\infty} \frac{s+1}{2\pi} \left|\langle \theta_m | \phi\rangle\right|^2 \\ &= \frac{1}{2\pi}\left(1 + 2\sum_{n>l}\sum_{l} b_n b_l \cos\left[2(n-l)\theta\right]\right), \quad -\pi \leqslant \theta \leqslant \pi. \end{aligned} \tag{8-53}$$

利用式 (8-17), (8-20) 和 (8-53), 易得到新的奇偶非线性相干态的相位概率分布函数, 即

(1) 对于新的偶非线性相干态

$$P_+(\theta) = \frac{1}{2\pi}\left(1 + 2\sum_{n=1}^{\infty}\sum_{l=0}^{n-1} (b_+)_n (b_+)_l \cos\left[2(n-l)\theta\right]\right), \tag{8-54}$$

式中

$$(b_+)_n = C_0 \frac{\sqrt{(2n)!}}{2^n n!} \lambda^n f(2n)!!. \tag{8-55}$$

(2) 对于新的奇非线性相干态

$$P_-(\theta) = \frac{1}{2\pi}\left(1 + 2\sum_{n=1}^{\infty}\sum_{l=0}^{n-1} (b_-)_n (b_-)_l \cos\left[2(n-l)\theta\right]\right), \tag{8-56}$$

式中

$$(b_-)_n = C_1 \frac{2^n n!}{\sqrt{(2n+1)!}} \lambda^n f(2n+1)!!. \tag{8-57}$$

通过数值计算, 当 $|\lambda| = 0.5$ 且 $\eta = 0.6, 0.8, 1.2$ 时, 新的奇偶非线性相干态的相位概率分布随参数 θ 变化规律如图 8-4 所示. 对于新的偶非线性相干态, 当 η(如 $\eta = 0.6$) 取较小值时, 相位概率分布仅在 $\theta = 0$ 处出现一个主峰. 随着 η 的增加, 虽然主峰不会消失, 但其峰值和对应的次峰会有所不同. 当 $\eta = 0.8$ 时, 相位概率分布分别在 $\theta = \pm 1.335$ 和 $\theta = \pm 1.805$ 附近出现四个峰, 然而当 $\eta = 1.2$ 时, 四个峰就已经消失. 当 η 取更大值时, 多峰结构逐渐形成. 由上可见, 对于不同的参数 η, 新的偶非线

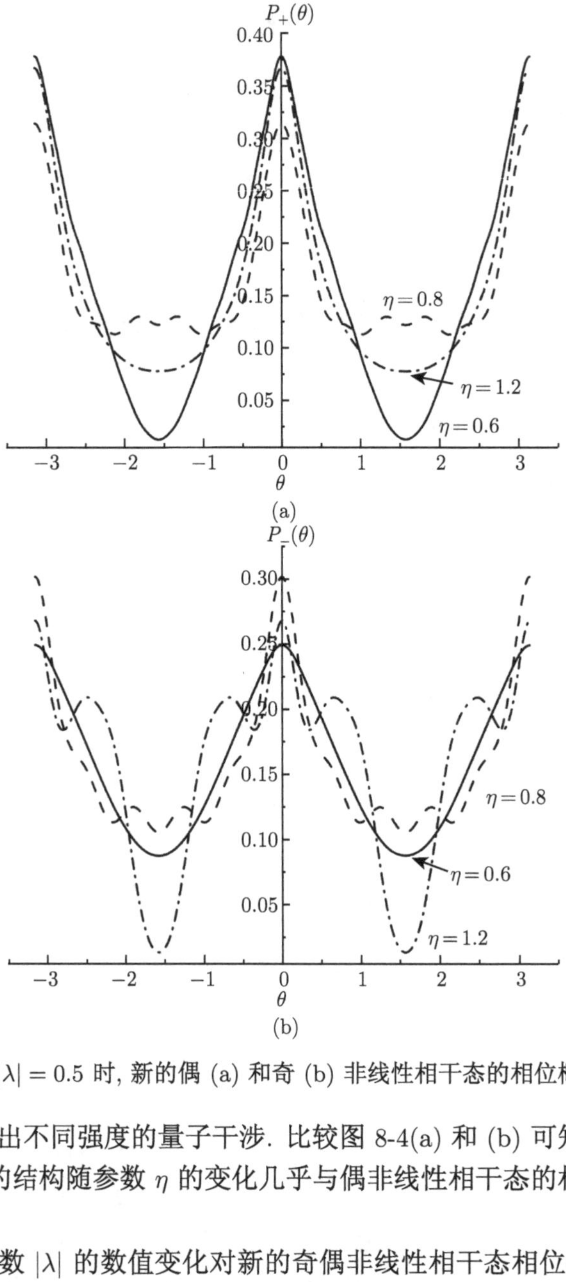

图 8-4　当 $|\lambda|=0.5$ 时, 新的偶 (a) 和奇 (b) 非线性相干态的相位概率分布曲线

性相干态会展现出不同强度的量子干涉. 比较图 8-4(a) 和 (b) 可知, 对于新的奇非线性相干态, 峰的结构随参数 η 的变化几乎与偶非线性相干态的相同, 只是相应的峰值较小.

为了揭示参数 $|\lambda|$ 的数值变化对新的奇偶非线性相干态相位概率分布的影响, 在图 8-5 中我们画出了在 $\eta=1.2$ 时, 相位概率分布随参数 $|\lambda|$ 的变化情况. 由图 8-5(a) 可见, 当 $|\lambda|=0.1,0.3,0.5$ 时, 新的偶非线性相干态的相位概率分布仅在 $\theta=0$ 处出现一个主峰. 随着参数 $|\lambda|$ 的增加, 峰值逐渐增加. 对于新的奇非线

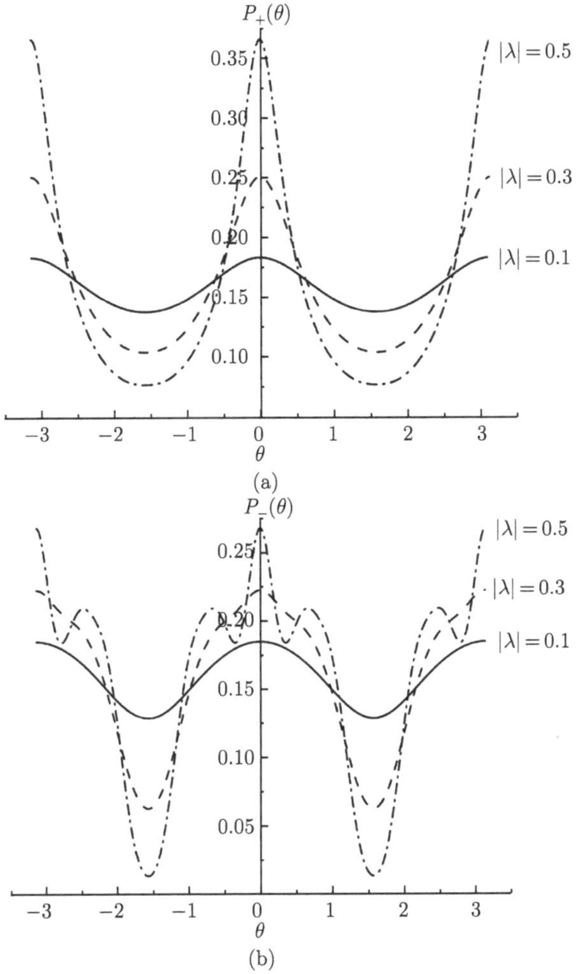

图 8-5 当 $\eta = 1.2$ 时, 新的偶 (a) 和奇 (b) 非线性相干态的相位概率分布曲线

性相干态, $\theta = 0$ 处的主峰的变化与新的偶非线性相干态相同, 但是两个态的相位概率分布特征不同 (图 8-5). 作为新的奇非线性相干态具有的量子干涉标志, 当 $|\lambda| = 0.5$ 时, 其概率分布展现出多峰结构.

综上可见, 新的奇偶非线性相干态展现出与已有相干态完全不同的相位概率分布特征.

8.3.2 粒子数–相位压缩

由于粒子数算符 N 和相位算符 Φ_θ 互为共轭关系, 则它们服从如下不等式关系

$$\left(\left\langle(\Delta N)^2\right\rangle\left\langle(\Delta\Phi_\theta)^2\right\rangle\right)^{1/2} \geqslant \frac{1}{2}\left|[N, \Phi_\theta]\right|, \tag{8-58}$$

式中

$$\left\langle(\Delta X)^2\right\rangle = \left\langle X^2\right\rangle - \langle X\rangle^2 \quad (X = N, \Phi_\theta) \tag{8-59}$$

且

$$[N, \Phi_\theta] = \mathrm{i}[1 - 2\pi P_\pm(\theta_0)]. \tag{8-60}$$

为了考察态 $|\lambda, f\rangle_\pm$ 的压缩特性, 引入如下压缩参数:

$$S_N = \frac{2\left\langle(\Delta N)^2\right\rangle}{|[N, \Phi_\theta]|} - 1, \quad S_\Phi = \frac{2\left\langle(\Delta \Phi_\theta)^2\right\rangle}{|[N, \Phi_\theta]|} - 1. \tag{8-61}$$

那么, 当 $S_N < 0$(或 $S_\Phi < 0$) 时, 新的奇偶非线性相干态展现出粒子数 (或相位) 压缩行为. 经计算, 可得到如下期望值

$$\left\langle(\Delta \Phi_\theta)^2\right\rangle_\pm = \int_{-\pi}^{\pi} \theta^2 P(\theta) = \frac{\pi^2}{3} + \sum_{n=1}^{\infty}\sum_{l=0}^{n-1} (b_\pm)_n (b_\pm)_l \frac{1}{(n-l)^2}, \tag{8-62}$$

$$\left\langle(\Delta N)^2\right\rangle_+ = \sum_{n=0}^{\infty} |(b_+)_n 2n|^2 - \left|\sum_{n=0}^{\infty} (b_+)_n^2 2n\right|^2, \tag{8-63}$$

$$\left\langle(\Delta N)^2\right\rangle_- = \sum_{n=0}^{\infty} |(b_-)_n (2n+1)|^2 - \left|\sum_{n=0}^{\infty} (b_-)_n^2 (2n+1)\right|^2. \tag{8-64}$$

在图 8-6 中, 当 $\eta = 0.5$ 时, 画出了新的奇偶非线性相干态的压缩参数 S_N 和 S_{Φ_θ} 随参数 $|\lambda|$ 的变化规律. 由图 8-6 可见, 对于新的奇非线性相干态, 当 $0 < |\lambda| <$

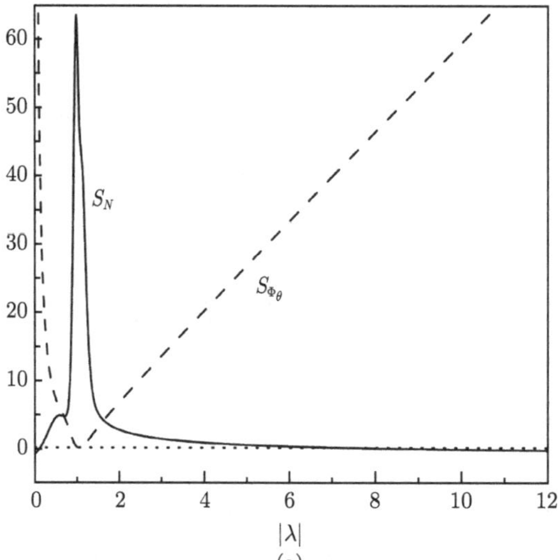

(a)

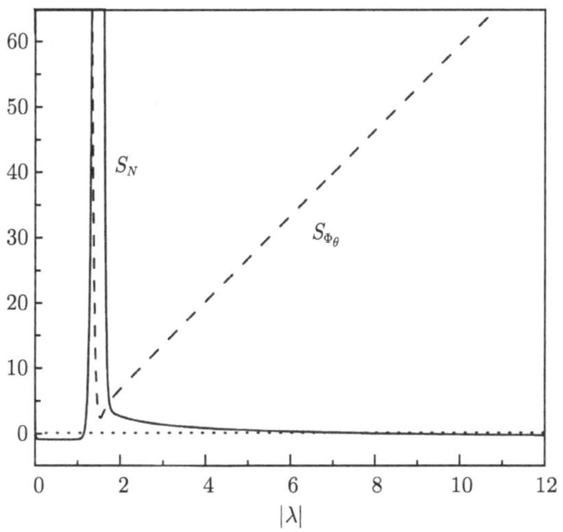

(b)

图 8-6　新的偶 (a) 和奇 (b) 非线性相干态的压缩参数 $S_{N(\Phi_\theta)}$ 随参数 $|\lambda|$ 的变化曲线

1.165 或 $|\lambda| > 7.265$ 时, $S_N < 0$；而对于新的偶非线性相干态, 当 $0 < |\lambda| < 0.135$ 或 $|\lambda| > 7.255$ 时, $S_N < 0$. 这意味着, 新的奇偶非线性相干态在 N 分量上都能展现压缩效应, 只是出现在参量 $|\lambda|$ 的不同区域. 然而, 对所有的 $|\lambda|$, 新的奇偶非线性相干态在 Φ_θ 分量上永远不会出现压缩特征.

8.4　准概率分布函数

8.4.1　*Q*-函数

对于任何单模量子态, Q-函数在整个相位空间中处处取正值, 其计算公式表达如下 [22]：

$$Q(\alpha) = \pi^{-1} \langle \alpha | \rho | \alpha \rangle, \tag{8-65}$$

式中 ρ 为量子态的密度算符, $|\alpha\rangle$ 为相干态 [23]. 这样, 新的奇偶非线性相干态的 Q-函数分别表示为

$$Q_+(\alpha) = \pi^{-1} |C_0|^2 \exp(-|\alpha|^2) \left| \sum_{n=0}^{\infty} \frac{\alpha^{2n}}{2^n n!} \lambda^{*n} f(2n)!! \right|^2 \tag{8-66}$$

和

$$Q_-(\alpha) = \pi^{-1} |C_1|^2 \exp(-|\alpha|^2) \left| \sum_{n=0}^{\infty} \frac{2^n n!}{(2n+1)!} \lambda^{*n} f(2n+1)!! \alpha^{2n+1} \right|^2 . \tag{8-67}$$

式中的常数 C_0 和 C_1 分别由式 (8-18) 和式 (8-21) 给出.

对于新的奇偶非线性相干态, 图 8-7 和图 8-8 画出了 Q-函数的数值计算结果, 即当 $\eta^2 = 0.7$ 且 $|\lambda| = 0.1$ 和 0.76 时, Q-函数随参数 α 的变化曲线. 图 8-7 表明, 对于新的偶非线性相干态, 当 $|\lambda| = 0.1$ 时, Q-函数沿 $\mathrm{Im}\,\alpha$ 方向出现一个被压缩的峰, 且随着 $|\lambda|$ 的增大, 此峰会进一步被压缩. 这说明新的偶非线性相干态在 $\mathrm{Im}\alpha$ 方向呈现压缩效应. 当 $|\lambda|$ 的值从 0.1 增加到 0.76 过程中, Q-函数 $Q_+(\alpha)$ 的单峰结构逐渐遭到破坏并最终形成两个峰. 随着 $|\lambda|$ 的值增大, 双峰之间的距离逐渐增大, 但其峰值没有显著改变. 然而, 图 8-8 表明, 当 $|\lambda| = 0.1$ 时, 新的奇非线性相干态的 Q-函数 $Q_-(\alpha)$ 展现出一个圆筒状的峰. 随着 $|\lambda|$ 的增大, 此峰逐渐变瘦并出现倒立的漏斗形状, 但不会被压缩; 这说明新的奇非线性相干态不能展现压缩效应. 此结论与图 8-1 给出的新的偶非线性相干态的压缩行为完全相同. 当 $|\lambda|$ 足够大时, Q-函数 $Q_-(\alpha)$ 的分布特性与粒子数态的叠加相类似.

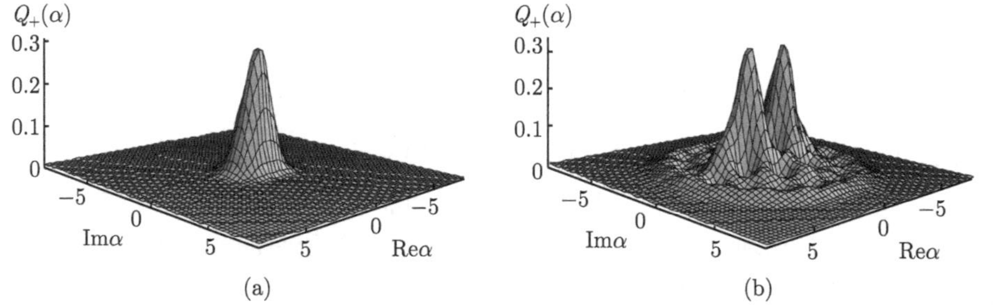

图 8-7 当 $\eta^2 = 0.7$ 且 (a)$|\lambda| = 0.1$, (b)$|\lambda| = 0.76$ 时, 新的偶非线性相干态的 Q-函数分布

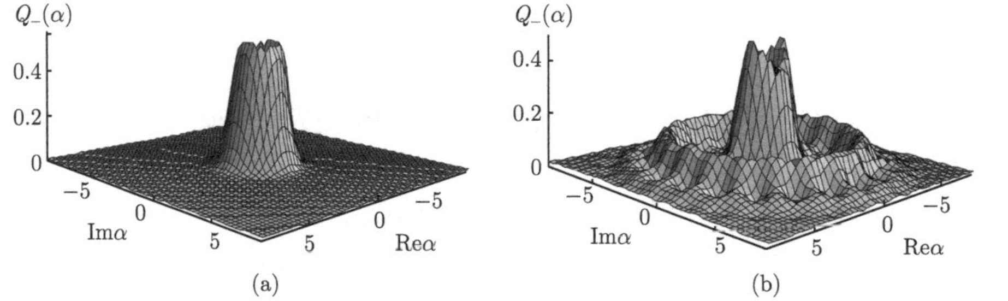

图 8-8 当 $\eta^2 = 0.7$ 且 (a)$|\lambda| = 0.1$, (b)$|\lambda| = 0.76$ 时, 新的奇非线性相干态的 Q-函数分布

8.4.2 维格纳函数

对于粒子数态 $|n\rangle$ 叠加的纯态 $|\phi\rangle$

$$|\phi\rangle = \sum_{n=0}^{\infty} f_n |n\rangle, \tag{8-68}$$

利用维格纳算符 $\Delta(\alpha,\alpha^*)$ 的相干态表示 (1-129)[24], 则其维格纳函数 $W(\alpha,\alpha^*)$ 为

$$W(\alpha,\alpha^*)=\frac{2}{\pi}\sum_{m=0}^{\infty}\sum_{n=0}^{\infty}f_m^*f_n(-1)^n\chi_{mn}(2\alpha), \tag{8-69}$$

式中

$$\begin{aligned}\chi_{nm}(\alpha)&=\langle m|\Delta(\alpha,\alpha^*)|n\rangle\\&=\begin{cases}\sqrt{\frac{n!}{m!}}\alpha^{m-n}\mathrm{e}^{-|\alpha|^2/2}L_n^{(m-n)}\left(|\alpha|^2\right), & n\leqslant m\\ \sqrt{\frac{m!}{n!}}(-\alpha^*)^{n-m}\,\mathrm{e}^{-|\alpha|^2/2}L_n^{(n-m)}\left(|\alpha|^2\right), & n>m\end{cases}\end{aligned} \tag{8-70}$$

和 $L_n^{(\rho)}(x)$ 为推广的拉盖尔多项式 [25]

$$L_n^{(\rho)}(x)=\sum_{k=0}^{n}\binom{n+\rho}{n-k}\frac{1}{k!}(-x)^k. \tag{8-71}$$

利用式 (8-17)、(8-20) 和 (8-70), 可得到新的奇偶非线性相干态的维格纳函数

$$W_\pm(\alpha,\alpha^*)=\frac{2}{\pi}\sum_{m=0}^{\infty}\sum_{n=0}^{\infty}(b_\pm^*)_m(b_\pm)_n(-1)^n\chi_{mn}(2\alpha), \tag{8-72}$$

式中

$$\begin{aligned}(b_+)_n&=C_0\frac{\sqrt{(2n)!}}{2^n n!}f(2n)!!\lambda^n,\\(b_-)_n&=C_1\frac{2^n n!}{\sqrt{(2n+1)!}}f(2n+1)!!\lambda^n.\end{aligned} \tag{8-73}$$

根据式 (8-72) 和 (8-73), 我们数值研究了维格纳函数 $W_\pm(\alpha,\alpha^*)$ 在 $\eta^2=0.7$ 和 $|\lambda|=0.1$ 和 0.6 时的分布规律.

图 8-9 表明, 当 $|\lambda|$ 较小时, 比如 $|\lambda|=0.1$, 新的偶非线性相干态的维格纳函数 $W_+(\alpha,\alpha^*)$ 展现出类似于真空态的高斯波包形状. 这是合乎事实的, 因为当 $|\lambda|$ 较小时, 真空态在整个粒子数态的叠加态 $|\lambda,f\rangle_+$ 中占有更大的概率优势. 随着 $|\lambda|$ 增加, 真空态出现的概率逐渐减小, 从而在相空间中出现部分负值区域. 此负值区域的出现代表着新的偶非线性相干态是非经典态并能展现一些非经典特性. 当 $|\lambda|$ 足够大时, 负值区域中单峰分布逐渐分裂成双峰结构, 且双峰距离会随着 $|\lambda|$ 的增大而增大, 最终新的偶非线性相干态的维格纳函数 $W_+(\alpha,\alpha^*)$ 完全脱离高斯特征而形成环状非高斯分布.

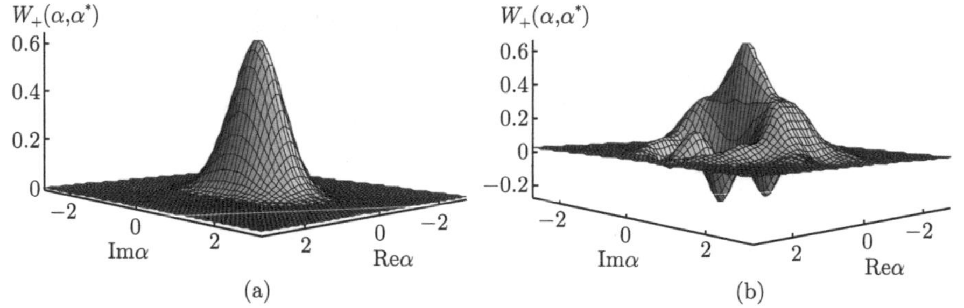

图 8-9　当 $\eta^2 = 0.7$ 且 (a)$|\lambda| = 0.1$, (b)$|\lambda| = 0.6$ 时, 新的偶非线性相干态的维格纳函数分布

由图 8-10 可见, 随着 $|\lambda|$ 的增加, 新的奇非线性相干态的维格纳函数在负值区域内总是呈现倒置漏斗形状的单峰结构. 当 $|\lambda|$ 足够大时, 相位空间的正值区域里才出现多峰结构. 这些特征意味着 $W_-(\alpha, \alpha^*)$ 的变化不是很规则, 并且较大的 $|\lambda|$ 对其影响更为敏感. 综上可见, 新的奇偶非线性相干态呈现出完全不同的维格纳函数分布.

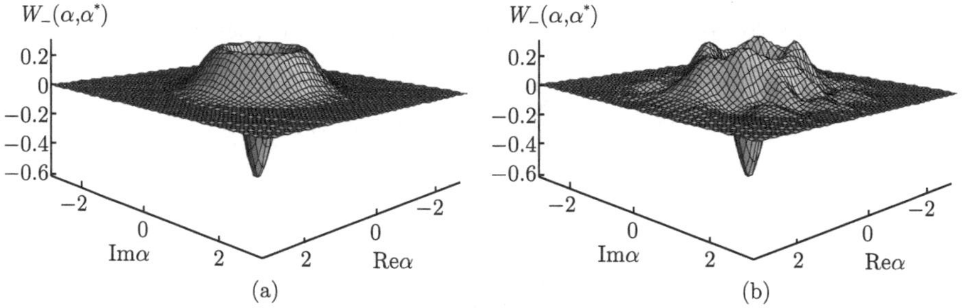

图 8-10　当 $\eta^2 = 0.7$ 且 (a)$|\lambda| = 0.1$, (b)$|\lambda| = 0.6$ 时, 新的奇非线性相干态的维格纳函数分布

参 考 文 献

[1] de Matos Filho R L, Vogel W. Nonlinear coherent states[J]. Physical Review, 1996, 54(5): 4560-4563.

[2] Man'ko V I, Marmo G, Sudarshan E C G, Zaccaria F. f-oscillators and nonlinear coherent states[J]. Physica Scripta, 1997, 55(5): 528-541.

[3] Roy B, Roy P. Phase distribution of nonlinear coherent states[J]. Journal of Optics B: Quantum and Semiclassical Optics, 1999, 1(1): 341-344.

[4] Kis Z, Vogel W, Davidovich L. Nonlinear coherent states of trapped-atom motion[J]. Physical Review, 2001, 64(3): 033401.

[5] Fan H Y, Cheng H. Nonlinear coherent state representation and related generalized Wigner function[J]. Journal of Optics B: Quantum and Semiclassical Optics, 2001, 3(6): 388-392.

[6] Fan H Y, Cheng H. Resolution of unity in terms of the nonlinear coherent states[J]. Physics Letters A, 2001, 285(5-6): 256-262.

[7] Wang X G. Photon-added one-photon and two-photon nonlinear coherent states[J]. Canadian Journal of Physics, 2001, 79(5): 833-840.

[8] Wang X G. Two-mode nonlinear coherent states[J]. Optics Communications, 2000, 178: (4-6): 365-369.

[9] Song T Q, Fan H Y. Statistical properties of the nonlinear coherent states[J]. Communications in Theoretical Physics, 2002, 37(5): 593-596.

[10] Mancini S. Even and odd nonlinear coherent states[J]. Physics Letters A, 1997, 233 (4-6): 291-296.

[11] Liu X M. Orthonormalized eigenstates of the operator $(af(n))^k(k \geqslant 3)$ and their generation[J]. Journal of Physics A: Mathematical and General, 1999, A32(49): 8685-8689.

[12] An N B. K-quantum nonlinear coherent states: Formulation, realization and nonclassical effects[J]. Chinese Journal of Physics, 2001, 39(6): 594-605.

[13] Man'ko V, Marmo G, Porzio A, Solimeno S, Zaccaria F. Trapped ions in laser fields: A benchmark for deformed quantum oscillators[J]. Physical Review A, 2000, 62(5): 053407.

[14] Meng X G, Wang J S, Li Y L. New even and odd nonlinear coherent states and their nonclassical properties[J]. International Journal of Theoretical Physics, 2007, 46(5): 1205-1214.

[15] Meng X G, Wang J S, Liang B L. Phase properties of new even and odd nonlinear coherent states[J]. Physica A: Statistical Mechanics and its Applications, 2007, 382(2): 494-501.

[16] Meng X G, Wang J S, Liang B L. Quasiprobability distributions of new kinds of even and odd nonlinear coherent states[J]. Chinese Physics B, 2009, 18(6): 2300-2306.

[17] Mehta C L, Roy A K, Saxena G M. Eigenstates of two-photon annihilation operators[J]. Physical Review A, 1992, 46(3): 1565-1572.

[18] Dodonov V V, Malkin I A and Man'ko V I. Even and odd coherent states and excitations of a singular oscillator. Physica, 1974, 72(3): 597-615.

[19] Xia Y J, Guo G C. Nonclassical properties of even and odd coherent states. Physics Letters A, 1989, 136(6):281-283.

[20] Pegg D T, Barnett S M. Unitary phase operator in quantum mechanics. Europhysics Letters, 1988, 6(6): 483-487.

[21] Pegg D T, Barnett S M. Phase properties of the quantized single-mode electromagnetic

field. Physical Review A, 1989, 39(4): 1665-1675.

[22] Obada A S F, Darwish M. Partial phase state as a nonlinear coherent state and some of its properties. Journal of Modern Optics, 2004, 51(2): 209-222.

[23] Glauber R J. The quantum theory of optical coherence[J]. Physical Review, 1963, 130(6): 2529-2539.

[24] 范洪义. 量子力学表象与变换论：狄拉克符号法进展 [M]. 合肥: 中国科学技术大学出版社, 1997.

[25] 王竹溪, 郭敦仁. 特殊函数概论 [M]. 北京：北京大学出版社, 2004.

《现代物理基础丛书》已出版书目

（按出版时间排序）

1. 现代声学理论基础	马大猷 著	2004.03
2. 物理学家用微分几何（第二版）	侯伯元，侯伯宇 著	2004.08
3. 数学物理方程及其近似方法	程建春 编著	2004.08
4. 计算物理学	马文淦 编著	2005.05
5. 相互作用的规范理论（第二版）	戴元本 著	2005.07
6. 理论力学	张建树，等 编著	2005.08
7. 微分几何入门与广义相对论（上册·第二版）	梁灿彬，周彬 著	2006.01
8. 物理学中的群论（第二版）	马中骐 著	2006.02
9. 辐射和光场的量子统计	曹昌祺 著	2006.03
10. 实验物理中的概率和统计（第二版）	朱永生 著	2006.04
11. 声学理论与工程应用	何 琳 等 编著	2006.05
12. 高等原子分子物理学（第二版）	徐克尊 著	2006.08
13. 大气声学（第二版）	杨训仁，陈宇 著	2007.06
14. 输运理论（第二版）	黄祖洽 著	2008.01
15. 量子统计力学（第二版）	张先蔚 编著	2008.02
16. 凝聚态物理的格林函数理论	王怀玉 著	2008.05
17. 激光光散射谱学	张明生 著	2008.05
18. 量子非阿贝尔规范场论	曹昌祺 著	2008.07
19. 狭义相对论（第二版）	刘 辽 等 编著	2008.07
20. 经典黑洞与量子黑洞	王永久 著	2008.08
21. 路径积分与量子物理导引	侯伯元 等 著	2008.09
22. 量子光学导论	谭维翰 著	2009.01
23. 全息干涉计量——原理和方法	熊秉衡，李俊昌 编著	2009.01
24. 实验数据多元统计分析	朱永生 编著	2009.02
25. 微分几何入门与广义相对论（中册·第二版）	梁灿彬，周彬 著	2009.03
26. 中子引发轻核反应的统计理论	张竞上 著	2009.03
27. 工程电磁理论	张善杰 著	2009.08

28. 微分几何入门与广义相对论(下册·第二版)	梁灿彬，周彬 著	2009.08
29. 经典电动力学	曹昌祺 著	2009.08
30. 经典宇宙和量子宇宙	王永久 著	2010.04
31. 高等结构动力学(第二版)	李东旭 著	2010.09
32. 粉末衍射法测定晶体结构(第二版·上、下册)	梁敬魁 编著	2011.03
33. 量子计算与量子信息原理	Giuliano Benenti 等 著	
——第一卷：基本概念	王文阁，李保文 译	2011.03
34. 近代晶体学(第二版)	张克从 著	2011.05
35. 引力理论(上、下册)	王永久 著	2011.06
36. 低温等离子体	В. М. 弗尔曼，И. М. 扎什京 编著	
——等离子体的产生、工艺、问题及前景	邱励俭 译	2011.06
37. 量子物理新进展	梁九卿，韦联福 著	2011.08
38. 电磁波理论	葛德彪，魏 兵 著	2011.08
39. 激光光谱学	W. 戴姆特瑞德 著	
——第1卷：基础理论	姬 扬 译	2012.02
40. 激光光谱学	W. 戴姆特瑞德 著	
——第2卷：实验技术	姬 扬 译	2012.03
41. 量子光学导论(第二版)	谭维翰 著	2012.05
42. 中子衍射技术及其应用	姜传海，杨传铮 编著	2012.06
43. 凝聚态、电磁学和引力中的多值场论	H. 克莱纳特 著	
	姜 颖 译	2012.06
44. 反常统计动力学导论	包景东 著	2012.06
45. 实验数据分析(上册)	朱永生 著	2012.06
46. 实验数据分析(下册)	朱永生 著	2012.06
47. 有机固体物理	解士杰，等 著	2012.09
48. 磁性物理	金汉民 著	2013.01
49. 自旋电子学	翟宏如，等 编著	2013.01
50. 同步辐射光源及其应用(上册)	麦振洪，等 著	2013.03
51. 同步辐射光源及其应用(下册)	麦振洪，等 著	2013.03
52. 高等量子力学	汪克林 著	2013.03
53. 量子多体理论与运动模式动力学	王顺金 著	2013.03
54. 薄膜生长（第二版）	吴自勤，等 著	2013.03

55. 物理学中的数学方法	王怀玉　著	2013.03
56. 物理学前沿——问题与基础	王顺金　著	2013.06
57. 弯曲时空量子场论与量子宇宙学	刘　辽，黄超光　著	2013.10
58. 经典电动力学	张锡珍，张焕乔　著	2013.10
59. 内应力衍射分析	姜传海，杨传铮　编著	2013.11
60. 宇宙学基本原理	龚云贵　著	2013.11
61. B 介子物理学	肖振军　著	2013.11
62. 量子场论与重整化导论	石康杰，等　编著	2014.06
63. 粒子物理导论	杜东生，杨茂志　著	2015.01
64. 固体量子场论	史俊杰，等　著	2015.03
65. 物理学中的群论（第三版）——有限群篇	马中骐　著	2015.03
66. 中子引发轻核反应的统计理论（第二版）	张竞上　著	2015.03
67. 自旋玻璃与消息传递	周海军　著	2015.06
68. 粒子物理学导论	肖振军，吕才典　著	2015.07
69. 量子系统的辛算法	丁培柱　编著	2015.07
70. 原子分子光电离物理及实验	汪正民　著	2015.08
71. 量子场论	李灵峰　著	2015.09
72. 原子核结构	张锡珍，张焕乔　著	2015.10
73. 物理学中的群论（第三版）——李代数篇	马中骐　著	2015.10
74. 量子场论导论	姜志进　编著	2015.12
75. 高能物理实验统计分析	朱永生　著	2016.01
76. 数学物理方程及其近似方法	程建春　著	2016.06
77. 电弧等离子体炬	M. F. 朱可夫 等 编著 陈明周，邱励俭 译	2016.06
78. 现代宇宙学	Scott Dodelson　著 张同杰，于浩然　译	2016.08
79. 现代电磁理论基础	王长清，李明之　著	2017.03
80. 非平衡态热力学	翟玉春　编著	2017.04
81. 论理原子结构	朱颀人　著	2017.04
82. 粒子物理导论（第二版）	杜东生，杨茂志　著	2017.06
83. 正电子散射物理	吴奕初，蒋中英，郁伟中　编著	2017.09
84. 量子光场的性质与应用	**孟祥国，王继锁　著**	**2017.12**